高职高专“十二五”规划教材

基于任务驱动模式的Oracle大型数据库案例教程

（第二版）

主　编　左国才　左向荣　谢钟扬
主　审　符开耀　王　雷

重庆大学出版社

内容提要

本书共分为15个项目,主要内容包括:数据库的基础知识、数据库系统的安装,Oracle数据库的实用工具,创建和管理Oracle数据库的方法,创建与管理表空间的方法,创建与管理数据库表的方法,SQL语句的使用方法,创建与使用视图和索引的方法,PL/SQL编程,游标的创建,存储过程的创建及调用方法,触发器的创建及调用,数据库的备份、恢复、导入和导出的基本方法,以及用户与权限的创建。书中的案例均有详细的操作步骤,便于读者学习和掌握。

本书可作为高职高专软件类专业教材,也可作为Oracle数据库初学者的自学用书,还可供从事信息系统开发的技术人员参考。

图书在版编目(CIP)数据

基于任务驱动模式的Oracle大型数据库案例教程/左国才,左向荣,谢钟扬主编. --2版. --重庆:重庆大学出版社,2020.8(2023.7重印)

ISBN 978-7-5624-9908-4

Ⅰ.①基… Ⅱ.①左…②左…③谢… Ⅲ.①关系数据库系统—教材 Ⅳ.①TP311.138

中国版本图书馆CIP数据核字(2020)第158066号

基于任务驱动模式的Oracle大型数据库案例教程

(第二版)

主　编　左国才　左向荣　谢钟扬

主　审　符开耀　王　雷

策划编辑:曾显跃

责任编辑:陈　力　　版式设计:曾显跃

责任校对:万清菊　　责任印制:张　策

*

重庆大学出版社出版发行

出版人:饶帮华

社址:重庆市沙坪坝区大学城西路21号

邮编:401331

电话:(023)88617190　88617185(中小学)

传真:(023)88617186　88617166

网址:http://www.cqup.com.cn

邮箱:fxk@cqup.com.cn(营销中心)

全国新华书店经销

POD:重庆愚人科技有限公司

*

开本:787mm×1092mm　1/16　印张:24　字数:569千

2020年8月第2版　2023年7月第4次印刷

ISBN 978-7-5624-9908-4　定价:59.00元

前言

Oracle 数据库系统是目前较为流行的客户/服务器数据库之一。本书从初学者的角度出发，由浅入深、较全面地介绍了 Oracle 大型数据库的基础知识和相关技术，以岗位需求对应的基本知识和技能贯穿整个教学内容。

本书在编写风格上注重知识、技术的实用性，通过案例强化实践技能，语言力求简洁生动、通俗易懂，主要以 Oracle 应用开发人员的岗位培养目标为核心，紧紧围绕岗位对应的职业能力和职业素质需求，选取具有典型性和代表性的项目，并以其为载体整合、序化教学内容，以实际工作任务为脉络展开教学过程，采用“项目导向、任务驱动”的方式设计课程内容的引入、示范、展开、解决、提高和实训等过程，以“教、学、做”一体化的形式带动学生自主学习。

本书主要分为 15 个项目。其中，项目 1 介绍数据库的基础知识；项目 2 介绍数据库系统的安装；项目 3 介绍 Oracle 数据库的实用工具；项目 4 介绍创建和管理 Oracle 数据库的方法；项目 5 介绍创建和管理表空间的方法；项目 6 介绍创建和管理数据库表的方法；项目 7 介绍 SQL 语句的使用方法；项目 8 和项目 9 介绍创建和使用视图和索引的方法；项目 10 介绍 PL / SQL 编程；项目 11 介绍游标的创建；项目 12 介绍子程序与程序包的方法；项目 13 介绍触发器的创建及调用；项目 14 介绍备份、恢复、导入和导出的基本方法；项目 15 介绍用户与权限的创建。

本书可作为高职高专科院校软件类专业的教材，也可作为 Oracle 数据库初学者的自学用书，还可供从事信息系统开发的技术人员参考。

本书项目1至项目6由左国才编写，项目7至项目14由左向荣编写，项目15由谢钟扬编写，并负责统稿。

本书凝聚了编者多年的教学和科研经验，在编写过程中，由于编者水平所限，疏漏之处在所难免，恳请读者批评指正，在此深表感谢。

编者邮箱:474025986@ qq. com。

编　者

2020年8月

目录

项目 1
Oracle 系统概述

【学习目标】

1. 了解 Oracle 数据库系统的发展、Oracle 产品、Oracle 系统的特点。
2. 掌握 Oracle 体系结构。
3. 了解 Oracle 应用情况。
4. 掌握得到 Oracle 数据库产品的方法。

【必备知识】

1.1 Oracle 系统简介

数据库系统本质上是一个用计算机存储记录的系统。数据库管理系统是位于用户与操作系统之间的数据管理软件,其目标是提供一个可以方便、有效地存取数据库信息的环境。自 20 世纪 70 年代关系模型提出后,由于其突出的优点,迅速被商用数据库系统所采用。据统计,在 70 年代以来新发展的 DBMS 系统中,近 90% 是采用关系数据模型,其中涌现出了许多性能优良的商品化关系数据库管理系统。例如,小型数据库系统 Foxpro, ACCESS, PARADOX 等;中型关系型数据库 SQL Server,MySQL 等;大型数据库系统 DB2, Oracle, Sybase 等。20 世纪 80 年代和 90 年代是 RDBMS 产品发展和竞争的时代,各种产品经历了从集中到分布,从单机环境到网络环境,从支持信息管理到联机事务处理(OLTP),再到联机分析处理(OLAP)的发展过程,对关系模型的支持也逐步完善,系统功能不断增强。

Oracle 公司是全球最大的信息管理软件及服务供应商,其成立于 1977 年,总部位于美国加州 Redwood shore。2011 年市值达 1 466.43 亿美元,年收入达 268.2 亿美元,再创 Oracle 公司销售额历史新高。其同时也是世界上最大的软件公司,现有员工超过十万人,服务遍及全球 145 个国家,并于 1989 年正式进入中国。

Oracle 是最早商品化的关系型数据库管理系统,是 Oracle 公司的核心产品,也是当前应用最广泛、功能最强大、架构最完整的数据库系统。

1.1.1 Oracle具有面向对象的特点,采用了客户机/服务器

Oracle数据库系统最早于1979年推出,1984年完成了Oracle PC版。Oracle 5支持分布式数据库和客户/服务器结构。Oracle 6公布了革命性的行锁定模式、多处理器支持和PL/SQL语言。Oracle 7为构造产业化的、高可靠性的、网络工作组的应用以及企业类的应用提供了技术支持。Oracle 8提出了基于网络计算的体系结构,将关系和非关系数据库融为一体,将面向对象技术和数据库技术相结合,形成了世界上第一个对象关系型数据库。

1999年,针对Internet技术的发展,Oracle公司推出了第一个Internet数据库Oracle 8i。Oracle 8i将数据库产品、应用服务器和工具产品全部转向了支持Internet环境,形成了一套以Oracle 8i为核心的完整的Internet计算平台。企业可以利用Oracle产品构建各种业务应用,把数据库和各种业务应用都运行在后端的服务器上,进行统一的管理和维护,前端的客户只需要通过Web浏览器就可以根据权限访问应用和数据。

2001年,Oracle公司又推出了以新一代Internet电子商务为基础架构的Oracle 9i。Oracle 9i具有完整性、集成性和简单性等显著特点,其提供了包括数据库、应用服务器、开发工具、内容工具和管理工具等较为完整的功能支持,使用户能够以经济有效的方式开发和部署Internet电子商务应用。

1.1.2 Oracle产品

Oracle系统的产品主要包括数据库服务器、应用服务器和开发工具。

(1)数据库服务器

数据库服务器是Oracle的核心,是DBMS的主要内容,主要用于进行后端的数据库管理。其包括企业版、标准版和个人版。企业版面向企业级应用;标准版面向部门级应用;个人版是全功能的单用户版本,面向开发技术人员。

(2)应用服务器

应用服务器仅在Oracle 8i以上的版本中存在,主要用于构建互联网应用,其包括企业版和部门版。

(3)开发工具

开发工具是进行应用系统的开发所使用的一套工具软件的集合,其包括Sql * Plus工具、Designer设计器、Oracle Developer等。

1.2 Oracle系统的特点

Oracle具有完整的数据管理功能,这些功能包括存储大量数据、定义和操纵数据、并发控制、安全性控制、故障恢复以及高级语言接口等。故Oracle是一个通用的数据库系统。

Oracle支持各种分布式功能,特别是支持各种Internet处理。因此,Oracle是一个分布式数据库系统。其作为一个应用开发环境,使用PL/SQL语言执行各种操作,具有开放性、可移植性、灵活性等特点。

高级版本的Oracle支持面向对象的功能,支持类、方法和属性等概念。因此,Oracle是一种对象—关系型数据库系统。

1.3　Oracle 系统的应用

Oracle 是一个技术先进的大型数据库管理系统，该产品应用非常广泛。据统计，Oracle 在全球数据库市场上的占有率达到33.3%，在关系型数据库市场上拥有42.1%的份额，在关系型数据库 Unix 市场上占据着高达66.2%的市场。在应用领域，惠普、波音和通用电气等众多大型跨国企业都利用 Oracle 电子商务套件运行业务。

在我国，自1987年 Oracle 公司与当时的交通部签订了第一份合同以来，Oracle 的应用已经深入银行、证券、邮电、铁路、民航、军事、财税、教育等许多行业。随着 Internet 技术的发展和基于 Internet 模式的 Oracle 8i/9i 的发行，目前我国许多大型企业又引入了 Oracle 电子商务套件系统作为企业信息化平台，使企业与国际接轨，提高了企业的竞争力。

1.4　Oracle 的体系结构

完整的 Oracle 应用环境包括数据库管理系统结构和数据库结构两大部分。

1.4.1　数据库管理系统结构

数据库管理系统由功能各异的管理程序组成，其包括进程管理和内存管理等。

(1)进程管理

Oracle 环境里有两类进程，即用户进程和服务器进程。

用户进程是在客户机内存中运行的程序。

服务器进程是在服务器上运行的程序，其接受用户进程发出的请求，根据请求与数据库通信，完成与数据库的连接操作和 I/O 访问。特别重要的服务器进程还负责完成数据库的后台管理工作。

(2)内存管理

操作系统为进程分配的内存结构由两部分构成，即系统全局区和程序全局区。

一般来说，客户机上的用户进程和服务器上的服务器进程是同时运行的。系统全局区(System Global Area，SGA)是指操作系统为用户进程和服务器进程分配专用的共享内存区域，以用于它们之间的通信。在系统全局区里根据其功能的不同，又分成4个部分，即数据缓冲区、字典缓冲区、日志缓冲区和 SQL 共享池。

程序全局区(Program Global Area，PGA)是存储区中被单个用户进程所使用的内存区域，是用户进程私有的，不能共享。主要存放单个进程工作时需要的数据和控制信息。

1.4.2　数据库结构

数据库结构从不同用户的角度考虑，分为逻辑结构和物理结构。

(1)**逻辑结构**

逻辑结构是从数据库使用者的角度来考察数据库的组成。

数据库的逻辑结构共有6层,即数据块、数据区间、数据段、逻辑对象、表空间、数据库。

1)数据块

数据块又称为逻辑块,是Oracle数据库输入输出的基本单位,常见大小为2 KB或4 KB,通常为操作系统默认数据块大小的整数倍。

2)数据区间

数据区间由若干个数据块构成,是数据库存储空间分配的一个逻辑单位。

3)数据段

数据段由若干个数据区间构成,Oracle有4种数据段,如下所述。

①数据段:用于存放数据。

②索引段:用于存放索引数据。

③回滚段:用于存放要撤销的信息。

④临时段:执行SQL语句时,用于存放中间结果和数据。一旦执行完毕,临时段占用的空间将归还给系统。

4)逻辑对象

逻辑对象是指用户可操作的数据库对象。Oracle系统中包括表、索引、视图、簇、数据库链接、同义词、序列、触发器、过程、函数等21种数据库对象。

5)表空间

表空间主要用于管理逻辑对象,可以将其理解为Oracle数据库的文件夹。一个表空间可以存放若干个逻辑对象。当Oracle安装完毕后,通常系统将自动建立9个默认的表空间。

6)数据库

数据库由若干个表空间构成。在实际上,一个数据库服务器上可以有多个数据库,一个数据库可以有多个表空间,一个表空间可以有多个表,一个表可以有多个段,一个段可以有多个区间,一个区间可以有多个数据块。

(2)**物理结构**

物理结构是从数据库设计者的角度来考察数据库的组成,物理结构又称为存储结构。

1)物理块

物理块是操作系统分配的基本存储单位,逻辑结构中的数据块由若干个物理块构成。

2)物理文件

物理文件由若干个物理块构成,包括数据文件、控制文件和日志文件。一个物理文件对应着操作系统的一个文件。

①数据文件。用于存放所有的数据。一个Oracle数据库包括一个或多个数据文件。一个表空间对应着一个或多个数据文件,数据文件的扩展名默认为DBF。

②日志文件。又称为联机重做日志文件,是一类特殊的操作系统文件,记录了对数据库进行的修改操作和事务,在恢复数据库时使用。在Oracle 9i系统中,默认为每个数据库建立了3个日志文件,它们分别是RED001. LOG,RED002. LOG和RED003. LOG。由此可见,日志文件的扩展名为LOG。

日志文件是以循环方式工作的。首先向RED001. LOG中写日志,待RED001. LOG写满后向RED002. LOG中写入,RED002. LOG写满后再向RED003. LOG中写入。当RED003. LOG写满后又回头向RED001. LOG中写入。此时,系统根据工作模式的不同来处理以前的日志信息。

日志文件存在两种工作模式,即归档模式和非归档模式。

a. 归档模式(Archivelog)。又称为全恢复模式,将保留所有的重做日志内容。如果数据库系统工作在归档模式下,那么当RED003. LOG写满后又回头向RED001. LOG中写入时,RED001. LOG中以前的日志信息将全部保留备份,这样数据库可以从所有类型的失败中恢复,是最安全的数据库工作方式。

b. 非归档模式(NoArchivelog)。将不保留以前的重做日志内容。如果数据库系统工作在非归档模式下,那么当RED003. LOG写满后又回头向RED001. LOG中写入时,RED001. LOG中以前的日志信息将被覆盖,这样一旦数据库出现故障后,就只能根据日志文件中记载的内容进行部分恢复。

③控制文件:控制文件存放了与Oracle数据库有关的控制信息。通过控制文件可以保持数据库的完整性。在Oracle 9i系统中,默认为每个数据库建立了3个控制文件,它们分别是CONTROL01. CTL,CONTROL02. CTL和CONTROL03. CTL。由此可见,控制文件的扩展名为CTL。

3)数据库

物理意义上的数据库就是由各种文件组成的体系。

用户在部署Oracle网络数据库系统时,需要根据硬件平台和操作系统的不同而采取不同的结构。在众多的网络应用结构中,用户见到的最常用的结构是客户机/服务器结构。

在客户机/服务器结构中,将数据库服务器的管理和应用分布在两台计算机上,客户机上安装应用程序和连接工具,通过Oracle专用的网络协议NET8建立和服务器的连接,发出数据请求。服务器上运行数据库,通过NET8协议接收连接请求,将结果回送到客户机。

客户机/服务器结构在这种结构中,数据库服务器端一般采用的操作系统有Windows NT和Windows 2000服务。

任务1.1 下载Oracle产品

用户可以通过Oracle的官方网站获得正版的Oracle产品。

除了在服务器端安装Oracle数据库系统外,还必须在客户端机器上安装Oracle客户端软件。一般在购置Oracle系统时,必须申明购买客户的数量。

客户机/服务器结构的一种特殊类型是分布式结构。分布式结构在逻辑上是个整体,但在物理上分布在不同的计算机网络里,通过网络连接在一起。网络中的每个节点可以独立处理本地数据库服务器中的数据,即执行局部应用,同时也可存取和处理多个异地数据库服务器中的数据,即执行全局应用。人们通常见到的银行系统就是一个分布式数据库系统。

Oracle数据库系统应用极为普遍,那么如何获取Oracle产品呢?按照以下的操作步骤,可以得到Oracle 9i的数据库产品。

(1)在浏览器里输入网址

http://www. oracle. com/technetwork/database/enterprise-edition/downloads/index. html,将出现 Oracle 公司的一个免费下载软件的主窗口。

(2)选择适合本机操作系统的 Oracle 产品并下载

由于文件比较大,下载需要较长的时间。

Oracle 产品由数据库服务器、客户端软件和开发工具 3 个基本部分组成。其是一个通用的、分布式系统,具有开放性、可移植性和灵活性的突出特点。

完整的 Oracle 应用环境包括数据库管理系统结构和数据库结构两大部分。数据库管理系统结构包括进程结构和内存结构,数据库结构包括逻辑结构和物理结构。Oracle 网络应用结构中最常用的是客户机/服务器结构。

思考练习

1. 试述 Oracle 系统的特点。
2. 试述 Oracle 数据库管理系统的结构和数据库结构。
3. Oracle 数据库的逻辑结构、物理结构包括哪些内容?

项目 2
Oracle 系统的安装

【学习目标】

1. 了解 Oracle 数据库系统的安装过程。
2. 掌握客户机与数据库服务器的连通测试方法。
3. 了解服务器和客户机安装后的结果。

【必备知识】

2.1 安装前的准备工作

获得 Oracle 9i 产品后，就可以准备安装 Oracle 9i 系统了。实际上，Oracle 9i 系统可以安装在不同的操作系统上。本书只介绍 Oracle 9i for Windows XP 的安装过程。下面介绍 Oracle 9i 对软硬件环境的要求。

(1)硬件环境

①CPU：建议配置 Pentium 400 以上。

②内存：对于作为服务器的计算机建议配置 256 MB 以上，对于作为客户机的计算机建议配置 128 MB 以上。

③硬盘：建议配置 8 GB 容量以上的硬盘。

④光驱：建议 40 倍速以上。

在上述 4 项要求中，CPU 的速度和内存容量直接影响着 Oracle 运行的速度，所以建议配置越高越好。一般来说，服务器配置应高于客户端配置，而且配置越高，安装速度越快。

(2)软件环境

①操作系统：建议作为数据库服务器的机器上安装 Windows 2000 Server，而客户端机器上安装 Windows XP 客户机软件。

②虚拟内存：当服务器配置较高时，无须更改。如果服务器配置较差，必须增加虚拟内存，更改虚拟页面文件的大小，以加快安装和运行速度。

(3) **网络环境**

欲充分了解 Oracle 系统,必须准备至少两台机器,一台作为数据库服务器,一台作为客户端,通过网卡及网络设备将它们连成一个局域网,并且网络测试已经连通。

2.2 安装数据库服务器

在配置较高且安装了 Windows 2000 Server 操作系统的机器上进行。安装有两种方法:一种是用制作好的光盘安装;另一种是用下载得到的在硬盘上的软件直接安装。

任务 2.1 Oracle 的安装

Oracle 的安装步骤如下所述:

首先将虚拟光驱和 Oracle 9i 的安装包复制到需安装程序的计算机硬盘中。

然后安装虚拟光驱。双击“DAEMON Tools 中文版. exe”可执行文件,出现如图 2.1 所示界面。

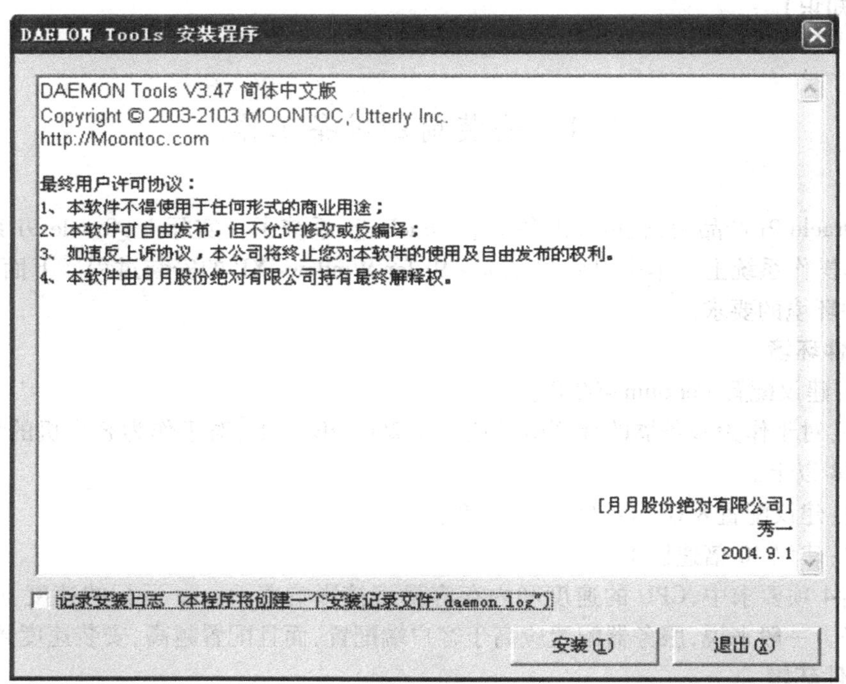

图 2.1 安装界面

单击“安装”,出现如图 2.2 所示界面。

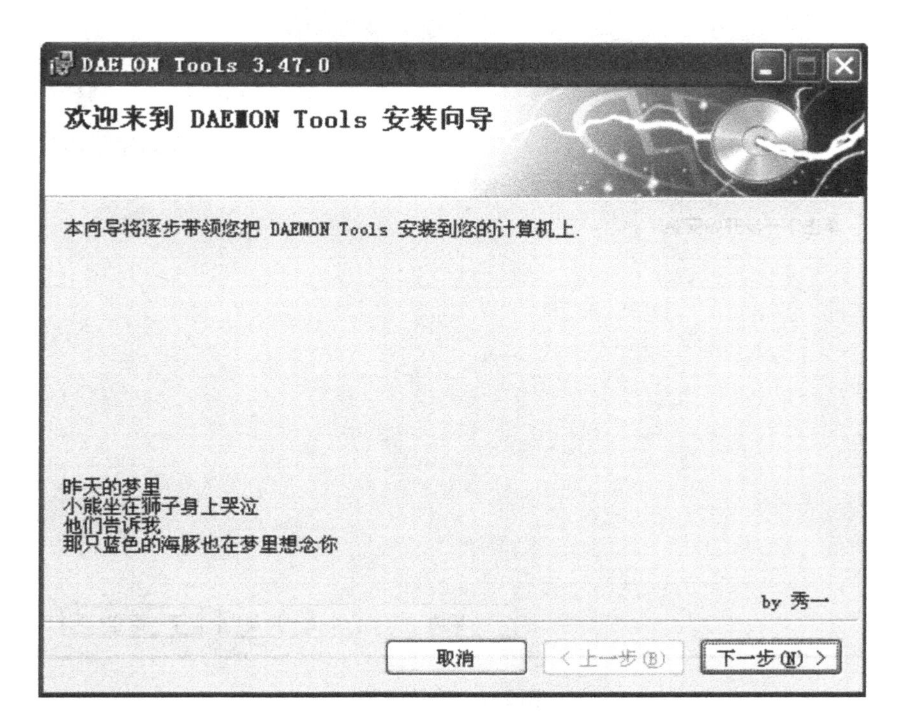

图2.2　安装向导

单击“下一步”，出现如图2.3所示界面。

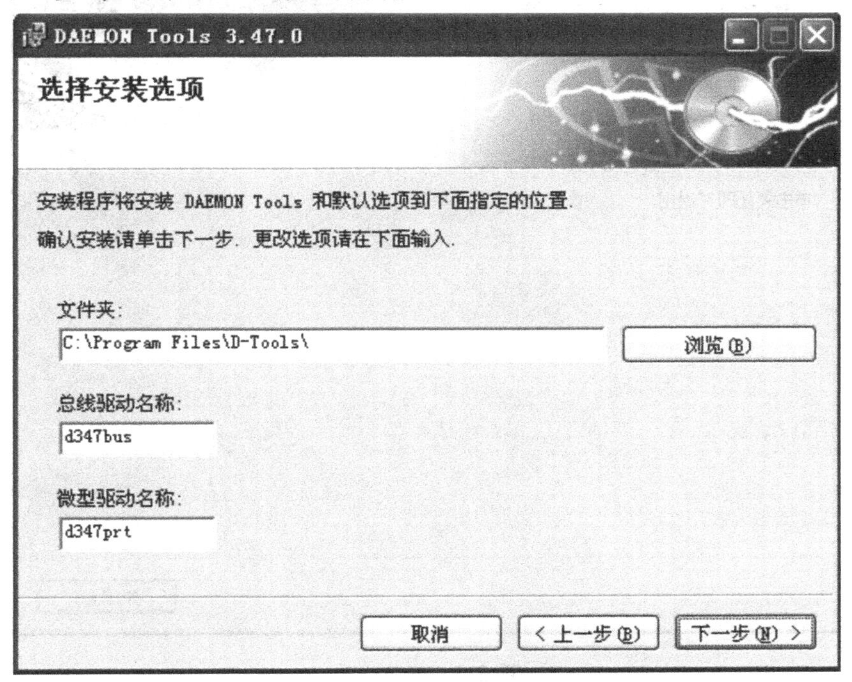

图2.3　安装选项

单击“下一步”，出现如图2.4所示界面。

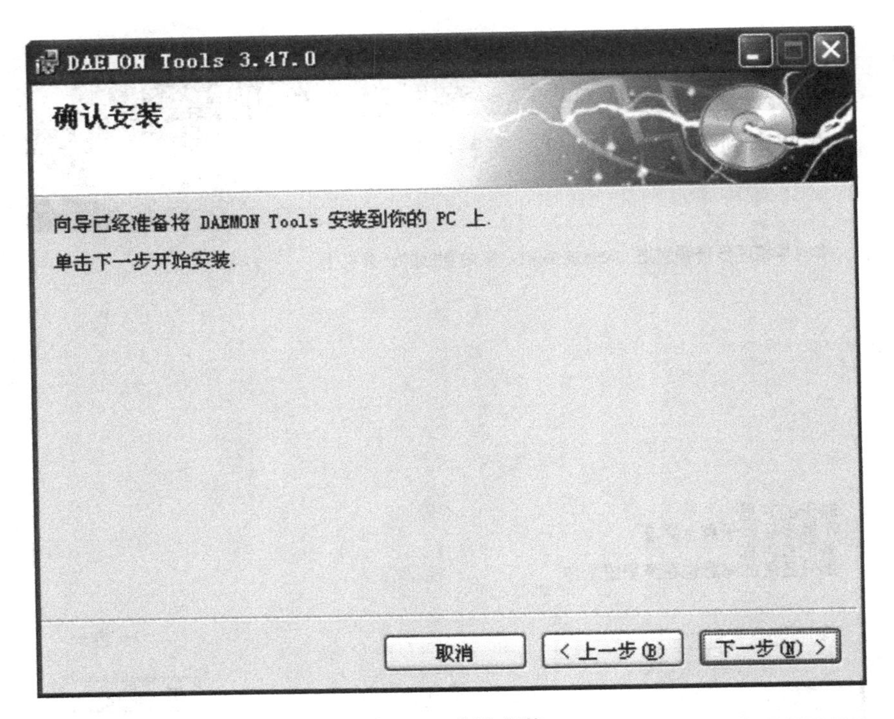

图 2.4　确认安装

单击“下一步”,出现如图 2.5 所示界面。

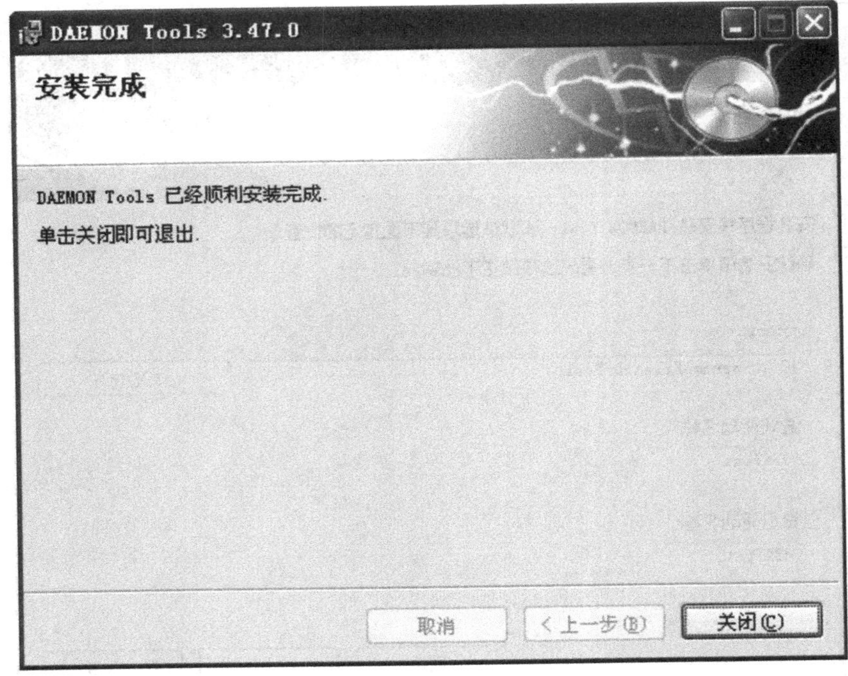

图 2.5　安装成功

单击“关闭”,出现如图 2.6 所示界面。

图2.6　安装信息

单击"否",结束安装。

①双击桌面上的"　",右击屏幕右下角的"　"图标,选择"虚拟 CD/DVD-ROM",选择"设置驱动器数量",选择"1 个驱动器"。

②右击屏幕右下角的"　"图标,选择"虚拟 CD/DVD-ROM",选择"驱动器 o",再选择"安装映像文件",出现如图 2.7 所示界面。

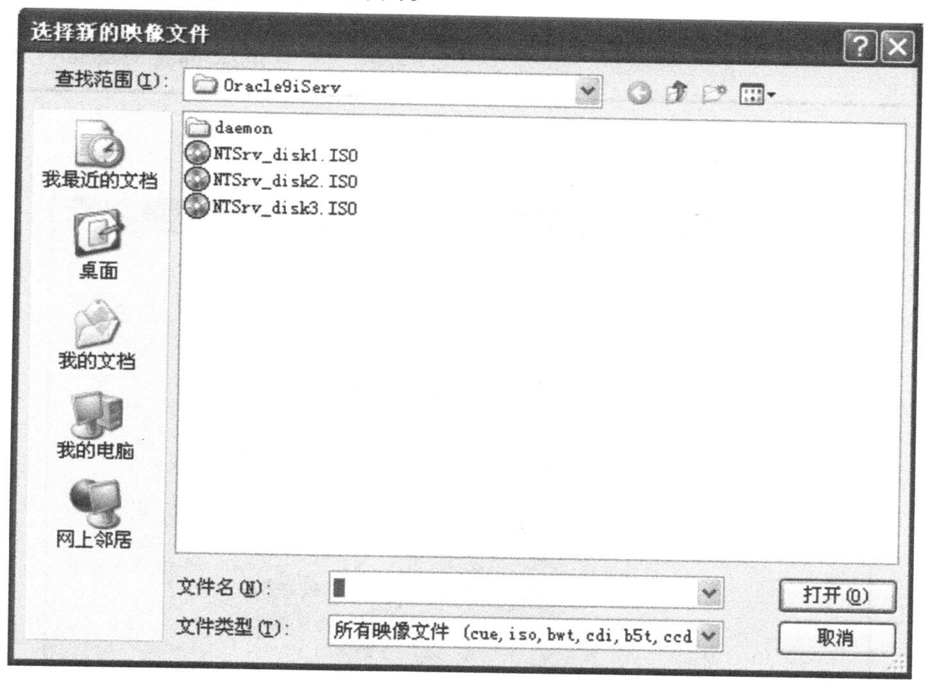

图2.7　选择映像文件

③选择 NTSrv_disk1.ISO 文件所在的路径,双击"NTSrv_disk1.ISO"。

④双击"我的电脑",双击"虚拟光驱盘符 H:",双击"Autorun"文件夹,双击"Autorun.exe",进入 Oracle 9i 的安装界面,如图 2.8 所示。

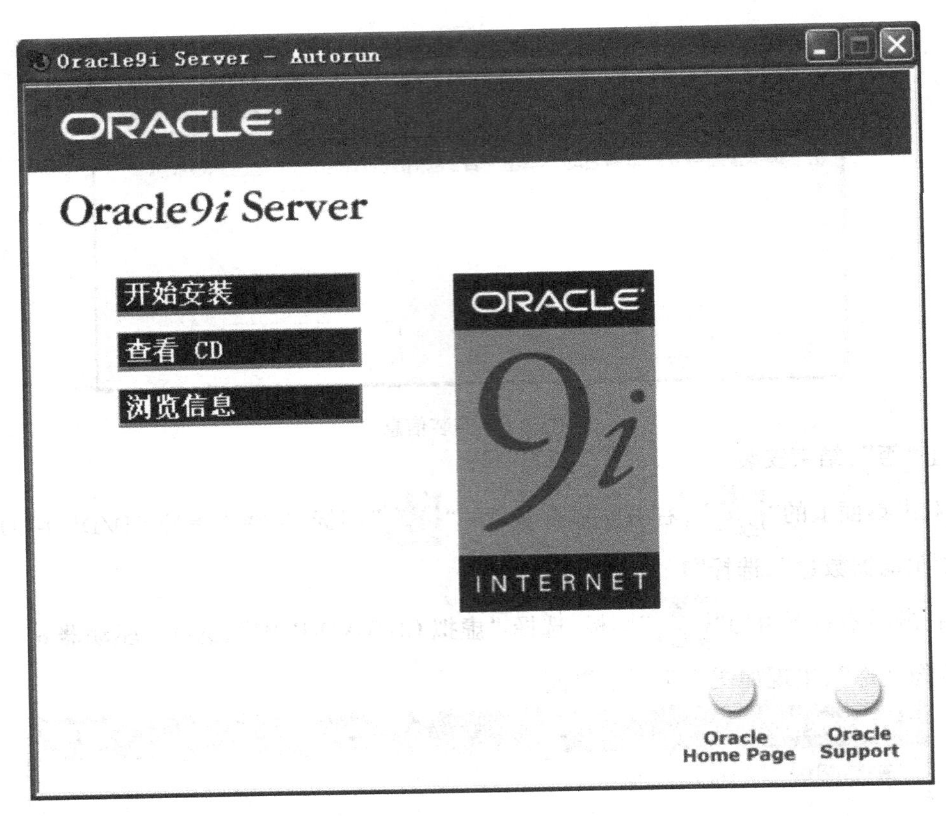

图 2.8　安装界面

单击“开始安装”，出现如图 2.9 所示界面。

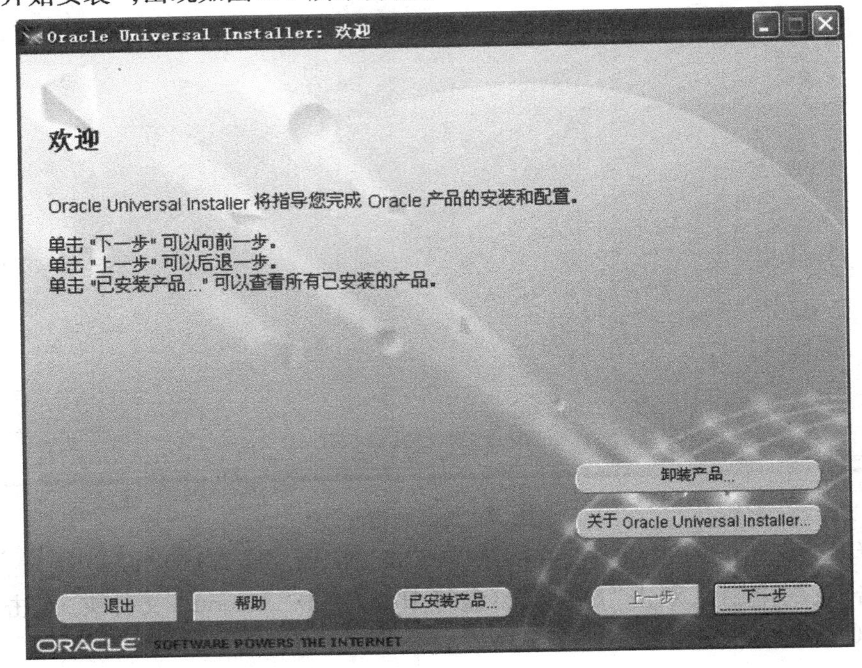

图 2.9　安装界面

单击“下一步”,出现如图2.10所示界面。

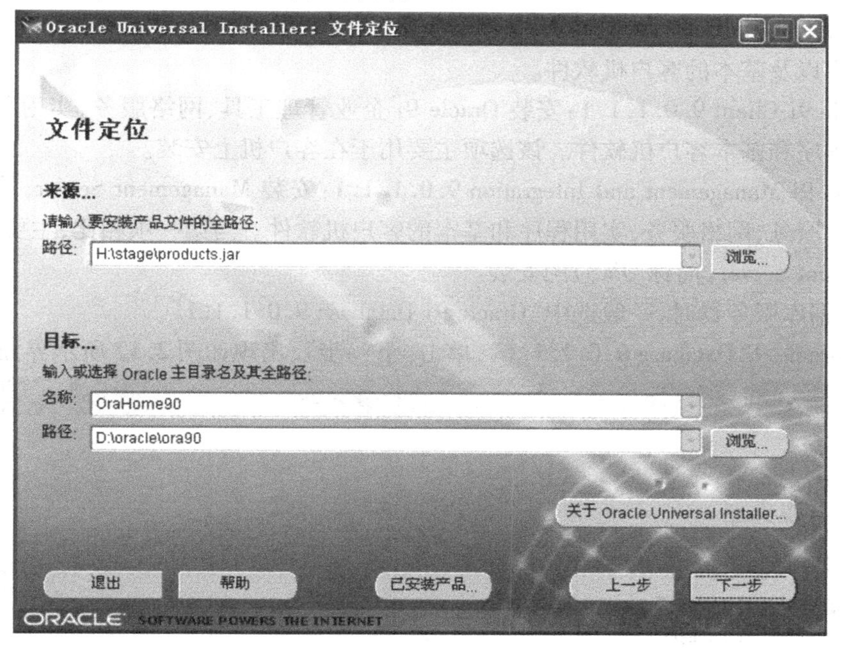

图2.10　文件定位

此窗口主要指出源文件和目标文件的位置。一般情况下,源文件路径就是安装软件所在的路径,选择默认即可。而目标文件的路径可根据用户的磁盘空间和分布自行安排,名称是程序组名,最好使用默认路径。

单击“下一步”,出现如图2.11所示界面。

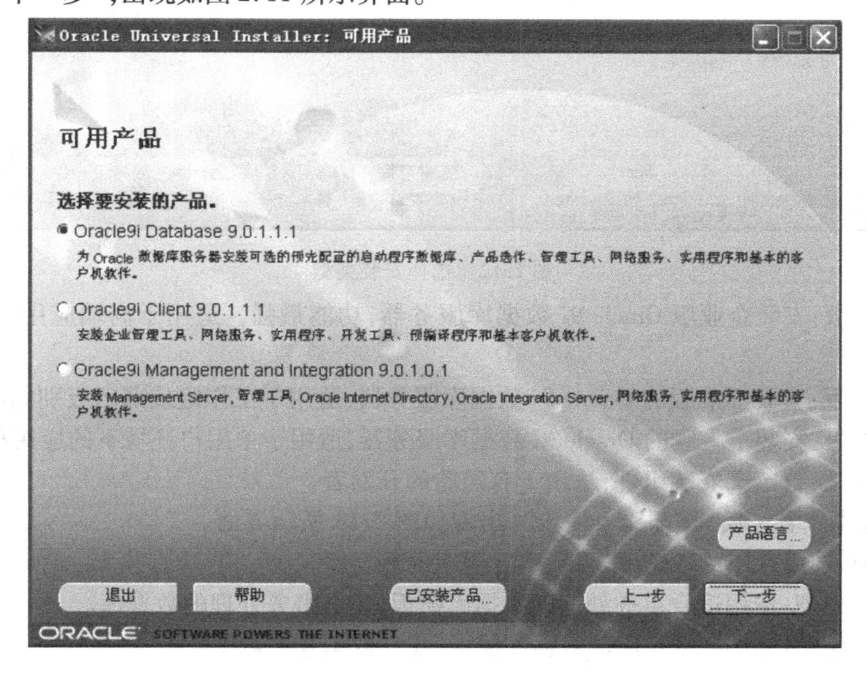

图2.11　选择安装产品

可用产品窗口共有 3 个选项,如下所述:

a. Oracle 9i Database 9.0.1.1.1:安装 Oracle 9i 的数据库服务器版本、管理工具、网络服务、实用程序以及基本的客户机软件。

b. Oracle 9i Client 9.0.1.1.1:安装 Oracle 9i 企业管理工具、网络服务、实用程序、开发工具、预编译程序和基本客户机软件。该选项主要用于在客户机上安装。

c. Oracle 9i Management and Integration 9.0.1.1.1:安装 Management Server,管理工具、网络目录、综合服务、网络服务、实用程序和基本的客户机软件。与第一项相比,主要增加了 Oracle Management Server(简称 OMS)的安装。

安装数据库服务器时,一般选中"Oracle 9i Database 9.0.1.1.1"。

选择"Oracle 9i Database 9.0.1.1.1",单击"下一步",出现如图 2.12 所示界面。

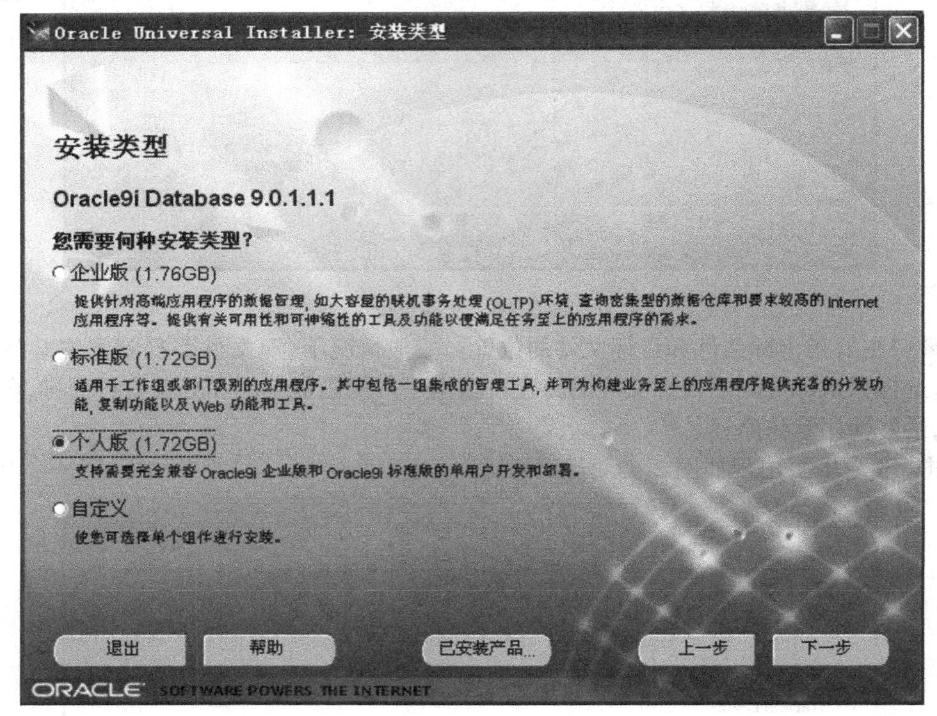

图 2.12 选择安装类型

a. 企业版:安装企业版 Oracle 9i 数据库服务器,功能最强。适用于高端应用程序的数据管理。

b. 标准版:安装标准版的 Oracle 9i 数据库服务器,适用于工作组或部门级别的应用程序。

c. 个人版:安装个人版的 Oracle 9i 数据库服务器,适用于单用户环境下的应用程序开发。

d. 自定义:自定义安装组件,适用于有经验的开发者。

在此选择"个人版",单击"下一步",出现如图 2.13 所示界面。

a. 通用:选用通用的数据库模板,建立通用的数据库。

b. 事务处理:选用适合事务处理的数据库模板,建立事务处理的数据库。

c. 数据仓库:选用数据仓库的数据库模板,建立数据仓库数据库。

d. 自定义:自定义数据库模板,建立自定义数据库。

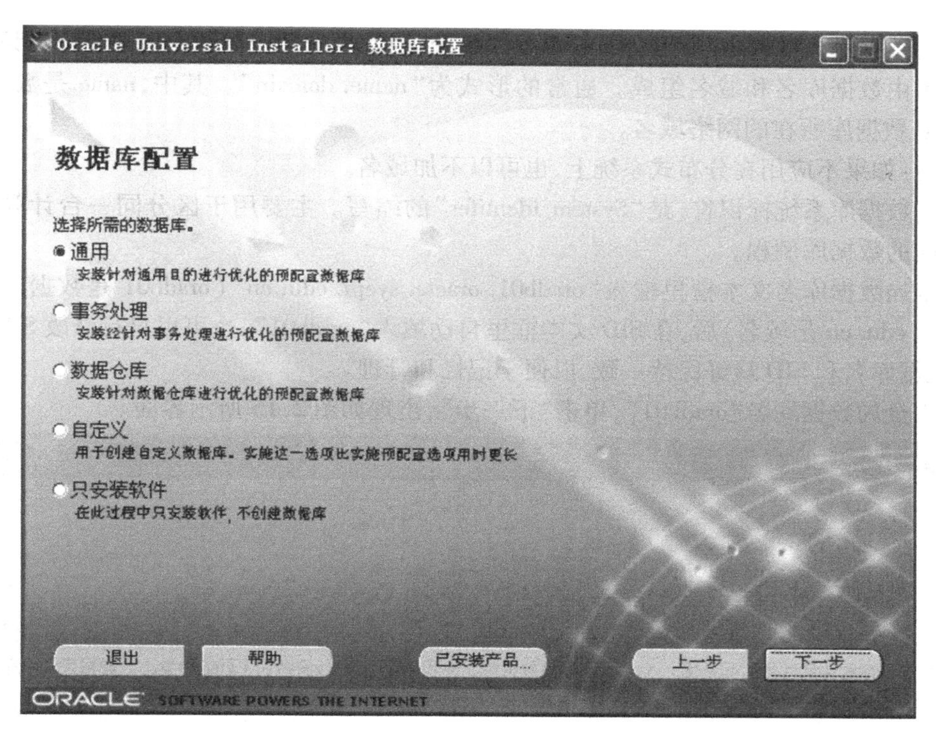

图2.13　配置数据库

e.只安装软件:只安装数据库管理系统软件,不创建数据库。

单击“通用”选项,单击“下一步”,出现如图2.14所示界面。

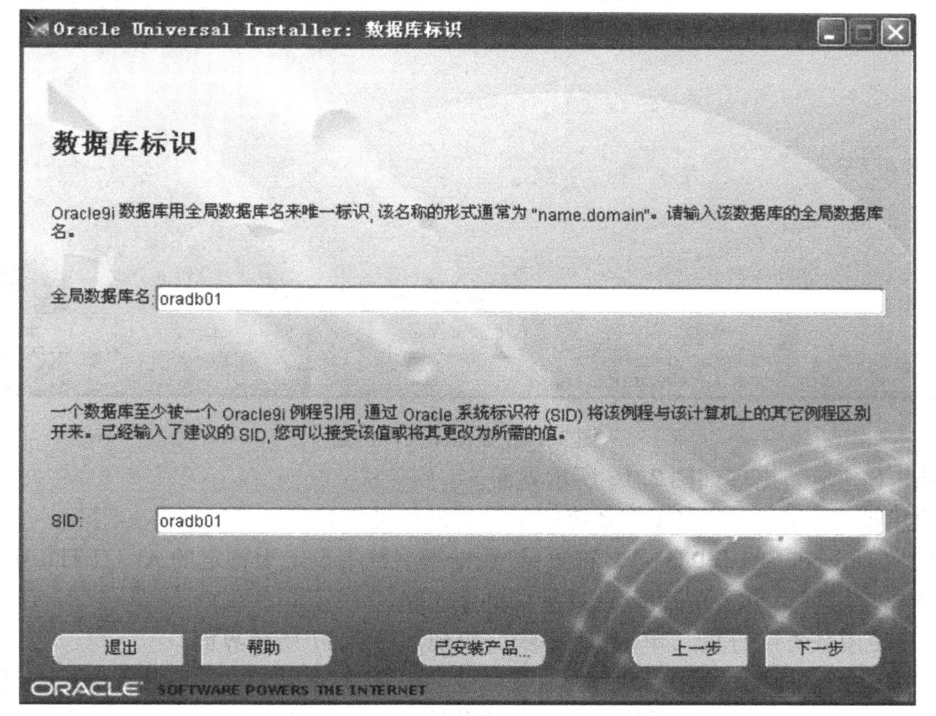

图2.14　数据库标志

全局数据库名:Oracle 9i 是分布式数据库系统,因此要求用全局数据库名唯一标识。全局数据库名由数据库名和域名组成。通常的形式为“name. domain”。其中,name 是数据库名,domain 是数据库所在的网络域名。

注意:如果不应用在分布式系统上,也可以不加域名。

SID:数据库系统标识符,是“System Identifer”的缩写。主要用于区分同一台计算机上安装的不同的数据库例程。

在全局数据库名文本框里输入“oradb01. oracle. syepi. edu. cn”(oradb01 是数据库名,oracle. syepi. edu. cn 是域名)后,在 SID 文本框里自动填入“oradb01”,也可以自行修改 SID。一般来说,数据库名和 SID 最好保持一致,以便于记忆和管理。

输入全局数据库名“oradb01”,单击“下一步”,出现如图 2. 15 所示界面。

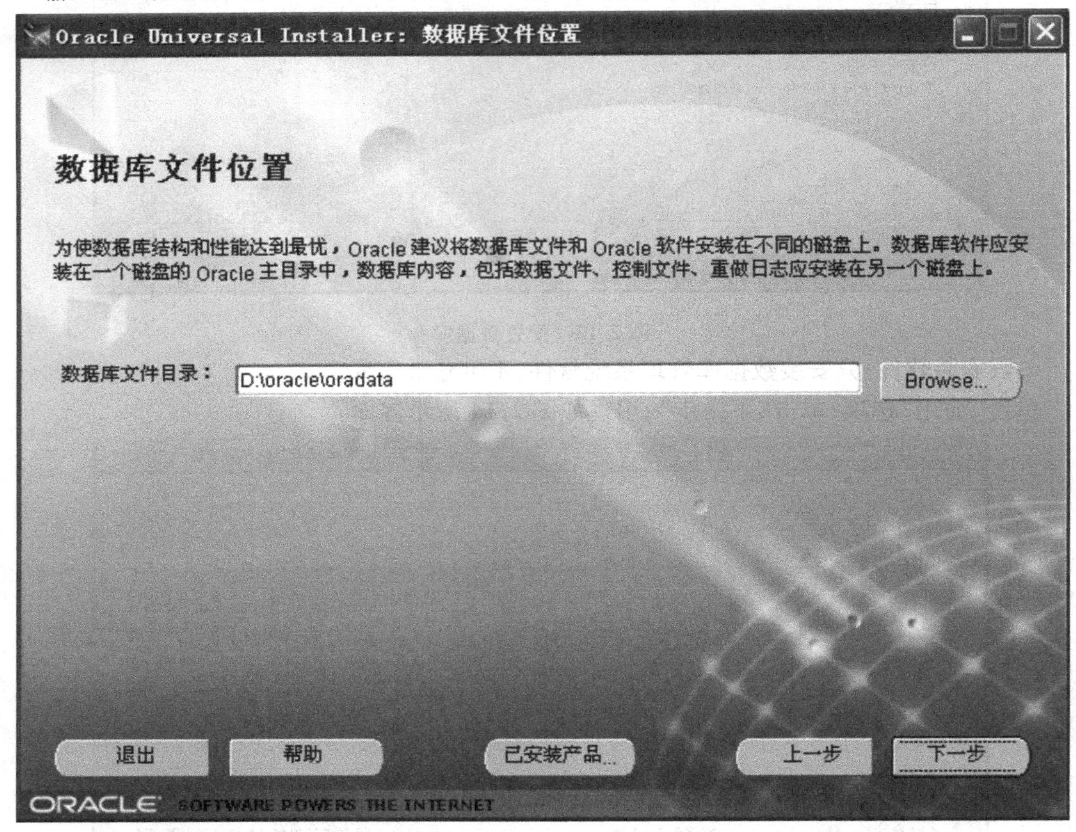

图 2. 15　数据库文件位置

单击“下一步”,出现如图 2. 16 所示界面。

a. 使用缺省字符集:按照操作系统的字符集进行设定。

b. 使用 Unicode(AL32UTF8)字符集:将数据库字符集设定为特定的 AL32UTF8 字符集。

c. 选择常用字符集之一:手动选择使用的字符集。

选中“使用缺省字符集”,单击“下一步”,出现如图 2. 17 所示界面。

摘要窗口可选择刚才的一系列安装,按照全局设置、产品语言、空间要求、新安装组件等分类显示出来,用户可以在此最后检查安装设置及选项是否正确。如果与读者要求不一致,可以

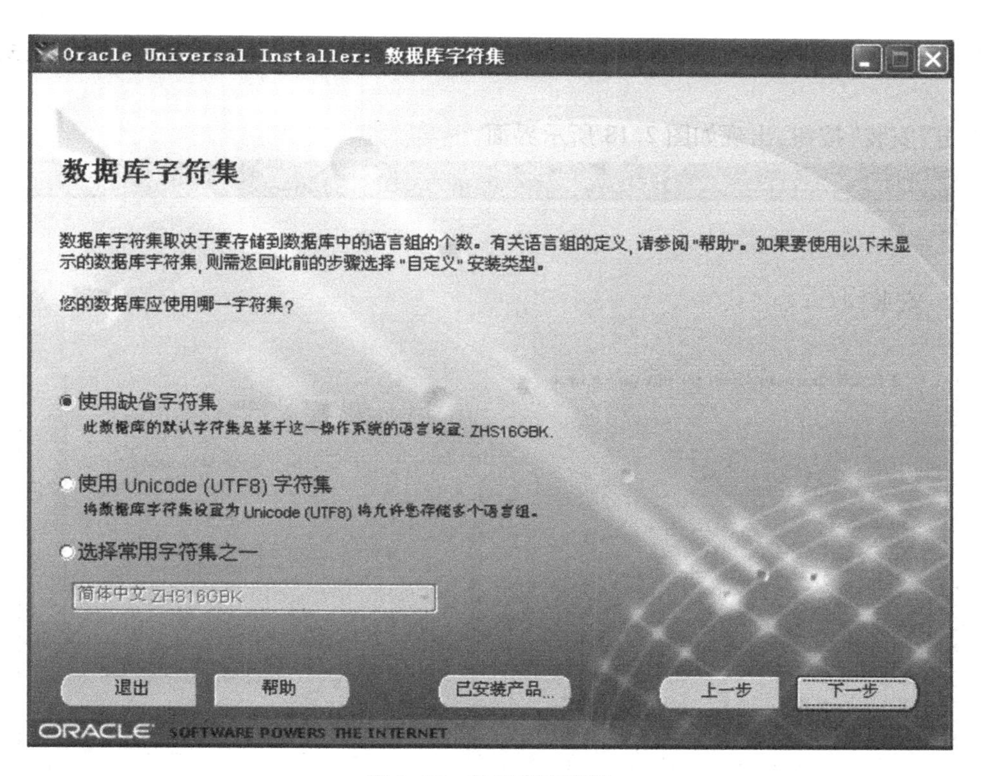

图2.16 数据库字符集

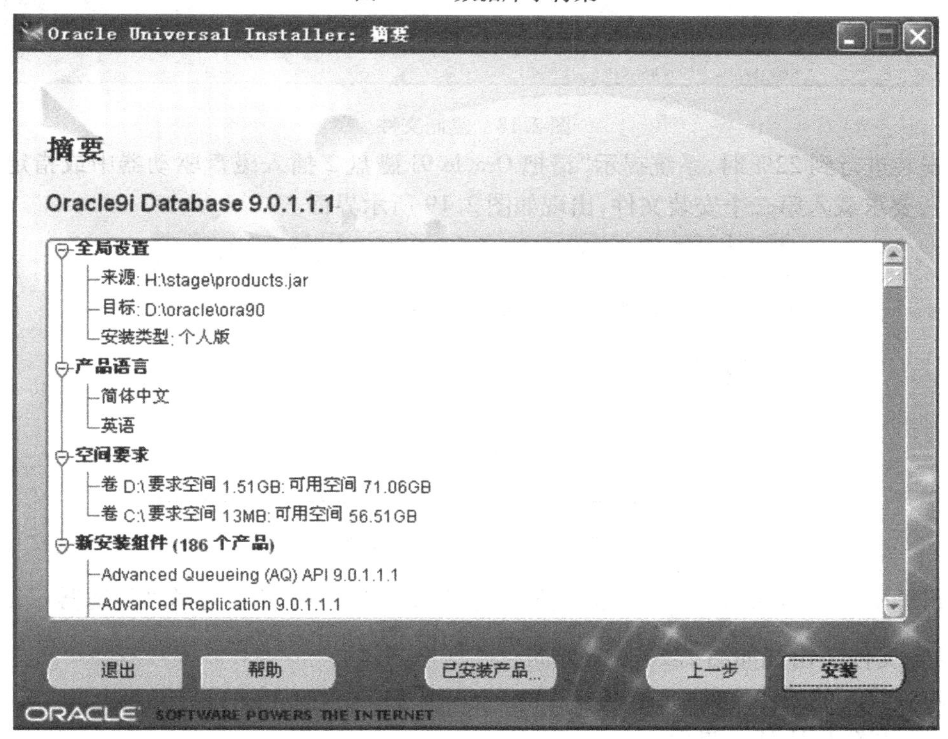

图2.17 摘要界面

单击“上一步”按钮逐级回退,重新设置或选择。如果确认,则单击“安装”按钮正式开始安装。

单击“安装”按钮,出现如图 2.18 所示界面。

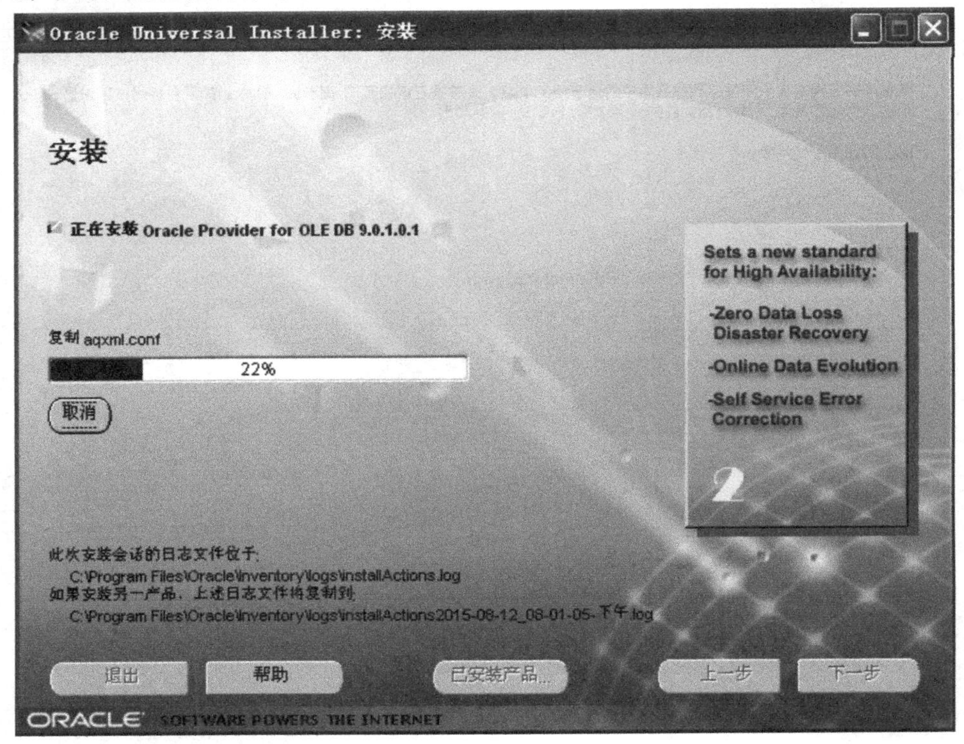

图 2.18　复制文件

当安装进行到 22% 时,系统提示“请把 Oracle 9i 磁盘 2 插入磁盘驱动器中或指定另外一个位置”,要求载入第二个安装文件,出现如图 2.19 所示界面。

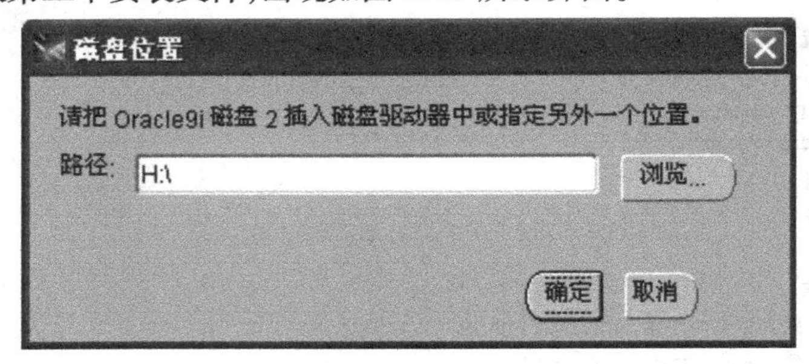

图 2.19　安装第二个文件

右击屏幕右下角的“”图标,选择“虚拟 CD/DVD-ROM”,选择“驱动器 o”,再选择“安装映像文件”,出现如图 2.20 所示界面。

出现选择新的映像文件窗口,选择 NTSrv_disk2. ISO 文件所在的路径,双击“NTSrv_disk2. ISO”,出现如图 2.21 所示界面。

单击“确定”按钮,继续复制文件,当安装进行到 41% 时,系统提示“请把 Oracle 9i 磁盘 3

图2.20 选择映像文件

插入磁盘驱动器中或指定另外一个位置”,要求载入第三个安装文件,出现如图2.21所示界面。

图2.21 安装第三个文件

操作同上,如图2.22所示。

单击“打开”,再单击“确定”按钮,出现如图2.23所示界面。

出现如图2.24所示界面。

单击“解除阻止”按钮,出现如图2.25所示界面。

出现如图2.26所示界面。

全局数据库名:oradb01。

系统标识符(SID):oradb01。

同时,出于安全原因,必须为新数据库中的SYS和SYSTEM账户更改口令。SYS和SYSTEM是该数据库默认的系统管理员,具有最高的管理权限,SYS拥有的权限比SYSTEM更多。SYS的默认口令是“change_on_insatll”,SYSTEM的默认口令是“manager”。

单击“退出”按钮,出现如图2.27所示界面。

单击“退出”按钮,恭喜您,已成功安装Oracle 9i。

图 2.22　选择映像文件

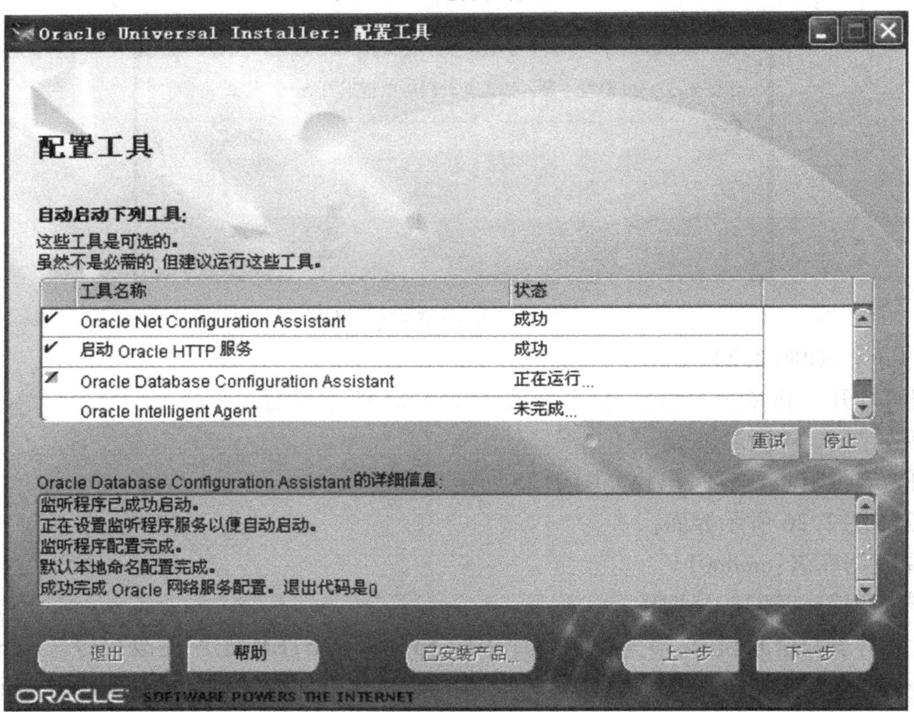

图 2.23　配置工具

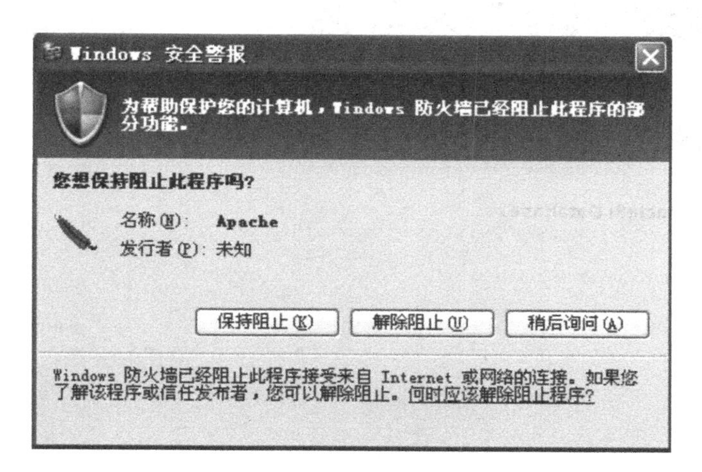

图 2.24　解除阻止

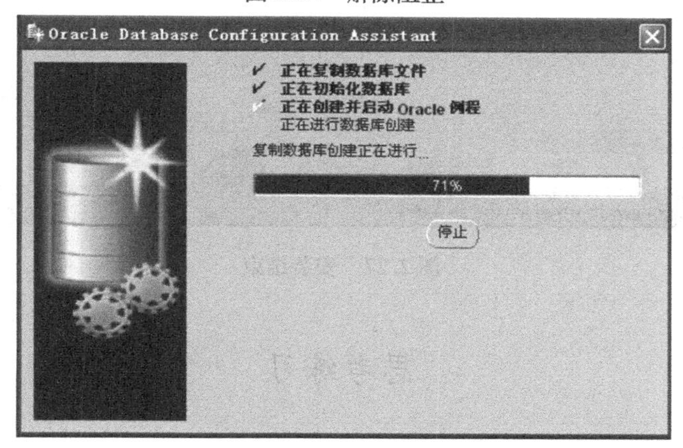

图 2.25　创建数据库

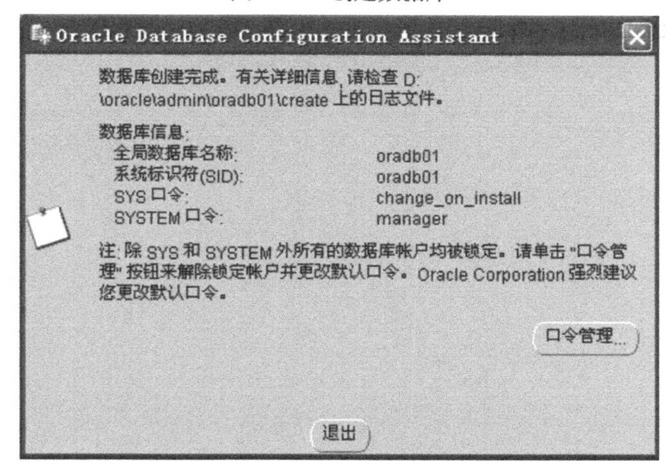

图 2.26　数据库创建完成

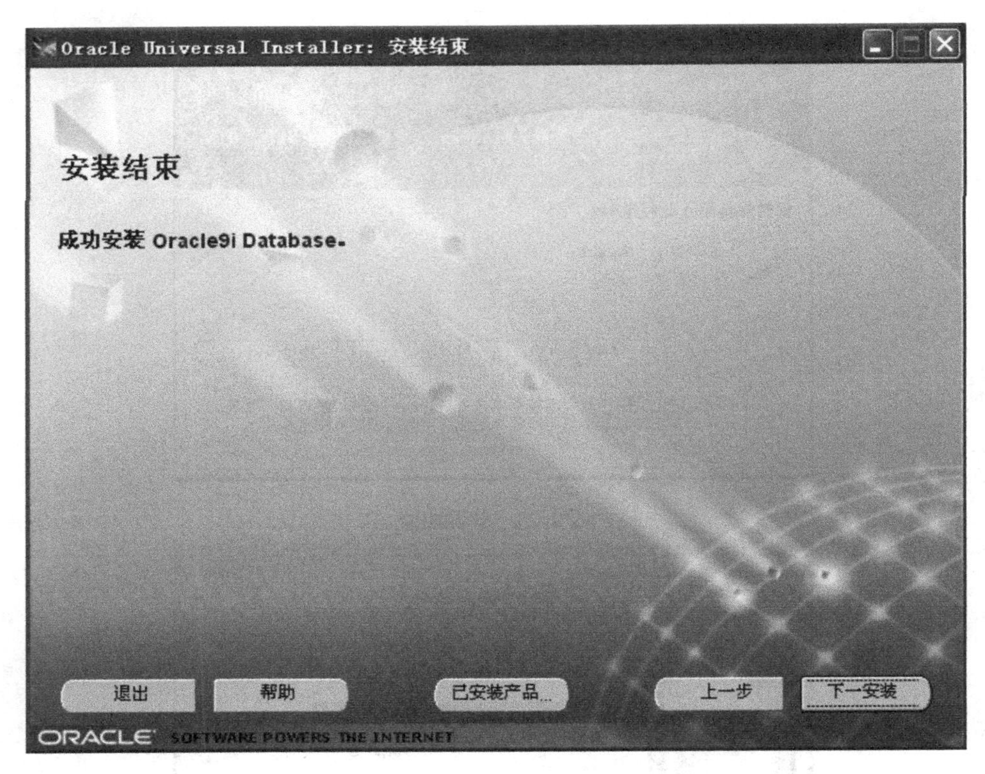

图 2.27　安装结束

思考练习

1. 在 Oracle 官网(http://www.oracle.com)下载 Oracle 安装软件。
2. 在自己计算机上安装 Oracle 软件。

项目 3 Oracle 实用工具

【学习目标】

1. 掌握 SQL Plus 工具的使用方法和操作命令。
2. 掌握 SQL Plus Worksheet 工具的使用。
3. 掌握 PL/SQL Developer 工具的使用。
4. 掌握数据库独立管理器的功能及使用方法。

【必备知识】

登录 Oracle 管理服务器有 4 种工具,即 Oracle 自带的企业管理控制台、SQL Plus 工具、SQL Plus Worksheet 工具、PL/SQL Developer 工具。企业管理控制台以界面的方式操作 Oracle 数据库,SQL Plus 工具、SQL Plus Worksheet 工具以命令行的方式操作 Oracle 数据库,PL/SQL Developer 工具既可以界面方式也可以命令行的方式操作 Oracle 数据库。

任务 3.1　企业管理控制台

①"开始/程序/oraHome90/Enterprise Manager Console",出现如图 3.1 所示界面。

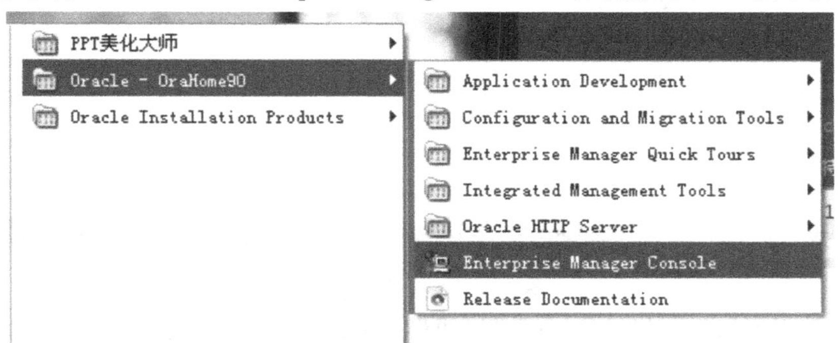

图 3.1　进入企业管理控制台

②以“独立”的方式登录，出现如图 3.2、图 3.3 所示界面。

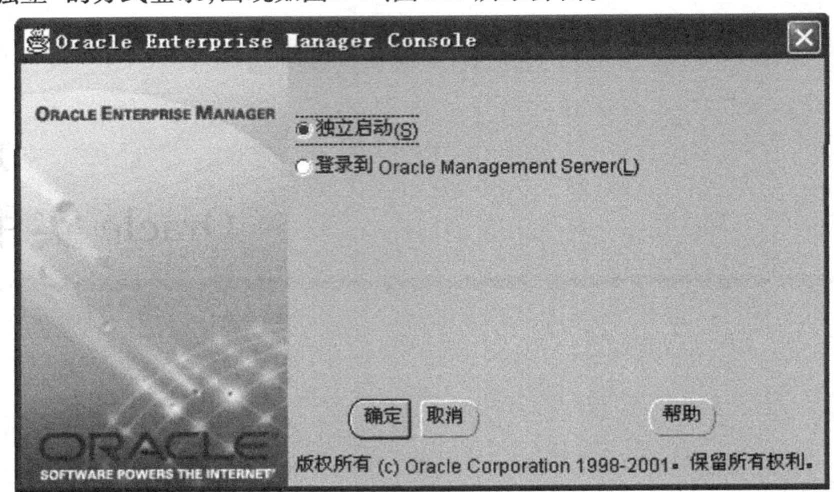

图 3.2 启动方式

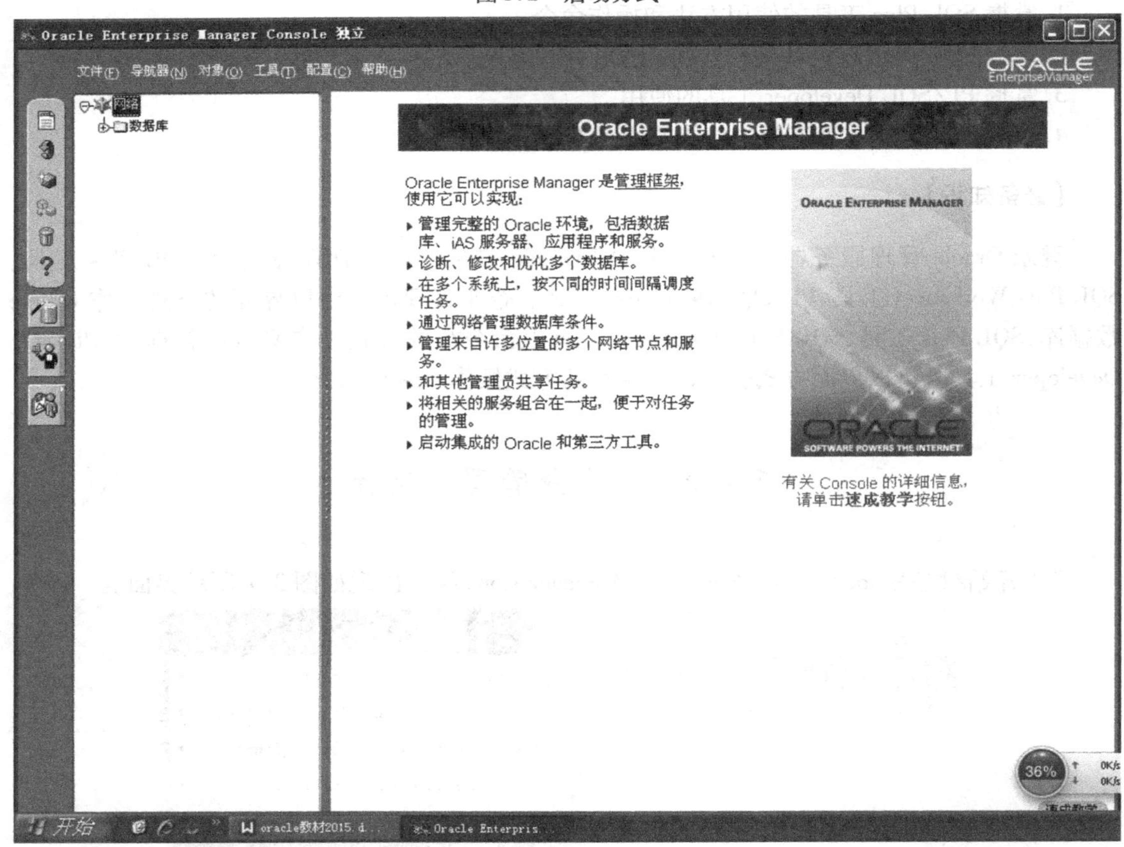

图 3.3 企业管理控制台

③单击“数据库”前面的“ + ”，单击“oradb01”前面的“ + ”，出现如图 3.4 所示界面。

④输入用户名（scott）和密码（tiger），或者在用户名后输入“scott/tiger”，连接身份选择

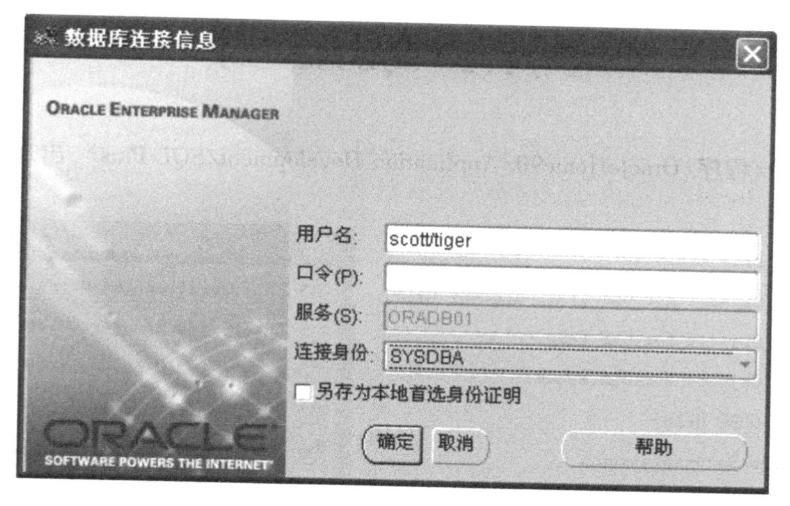

图3.4　数据库连接信息

"SYSDBA",出现如图3.5所示界面。

图3.5　企业管理控制台

任务 3.2　SQL Plus 工具

单击“开始/程序/OracleHome90/Application Development/SQL Plus”，出现如图 3.6 所示界面。

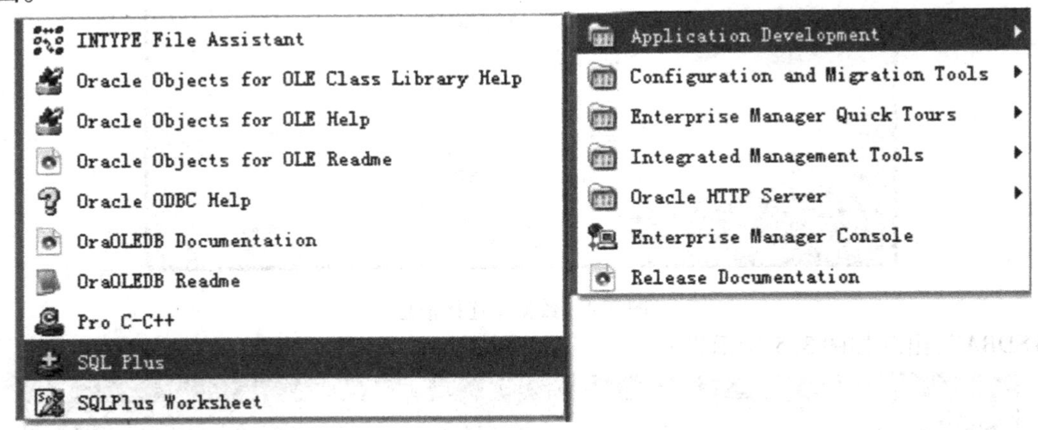

图 3.6　进入 SQL Plus 界面

在出现的对话框中输入用户名(scott)、密码(tiger)、主机字符串(oradb01)，或者在用户名后面输入“scott/tiger@ oradb01”，出现如图 3.7 所示界面。

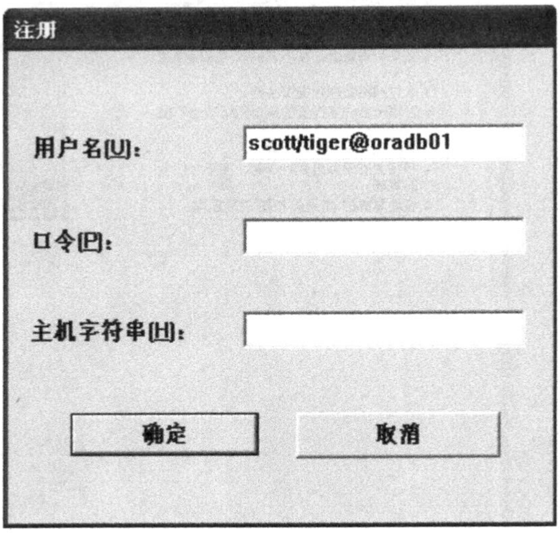

图 3.7　注册界面

单击“确定”按钮，出现如图 3.8 所示界面。

在输入“SQL >”后面输入“select * from emp”；按“Enter”键，即可查询 scott 用户下的 emp 表中的所有记录，出现如图 3.9 所示界面。

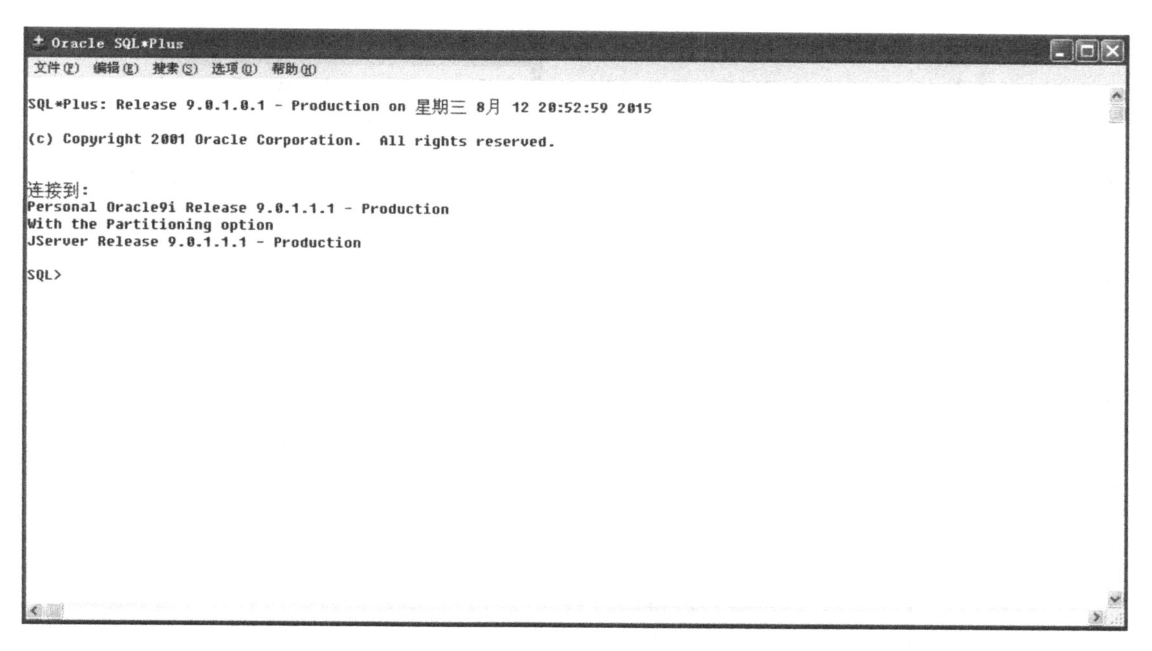

图 3.8　SQL Plus 工作界面

```
Oracle SQL*Plus
文件(F) 编辑(E) 搜索(S) 选项(O) 帮助(H)

     EMPNO ENAME      JOB              MGR HIREDATE          SAL       COMM
---------- ---------- --------- ---------- ---------- ---------- ----------
    DEPTNO
----------
      7844 TURNER     SALESMAN        7698 08-9月 -81        1500          0
        30

      7876 ADAMS      CLERK           7788 23-5月 -87        1100
        20

      7900 JAMES      CLERK           7698 03-12月-81         950
        30

     EMPNO ENAME      JOB              MGR HIREDATE          SAL       COMM
---------- ---------- --------- ---------- ---------- ---------- ----------
    DEPTNO
----------
      7902 FORD       ANALYST         7566 03-12月-81        3000
        20

      7934 MILLER     CLERK           7782 23-1月 -82        1300
        10

已选择14行。

SQL>
```

图 3.9　查询结果界面

任务 3.3　SQL Plus Worksheet 工具

选择“开始/程序/OracleHome90/Application Development/SQL Plus Worksheet”，出现如图 3.10、图 3.11 所示界面。

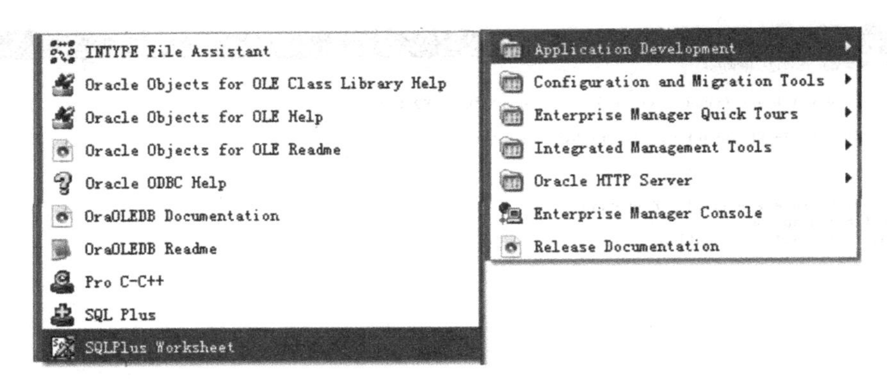

图 3.10　进入 SQL Plus Worksheet 界面

图 3.11　登录界面

在用户名后输入“scott/tiger@oradb01”，单击“确定”按钮，出现如图 3.12 所示界面。

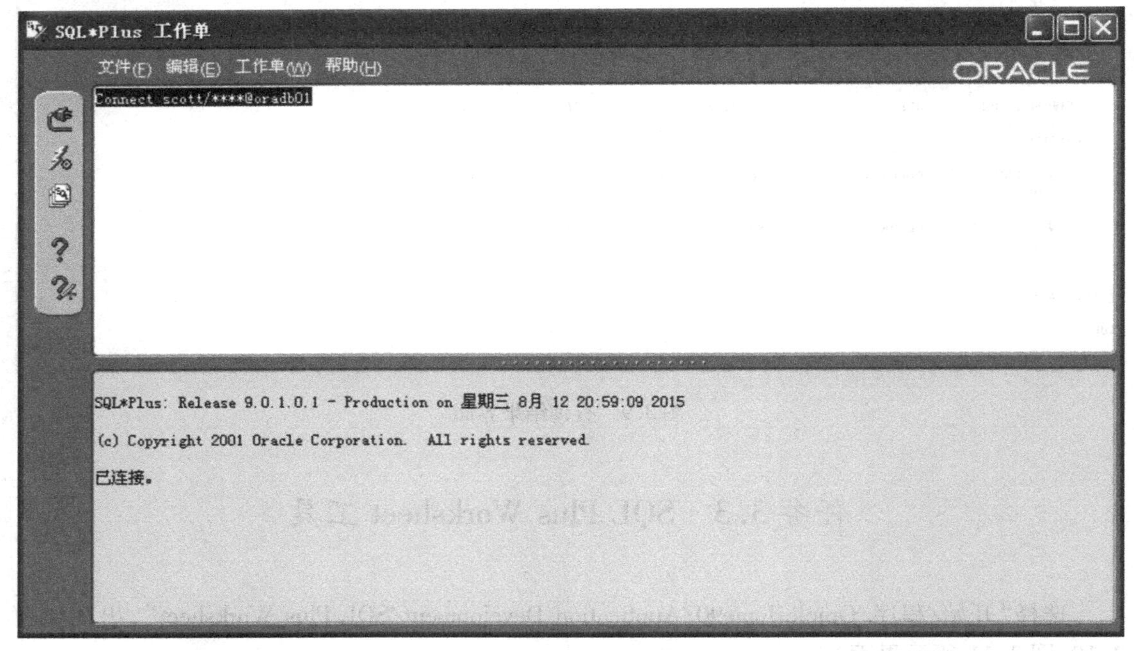

图 3.12　SQL Plus Worksheet 工作界面

输入“select ＊ from emp”;单击左边的执行图标“ ”;同样,可以查询 emp 表中所有记录,出现如图 3.13 所示界面。

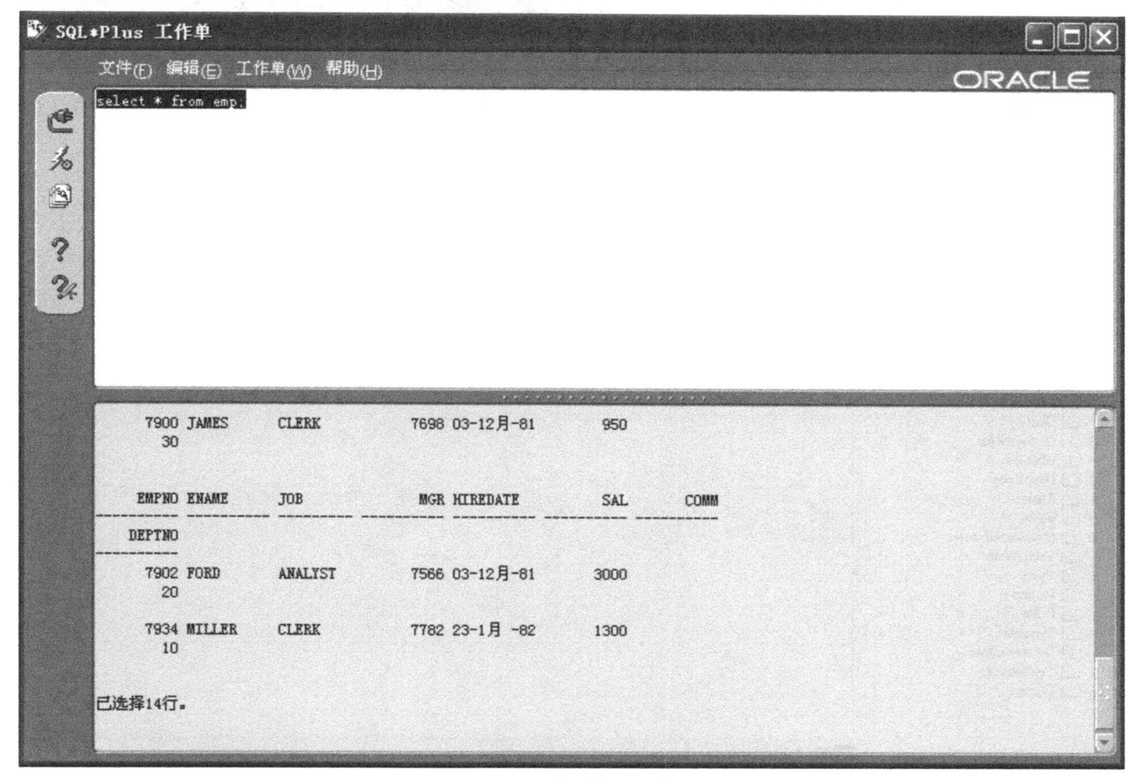

图 3.13　查询结果界面

任务 3.4　PL/SQL Developer 工具

PL/SQL Developer 免安装版,将 PL/SQL Developer 免安装版文件夹下面的所有文件复制到桌面,不用安装即可直接使用。打开文件夹 PL/SQL Developer,找到“plsqldev. exe”,双击,出现如图 3.14 所示界面。

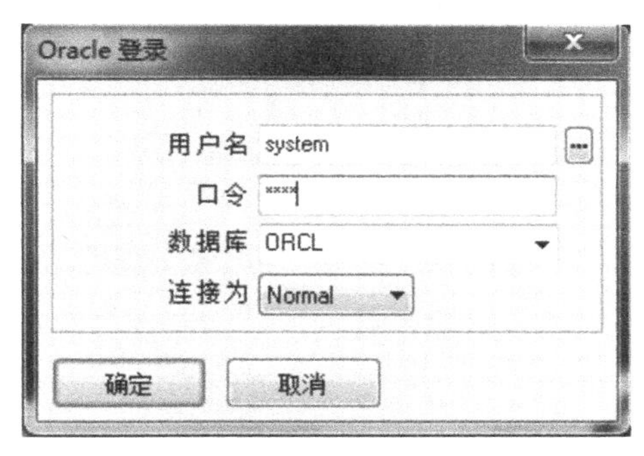

图 3.14　登录界面

输入用户名和口令:system/manager,数据库名:ORCL(Oracle 安装时填写的数据库名字),单击“确定”按钮,进入 PL/SQL Developer 工具的主界面,如图 3.15 所示。

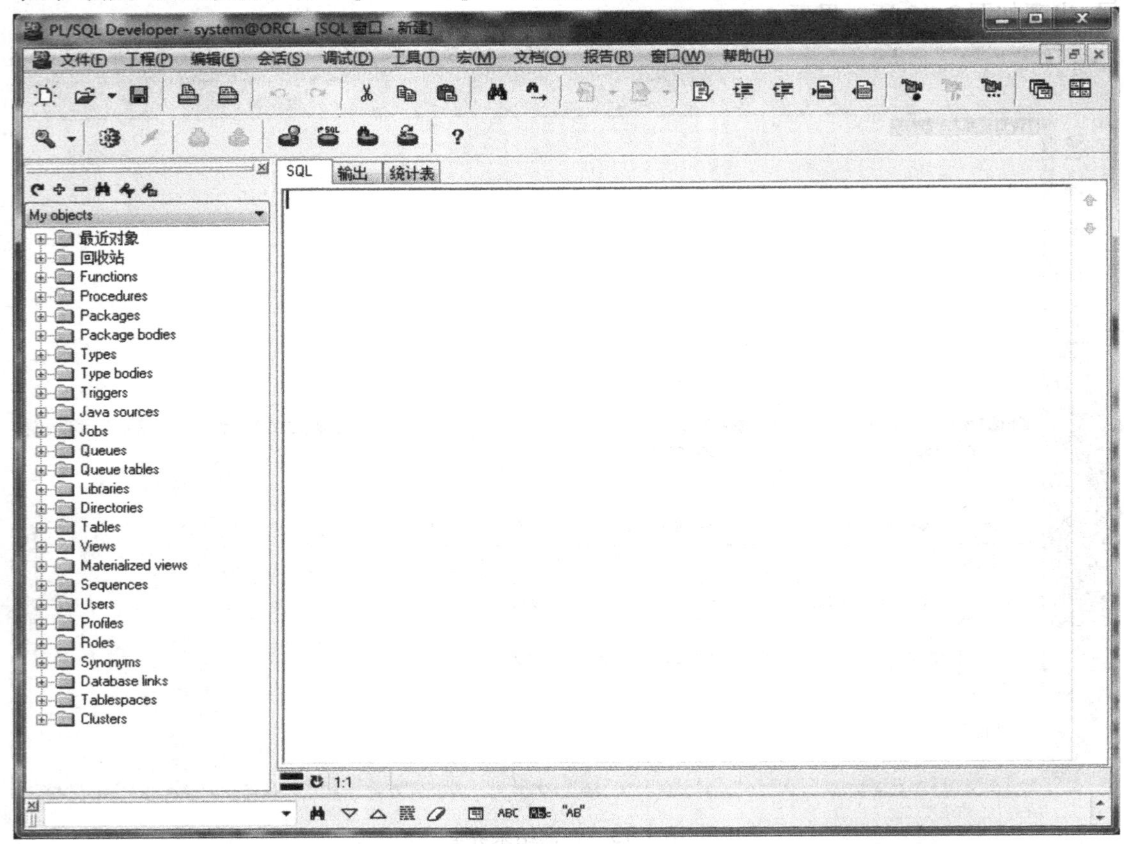

图 3.15　PL/SQL Developer 工具主界面

思考练习

1. 使用 4 种方式登录 Oracle 管理服务器。
2. 熟悉 PL/SQL Developer 工具的使用。

项目 4
管理数据库

【学习目标】

1. 了解使用 Oracle Database 命令创建数据库的过程。
2. 掌握使用数据库配置助手创建数据库的方法。
3. 掌握查看数据库信息的方法。
4. 了解创建数据库后的一些默认信息。
5. 掌握启动和关闭数据库的方法。

【必备知识】

Oracle 数据库是由一系列操作系统文件组成的,这些文件主要包括数据文件、控制文件和日志文件等。创建数据库的过程,就是按照特定的规则在 Oracle 所基于的操作系统上建立这些文件,Oracle 数据库服务器利用这些文件来存储和管理数据。Oracle 9i 中创建数据库有两种方式,即使用数据库配置助手和采用命令方式。

任务 4.1 使用配置助手创建数据库

Oracle 数据库配置助手(Database Configuration Assistant,DBCA)的智能向导能够帮助用户一步步完成对新数据库的设置。用户可以只对必要的参数进行设置或修改,其他都由 Oracle 自动设置,从而节省决定如何最好地设置数据库的参数或结构的时间。使用 DBCA 创建数据库的操作步骤如下所述。

单击"开始"→"程序"→"Oracle-OraHome90"→"Configuration and Migration Tools"→"Database Configuration Assistant",出现如图 4.1、图 4.2 所示界面。

单击"下一步",出现如图 4.3 所示界面。

该窗口包括 4 个选项,如下所述:

a. 创建数据库:创建一个新的 Oracle 数据库。

b. 在数据库中配置数据库选项:编辑已经存在的数据库的配置参数。

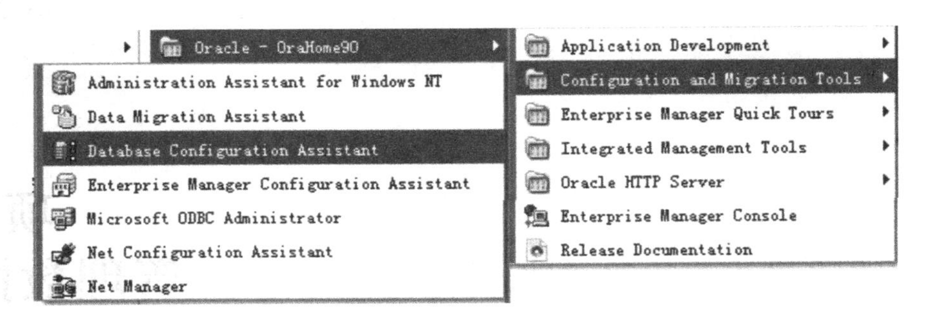

图 4.1　打开创建数据库配置助手

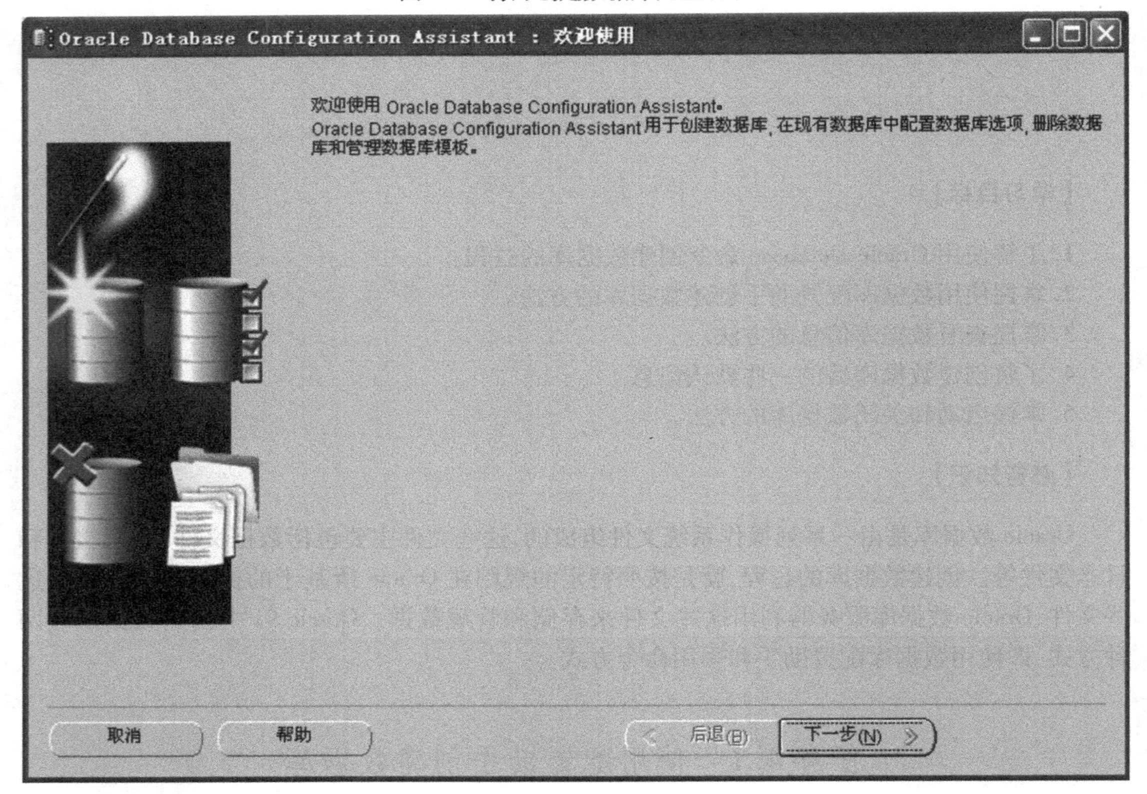

图 4.2　欢迎界面

c. 删除数据库：删除存在的数据库。

d. 管理模板：创建、编辑数据库模板。

选择“创建数据库”，单击“下一步”，出现如图 4.4 所示界面。

利用数据库模板可以快速地创建各种典型数据库。Oracle 9i 的 DBCA 中提供了 4 个标准数据库模板：

a. Data Warehouse 适用于数据库经常处理大量的复杂查询的环境当中，如基于数据仓库的（数据仓库）模板决策支持系统（DSS）。

b. General Purpose 适用于同时具有 DSS 和 OLTP 特性（通用）模板。

c. New Database 使用该模板，用户可以对数据库各项参数进行更灵活的设置（新数据库）模板。

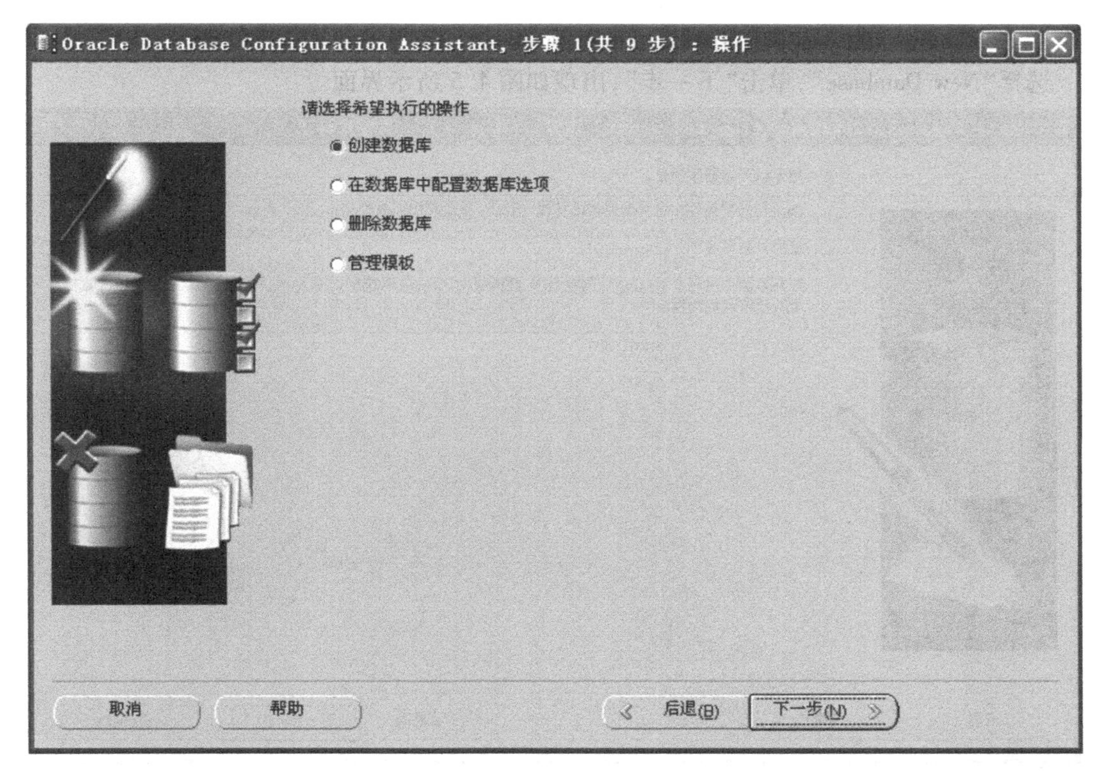

图 4.3　创建数据库

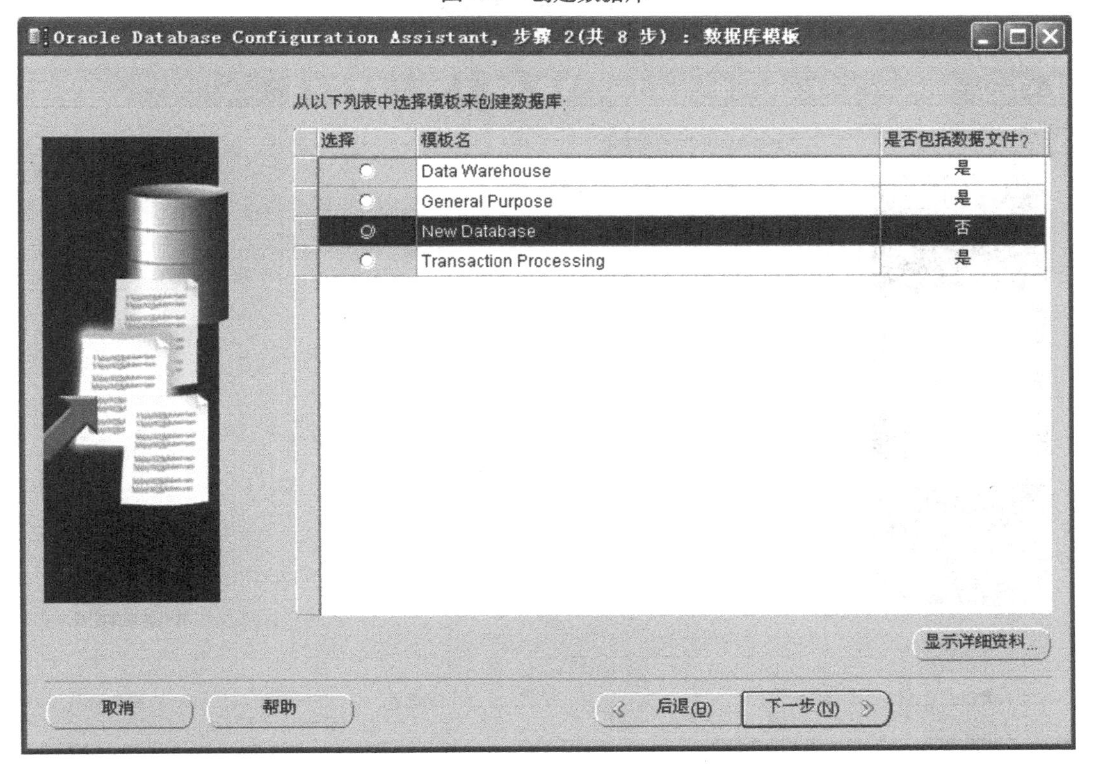

图 4.4　创建新数据库

d. Transaction Processing 适用于联机事务处理环境（联机事务处理）模板。

选择"New Database"，单击"下一步"，出现如图 4.5 所示界面。

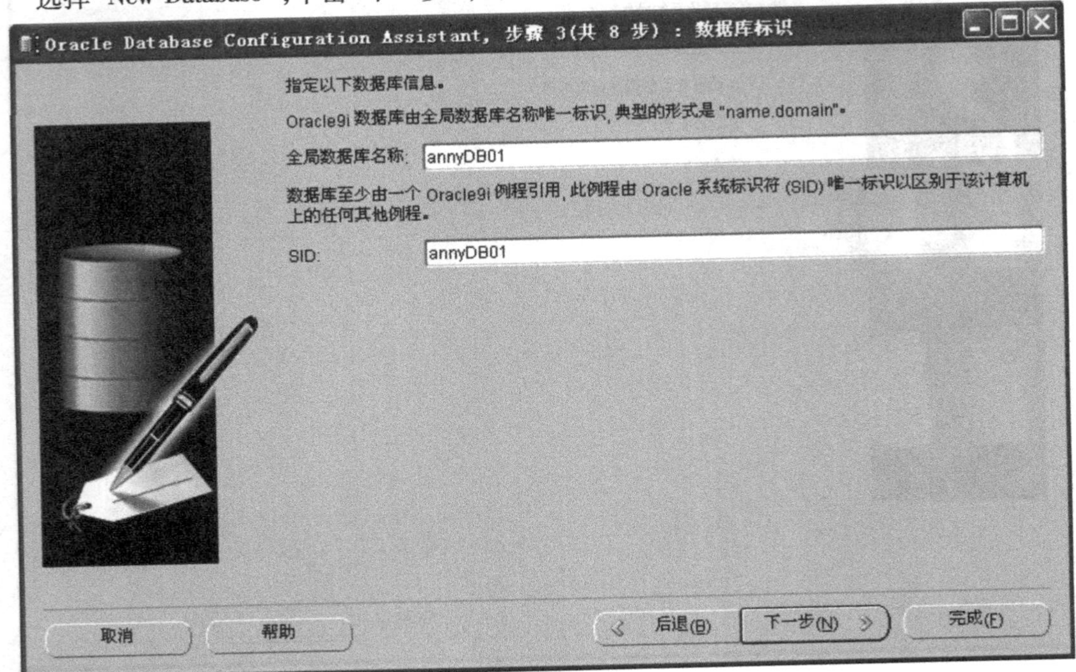

图 4.5　数据库标志

输入全局数据库名称"annyDB01"，单击"下一步"，出现如图 4.6 所示界面。

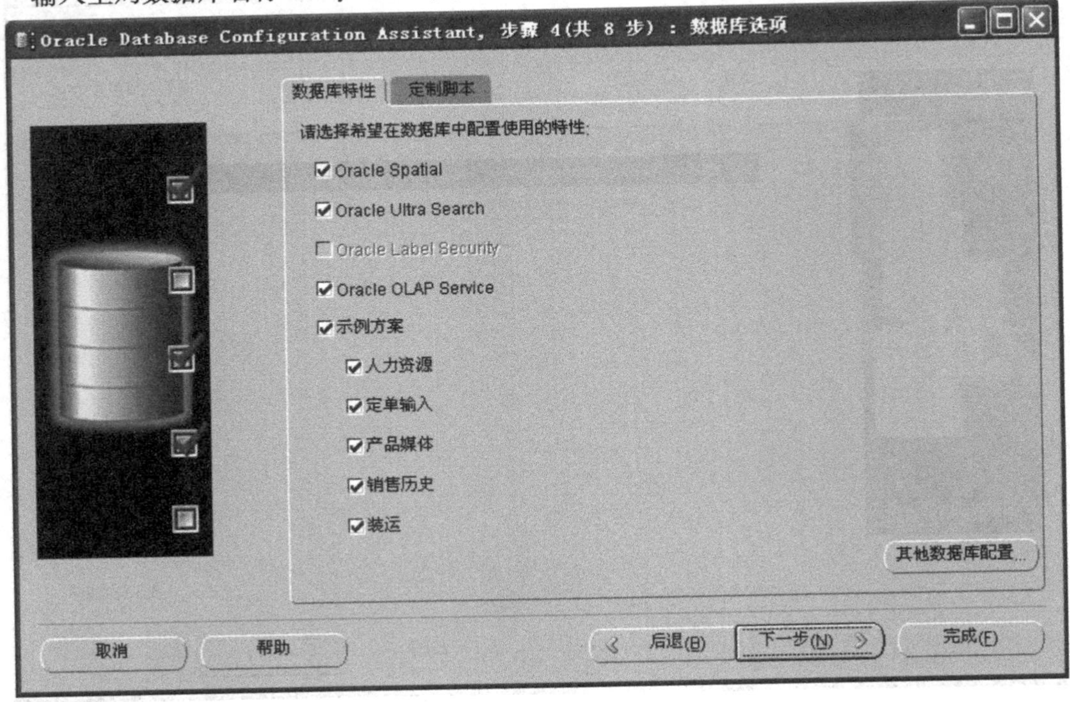

图 4.6　数据库选项

单击“下一步”，出现如图4.7所示界面。

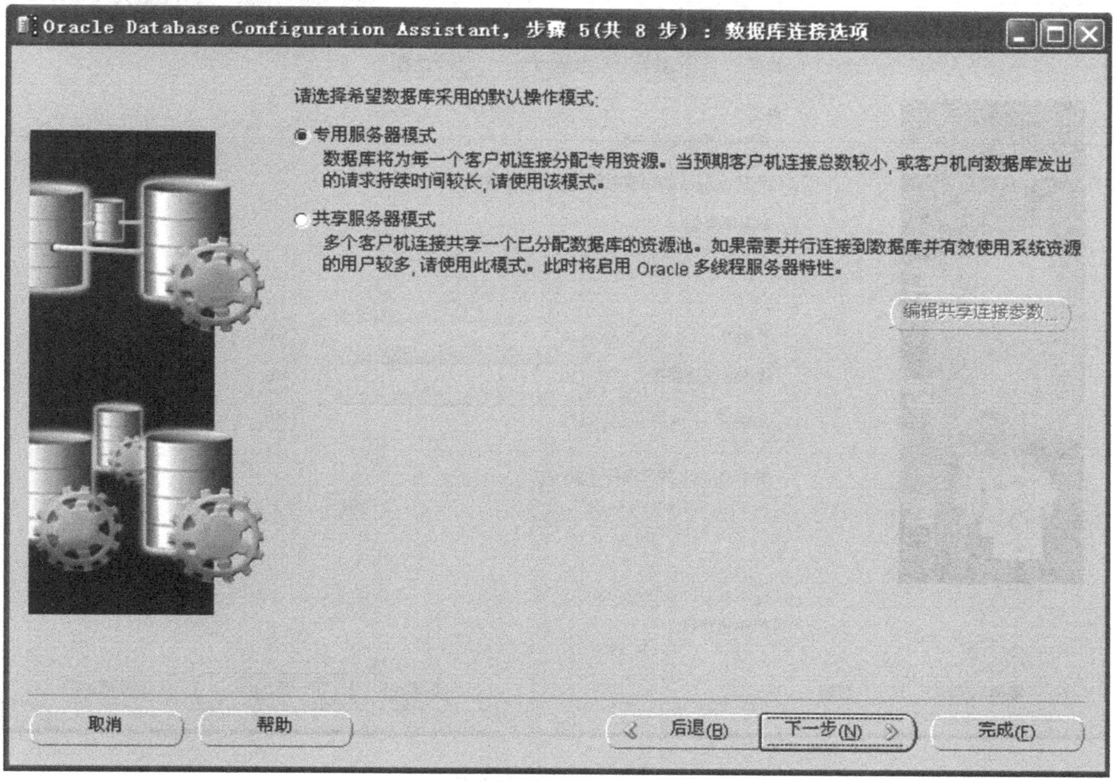

图4.7　数据库连接选项

a. 专用服务器模式：在专用服务器操作模式中，Oracle为每一个连接到实例的用户进程提供一个专门的服务进程，各个专用服务进程之间是完全独立的。在用户进程连接到实例的整个过程中，专用服务进程一直存在，而无论用户进程是否活动，直到用户进程断开连接时，对应的专用服务进程才被终止。也就是说，用户进程和服务进程在同一时刻数量相同。专用服务器操作模式适用于短时间内有成批的操作任务，能够使服务进程始终保持繁忙状态的环境当中。专用服务器模式适用于决策支持系统DSS类型的数据库、少数用户并发连接的环境，以及单个用户需要长时间请求数据库服务等。

b. 共享服务器模式：在共享服务器操作模式中，Oracle在创建实例时，启动一定数目的服务进程，在一个调度进程的协调下，这些服务进程可以为大量的用户进程提供服务。共享服务器操作模式适用于需要严格考虑系统资源限制的环境。例如，同一时刻有大量用户并发连接数据库，如果采用专用服务器操作模式，则系统资源（主要是内存）很快就会用尽，而共享服务器操作模式则能够有效地优化利用有限的系统资源。共享服务器操作模式通常应用于联机事物处理类型的数据库中。

单击“下一步”，出现如图4.8所示界面。

该窗口中共有5个标签页，通过不同的标签页，可以为数据库设置内存参数、归档模式、数据库大小、文件位置、采用的字符集等基本属性。如果要对其他参数进行设置，可单击“所有初始化参数”按钮，然后进行修改设置，完成对新建数据库初始化参数的设置工作。

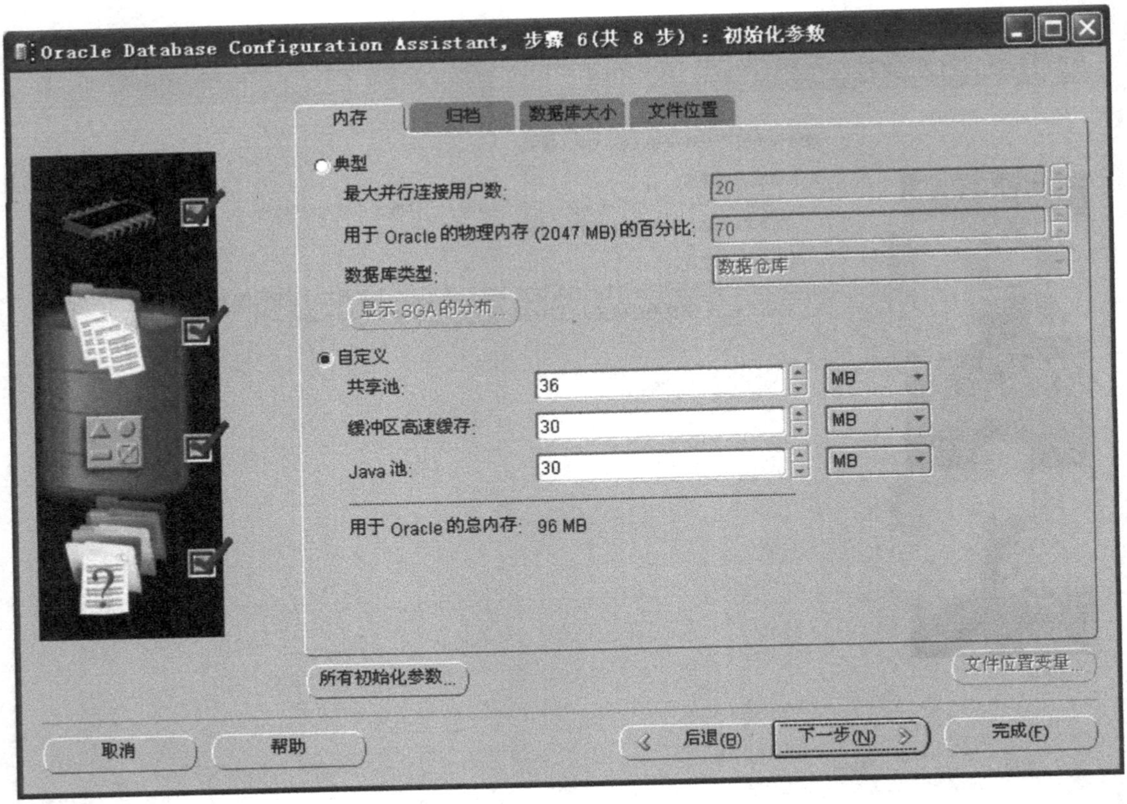

图 4.8 初始化参数

内存页：在 DBCA 中提供了两种内存参数设置方式。

“典型”方式表示使用默认的设置来创建数据库，在这种方式下用户输入的信息最少。这种类型对于普通应用环境的大多数数据库来说已经足够了，比较适合于那些不太熟悉 Oracle 体系结构的用户。

“自定义”方式表示由用户完全控制数据库的创建操作，这时用户可以根据应用需求灵活地创建数据库。该选项比较适合于 DBA 或使用数据库经验丰富的用户。自定义方式需要设置的内存参数包括 SGA 区和 PGA 区的设置。SGA 区主要有缓冲区高速缓存的大小、共享池的大小、大型池的大小和 Java 池的大小等参数。

“归档”页：如果采用归档模式，则选中“归档日志模式”复选框，同时“自动归档”选项会被自动选中。如果选择了“归档日志模式”，还需要设置归档日志文件及其位置。

“字符集”页：在该窗口中，设置新建数据库采用的字符集信息。Oracle 9i 数据库字符集可以采用默认值（通常都采用默认值）ZHS16GBK，也可以从字符集列表中进行选择。

“数据库大小”页：在此页面中，可以设置排序区的大小。数据排序区的大小能够影响数据分类排序的效率。通常这个参数设置不需要修改。

“文件位置”页：为新建数据库设置初始化参数文件、跟踪文件的位置，以及决定是否采用服务器端初始化参数文件功能。

注意：在数据库存储窗口中可以设置和更改的参数，根据创建数据库时选择的模板不同会有所不同。

单击“下一步”,出现如图4.9所示界面。

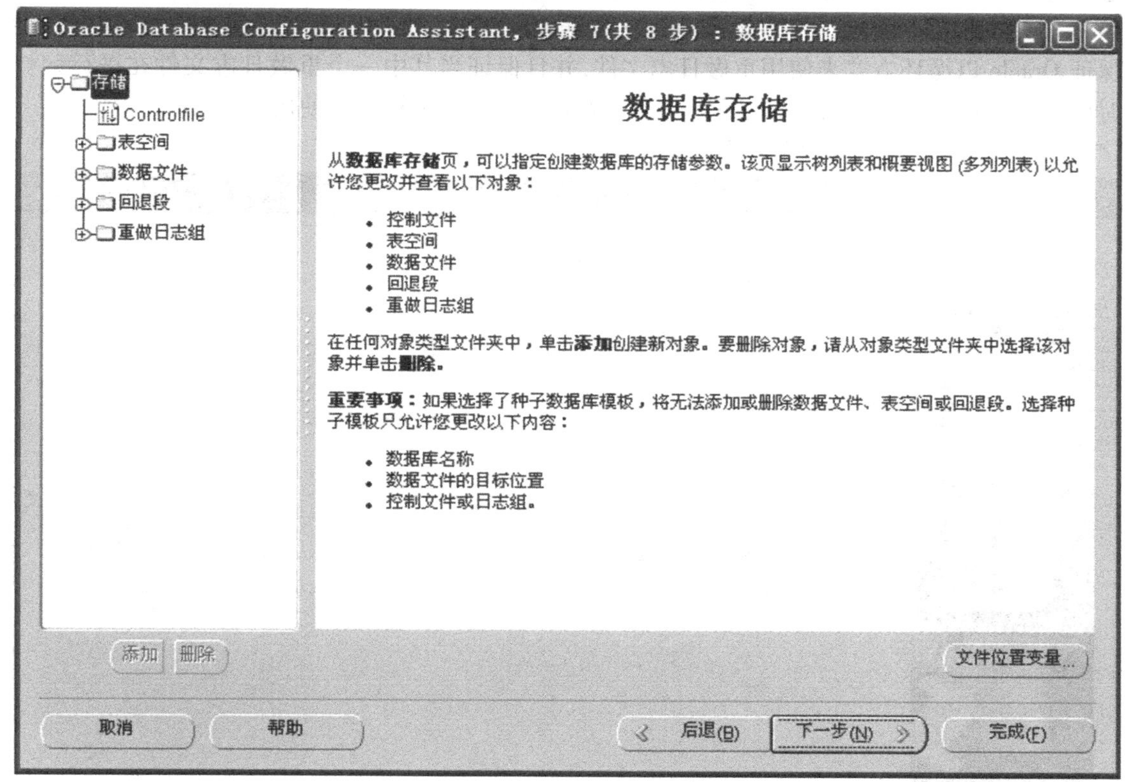

图4.9　数据库存储

在数据库存储窗口中可以查看或设置某项参数。这些参数包括控制文件(Controlfile)、数据文件和重做日志组。

控制文件是Oracle数据库中至关重要的一类文件,在控制文件中记录了有关数据库物理结构的信息。控制文件对Oracle数据库的加载、打开和正常运行都非常重要。对于一个Oracle数据库来说,如果没有可用的控制文件或控制文件中记录了错误信息,数据库都无法正常工作。一个Oracle数据库至少拥有一个控制文件,通常设置3个控制文件。控制文件在数据库运行过程中要始终处于可用状态。因为Oracle数据库管理系统要将所有对数据库物理结构的修改信息存储到控制文件中,所以控制文件只能由Oracle数据库自动读写,任何用户或DBA不能对控制文件进行编辑。

数据文件是操作系统文件,数据库中的数据在物理上就保存在数据文件中。一个数据库是由多个表空间组成的,一个表空间在物理上对应一个或多个数据文件,当在表空间中创建数据库对象时,Oracle为数据库对象选择一个数据文件,并在其中分配物理存储空间。一个数据库对象的数据可以全部保存在一个数据文件中,也可以分布在同一个表空间的多个数据文件中。在为数据库创建表空间时,Oracle同时创建与该表空间对应的数据文件。

重做日志中以重做记录的形式记录着用户对数据库所进行的修改操作。当需要进行数据库恢复时,Oracle对数据文件应用重做日志,以重新记录用户对数据的修改操作,挽回丢失的修改信息。Oracle数据库所使用的重做日志文件都可以进行“镜像”,即同时保持一个重做日志文件的多个镜像文件，这些完全相同的重做日志文件组成一个重做日志文件组，组中每个重做日志文件称为一个“成员”。每个 Oracle 数据库都至少需要两个重做日志文件组，这样才能保证 Oracle 以循环方式来使用重做日志文件，并且保证当其中一个重做日志文件在进行归档时（如果数据库处于归档模式），还有一个重做日志文件能够被实例使用。

单击“下一步”，出现如图 4.10 所示界面。

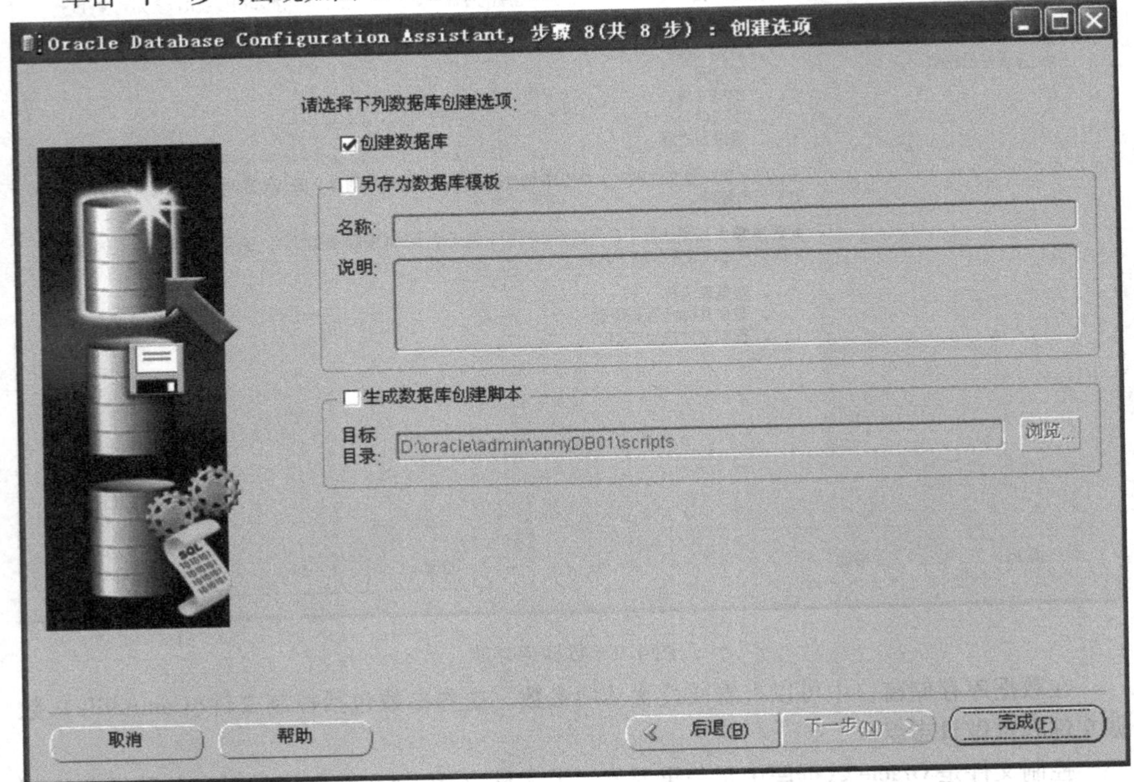

图 4.10　创建选项

单击“下一步”，出现如图 4.11 所示界面。

在概要窗口中所有的设置以表格的形式列出，包括的设置主要有公共选项、初始化参数、字符集、数据文件、控制文件和重做日志组。

单击“确定”按钮，出现如图 4.12、图 4.13 所示界面。

在该窗口中可以看到新建数据库的全局数据库名、系统标识符、服务器端初始化参数文件名等信息，并且要为 SYS 和 SYSTEM 用户设置口令。这两个用户都拥有对数据库管理的权限。在 Oracle 9i 中创建新数据库时将自动创建若干默认的用户，不同配置的数据库对应的默认用户会有所不同。在这些默认的用户中只有 4 个用户可用，其他用户均被锁定，使用前需解锁。可用的 4 个用户分别是 SYS，SYSTEM，SCOTT 和 DBSNMP。如果需要对默认创建的其他用户进行管理，可以单击“口令管理”按钮设置用户的锁定状态和口令。

单击“退出”按钮，数据库创建完成。登录刚才创建的数据库，如图 4.14 所示。

单击“ANNYDB01”前面的“ + ”，出现如图 4.15 所示界面。

在“用户名”后输入“system/manager”，出现以下界面，成功登录刚才创建的 ANNYDB01

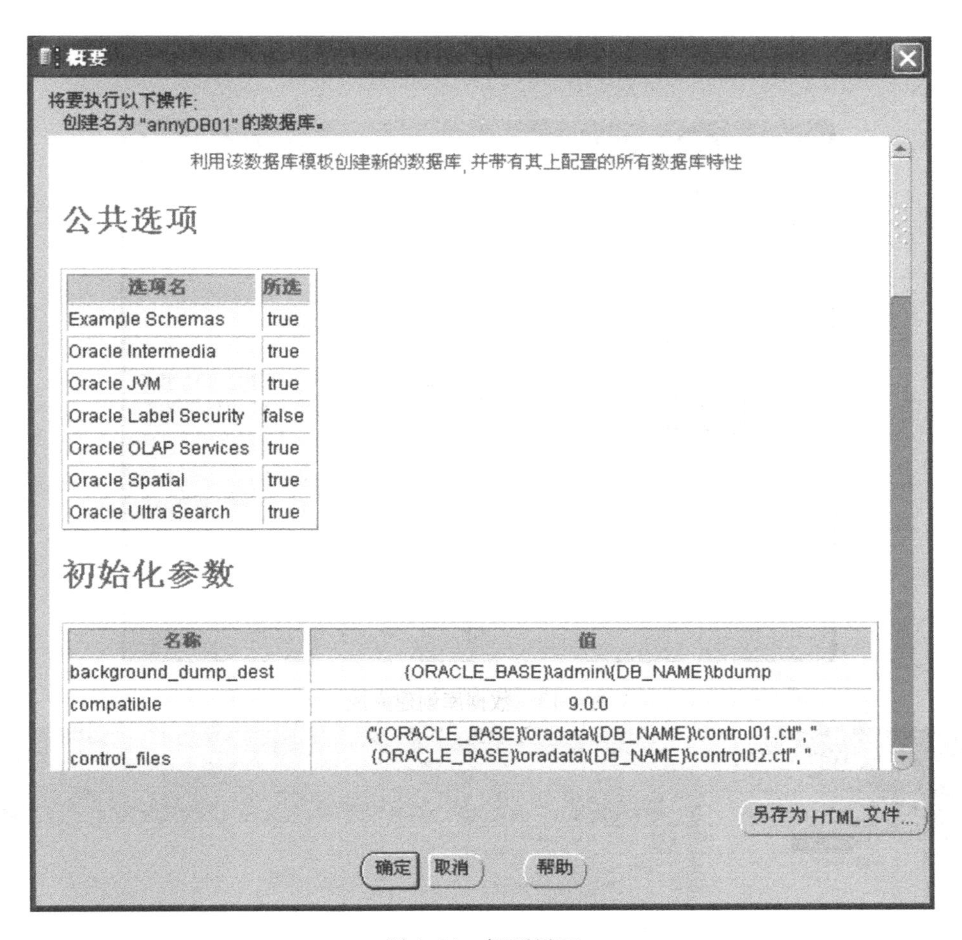

图4.11　概要界面

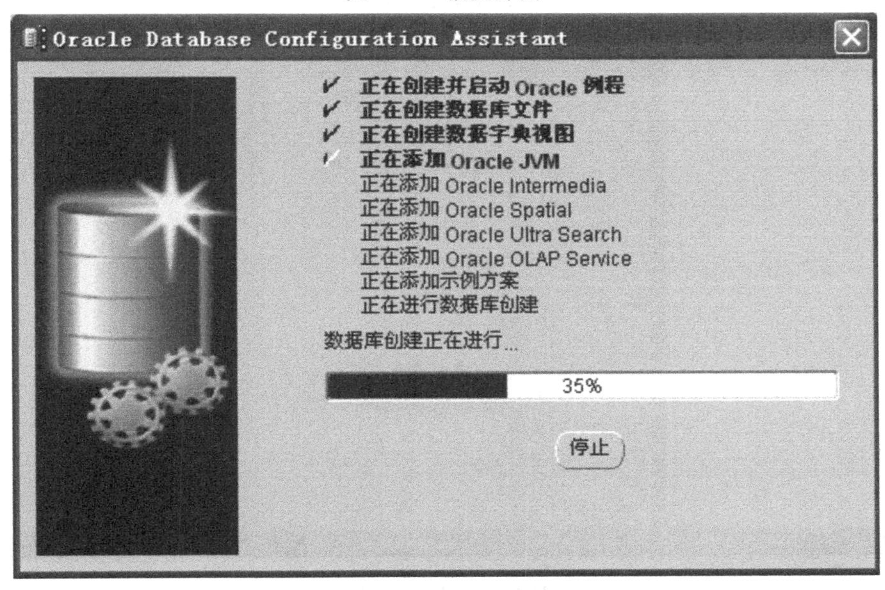

图4.12　创建数据库

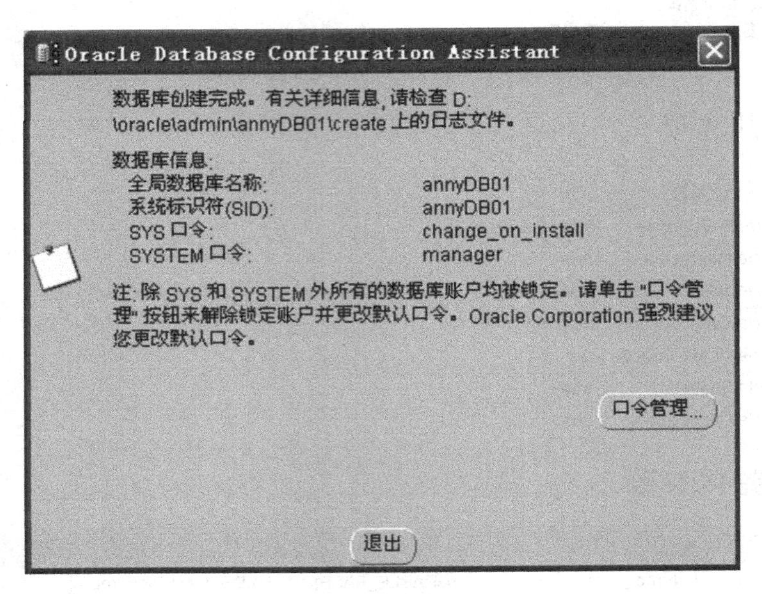

图 4.13　数据库创建完成

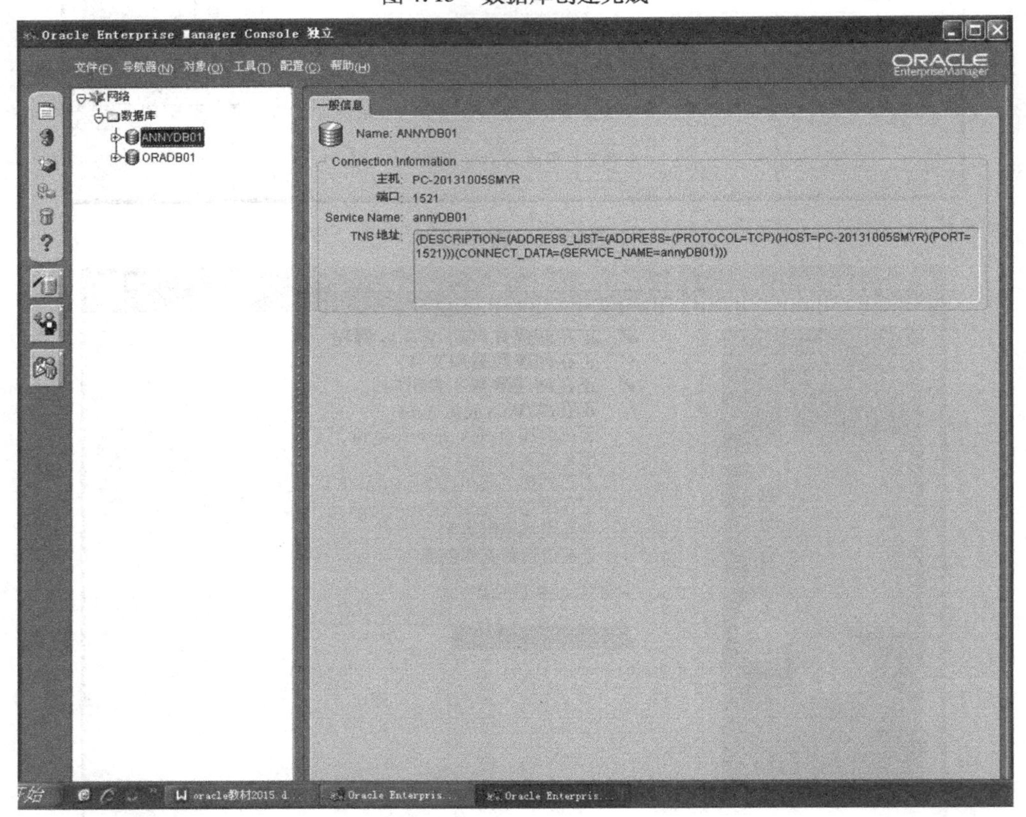

图 4.14　企业控制台

图4.15　数据库连接信息

数据库,如图4.16所示。

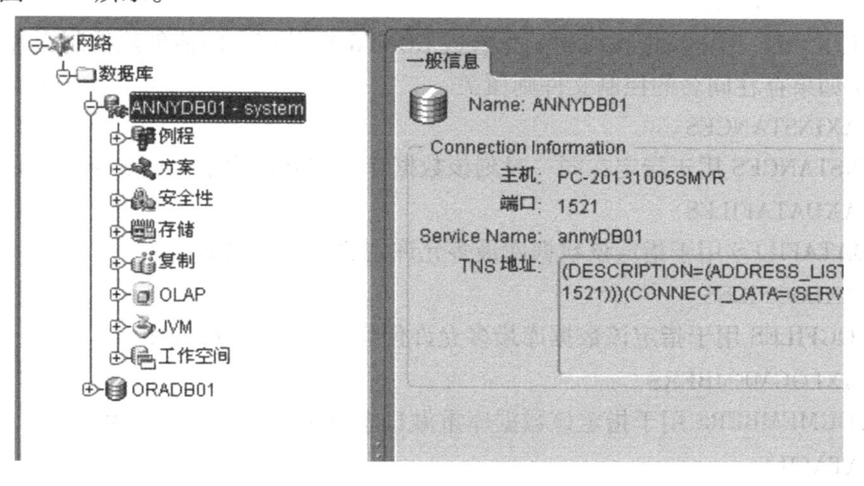

图4.16　创建的数据库

利用DBCA不但可以创建数据库,还可以完成删除数据库、管理模板和在数据库中配置数据库选项的工作。

任务4.2　使用命令方式创建数据库

在SQL Plus或SQL Plus Worksheet环境中,使用CREATE DATABASE命令可以创建数据库,命令的一般格式如下:

CREATE DATABASE <数据库名>

[CONTROL FILE REUSE]

[MAXINSTANCES n]

[MAXDATAFILES n]

[MAXLOGHISTORY n]

[MAXLOGFILES n]

[MAXLOGMEMBERS n]

[DATAFILE <SYSTEM 表空间对应数据文件名及路径>SIZE n<K|M>[REUSE]>]

[UNDO TABLESPACE UNDOTBS

[DATAFILE <SYSTEM 撤销表空间对应数据文件名及路径>SIZE n<K|M>[REUSE]>

[AUTOEXTEND ON NEXT 5120K MAXSIZE UNLIMITED]]]

[DEFAULT TEMPORARY TABLESPACE TEMPTBS1]

[CHARACTER SET <字符集>]

[ARCHIVELOG|NOARCHIVELOG]

[LOGFILE GROUP n<日志文件名及路径>SIZE n<K|M>[,GROUP n<日志文件名及路径>SIZE n<K|M>…]];

命令方式中的参数与数据库配置助手中的参数基本对应。具体解释如下所述。

(1) CONTROLFILE

CONTROLFILE 用于指定按照初始化参数 CONTROL FILES 的值创建控制文件，REUSE 参数用于说明如果存在同名的控制文件则覆盖。

(2) MAXINSTANCES

MAXINSTANCES 用于指定在同一时刻该数据库允许被多少个实例装载和打开。

(3) MAXDATAFILES

MAXDATAFILES 用于指定该数据库最多允许创建多少个数据文件。

(4) MAXLOGFILES

MAXLOGFILES 用于指定该数据库最多允许创建多少个重做日志组。

(5) MAXLOGMEMBERS

MAXLOGMEMBERS 用于指定该数据库重做日志组中包含成员的最大数目。

(6) DATAFILE

DATAFILE 用于指定为 SYSTEM 表空间创建的一个或多个数据文件的名称和位置。通常，数据库中为 SYSTEM，表空间设置的数据文件为 system01. dbf，存放在所有数据文件统一默认存放的位置，REUSE 参数用于指定如果该数据文件已经存在则被覆盖。

(7) UNDO TABLESPACE

UNDO TABLESPACE 用于指定数据库的撤销表空间，默认情况下新建的数据库将运行在自动撤销管理模式下。默认情况下撤销表空间的名称为 UNDOTBS，默认的数据文件为 undotbs01. dbfo。

(8) CHARACTER SET

CHARACTER SET 用于指定数据库存储所使用的字符集。默认字符集为 ZHS16GBK，即简体中文字符集。

(9) ARCHIVELOG|NOARCHIVELOG

ARCHIVELOG|NOARCHIVELOG 用于指定数据库是否启用归档模式。NOARCHIVELOG 表示未启用归档模式，ARCHIVELOG 则表示启用归档模式。

(10)LOGFILE

LOGFILE 用于指定重做日志文件组及日志文件组成员的名称、位置和大小。可以创建多个重做日志文件组,每组中可以有多个日志成员。

例 4.1　创建数据库 oradb01new。

```
CREATE DATABASE oradb01new
CONTROLFILE REUSE
MAXINSTANCES 1
MAXDATAFILES 100
MAXLOGHISTORY 1
MAXLOGFILES 50
MAXLOGMEMBERS 5
DATAFILE 'd:\oracle\oradata\oradb01new\system0 1.dbf' size 325m
REUSE
UNDO TABLESPACE undotbs
DATAFILE 'd:\oracle\oradata\oradb01new\undotbs0 1.dbf' size 25m
REUSE
AUTOEXTEND ON NEXT 5 1 2k MAXSIZE UNLIMITED
DEFAULT TEMPOR ARY TABLESPACE temptbsl
CHARACTER SET ZHS16GBK
NOARCHIELOG
LOGFILE GROUP 1
('d:\oracle\oradata\dbsepinew\redo01.log') SIZE 10M,
GROUP 2
('d:\oracle\oradata\dbsepinew\redo02.log') SIZE 10M,
GROUP 3
('d:\oracle\oradata\dbsepinew\redo03.log') SIZE 10M;
```

本例中创建 oradb01new 数据库的具体参数设置为:在创建控制文件时,如果存在同名的控制文件,则覆盖原文件;同一时刻该数据库允许被 1 个实例装载和打开;最多允许创建 100 个数据文件;最多允许创建 50 个重做日志组,重做日志组中包含成员的最大数目为 5 个;SYSTEM 表空间的数据文件的名称和位置为“d:\oracle\oradata\oradb01new\system01.dbf”,大小为 325 MB,如果该数据文件已经存在则被覆盖;撤销表空间为 undotbs,其数据文件的名称和位置为“d:\oracle\oradata\oradb01new\undotbs01.dbf”,大小为 25 MB,如果数据文件已经存在,则覆盖原文件,采用自动扩展方式,最大尺寸无限制;默认的临时表空间为 temptbsl;数据库存储所使用的字符集为 ZHS16GBK,即简体中文字符集;数据库采用非归档模式;创建 3 个重做日志文件组,每个日志文件组有 1 个成员,大小为 10 MB。

注意:以命令方式创建数据库时,在使用 CREATE DATABASE 命令前通常还要做一些准备工作,例如配置系统环境参数、创建初始化参数文件、设置管理员命令验证方式等。使用 CREATE DATABASE 命令之后,通常还要为数据库创建其他表空间以及创建服务器端初始化参数文件等。使用命令方式创建数据库是一项非常复杂的工作,因此建议使用 DBCA 创建数据库。

任务4.3 启动和关闭数据库

在用户连接使用数据库之前,必须首先启动数据库。Oracle 数据库的启动是分步骤进行的,其中包括实例的启动、数据库的加载和打开 3 个状态。Oracle 提供了多种工具和方式来启动和关闭数据库。

(1) **启动数据库**

启动数据库时将首先在内存中创建与该数据库所对应的实例。实例是 Oracle 用来管理数据库的一个实体,其由服务器中的内存结构和一系列服务进程组成。每一个启动的数据库至少对应一个实例。一个数据库也可以由多个实例同时访问,而一个实例只能访问一个数据库。

在启动数据库之前,要使用一个具有 SYSDBA 或 SYSOPER 权限的用户连接到 Oracle 系统中。

1) 数据库的启动步骤

①启动实例。启动数据库时,要首先创建并启动与数据库对应的实例。启动实例时,将为实例创建一系列后台进程和服务进程,以及 SGA 区等内存结构。在启动实例的过程中会使用到初始化参数文件,如果初始化参数文件设置有误或者控制文件、数据文件和重做日志文件中一个或多个不可用,那么在启动实例时会遇到一些问题。

②加载数据库。在启动实例之后,由实例加载数据库。主要是由实例打开数据库的控制文件,从控制文件中获取数据库名称、数据文件的位置和名称等关于数据库物理结构的信息,为打开数据库作好准备。如果控制文件损坏,实例将无法加载数据库。

③打开数据库。打开数据库时,实例将打开所有处于联机状态的数据文件和日志文件。如果在控制文件中列出的任何一个数据文件或重做日志文件不可用,数据库都将返回出错信息。只有打开数据库后,数据库才处于正常运行状态,普通用户才能访问。

2) 数据库的启动模式

出于管理的需要,DBA 通常根据实际情况以不同的模式启动数据库。常用的启动模式有 3 个,如下所述。

①启动实例加载数据库并打开数据库。此种模式允许任何一个合法的用户连接到数据库并执行有效的数据访问操作。这种模式通常又分为受限状态和非受限状态,在受限状态下只有 DBA 才能访问数据库,在非受限状态下,所有用户都能够访问数据库。

②启动实例加载数据库但不打开数据库。在该模式下只允许执行特定的维护工作,普通用户不允许访问数据库。能够执行的特定维护工作包括重命名数据文件、添加、取消或重命名重做日志文件,允许和禁止重做日志归档选项,执行完整的数据库恢复操作等。

③仅启动实例。通常只在数据库创建过程中使用该模式。

3) 启动数据库的工具

①在 SQL Plus Worksheet(或 SQL Plus)环境下,通过命令方式对数据库进行管理。利用具有 SYSDBA 或 SYSOPER 权限的用户连接到 Oracle,然后执行 STARTUP 命令来启动实例和数据库。

②使用 Oracle 企业管理控制台,通过图形界面方式对数据库进行管理。

4)利用 SQL Plus Worksheet 启动数据库

使用 SQL Plus Worksheet 启动数据库的步骤如下所述。

①启动 SQL Plus Worksheet。

②指定初始化参数文件。

Oracle 数据库启动过程中,在启动实例时要读取初始化参数文件,从服务器端初始化参数文件中或传统文本初始化参数文件中读取实例配置参数。当启动实例时,Oracle 首先读取默认位置的服务器端初始化参数文件(spfile <SID>. ora,例如 spfileoradb01. ora),如果没找到默认的服务器端初始化参数文件,Oracle 将继续查找默认位置的文本初始化参数文件(init <SID>. ora,例如 initoradb01. ora)。如果初始化参数文件不在默认的位置,或者初始化参数文件不使用默认的文件名,在启动数据库时则要使用 PFILE 参数指定非默认的初始化参数文件及其所在的位置。

③使用 STARTUP 命令启动数据库,命令的一般格式为:

STARTUP

[NOMOUNT | MOUNT | OPEN]

[PFILE = <初始化参数文件名及路径>]

参数说明:

NOMOUNT 表示启动实例不加载数据库。

MOUNT 表示启动实例加载数据库但不打开数据库。

OPEN 表示启动实例加载数据库并打开数据库。这是正常启动模式,普通数据库用户要对数据库进行操作,数据库必须处于 OPEN 模式。默认为 OPEN 模式。PFILE 用于指定非默认的初始化参数文件。

另外,在某些特定的情况下 DBA 还可能需要改变数据库的启动模式。在 Oracle 9i 中可以使用 ALTER DATABASE 命令实现数据库在各种启动模式之间切换,例如,为实例加载数据库,即由 NOMOUNT 模式转换为 MOUNT 模式,就可以使用 ALTER DATABASE MOUNT 命令来实现数据库模式的切换。

(2)关闭数据库

Oracle 数据库的启动是分步的,其关闭也是分步骤进行的。Oracle 数据库的关闭同样需要具有 SYSDBA 权限或 SYSOPER 的用户来完成,并且关闭数据库可以使用的工具与启动数据库是相同的。

1)数据库关闭的步骤

数据库关闭的步骤为:关闭数据库、卸载数据库、终止实例。

①关闭数据库。在关闭数据库的过程中,Oracle 将重做日志高速缓存中的内容写入重做日志文件,并且将数据库高速缓存中被改动过的数据写入数据文件。接着关闭所有的数据文件和重做日志文件,但控制文件仍处于打开状态。此时由于数据库已经关闭,用户将无法访问数据库。

②卸载数据库。关闭数据库后,实例就能够卸载数据库。控制文件在这个过程中被关闭。

③终止实例。卸载数据库后就可以终止实例。终止实例时实例所拥有的所有后台进程和服务进程被终止,内存中的 SGA 区被回收。

2)数据库关闭的方式

在 Oracle 9i 中关闭数据库有多种方式,DBA 可以根据不同的情况采取不同的方式关闭。数据库关闭的方式有:正常关闭方式、立即关闭方式、事务关闭方式、终止关闭方式。

①正常关闭方式(NORMAL 方式)。以正常方式关闭数据库时,Oracle 并不断开当前用户的连接,而是等待当前用户主动断开连接。连接的用户甚至还可以建立新的事务,因此关闭数据库的时间完全取决于已连接的用户,有时可能需要的时间较长。以正常方式关闭数据库,在下次启动数据库时不需要进行任何恢复。如果对关闭数据库的时间没有限制,则可以使用正常方式关闭数据库。

②立即关闭方式(IMMEDIATE 方式)。立即关闭方式能够在尽可能短的时间内关闭数据库。在立即关闭方式下,Oracle 不仅能立即中断当前用户的连接,而且会强行终止用户的当前事务,并将未完成的事务回滚。以立即方式关闭数据库后在下次启动数据库时也不需要进行任何恢复操作。通常在下列情况下使用立即关闭方式:即将启动自动数据备份操作,即将发生电力供应中断,或者当数据库本身或某个数据库应用程序发生异常并且此时无法与用户取得联系以请求注销操作或者用户根本无法注销,断开与数据库的连接。

③事务关闭方式(TRANSACTIONAL 方式)。事务关闭方式介于正常关闭方式和立即关闭方式之间,它使用尽可能短的时间关闭数据库,但允许当前所有活动事务被提交。以事务方式关闭数据库,在下次启动数据库时也不需要进行任何恢复操作。

④终止关闭方式(ABORT 方式)。以 ABORT 方式关闭数据库实质上是通过终止数据库实例来立即关闭数据库。以终止方式关闭数据库时将丢失一部分数据信息,在下一次启动数据库时要进行恢复。如果不是特殊情况,应当避免使用终止方式来关闭数据库。通常在以下几种特殊情况中,采用终止方式关闭数据库:数据库本身或某个数据库应用程序发生异常并且使用其他关闭方式均无效时,出现紧急情况需立即关闭数据库,在启动数据库实例时出现问题。

3)使用 SQL Plus Worksheet 关闭数据库

使用 SQL Plus Worksheet 关闭数据库的步骤如下所述:

①启动 SQL Plus Worksheet。

②使用 SHUTDOWN 命令关闭数据库。

命令格式如下:

SHUTDOWN [NORMAL| IMMEDIATE | TRANSACTIONAL | ABORT];

可选参数用于指定关闭数据库的方式,默认为 NORMAL。

以 IMMEDIATE 方式关闭数据库:

以立即关闭方式关闭数据库,关闭的过程为:首先关闭数据库,然后卸载数据库,最后关闭实例。关闭数据库的过程与数据库的启动模式有关,例如,如果数据库以 MOUNT 方式启动,则关闭数据库的过程为:卸载数据库,关闭实例。

(3)使用企业管理控制台启动和关闭数据库

使用企业管理控制台启动和关闭数据库要先启动企业管理控制台。

1)启动数据库

①启动企业管理控制台后,此时还没有启动和连接任何数据库,只是在左侧导航栏中列出了所有的数据库名称。在该窗口中选中要启动的数据库,单击鼠标右键,在快捷菜单中选择

“启动”。

②选择启动后，首先出现启动模式窗口，在该窗中选择数据库的启动模式，然后单击“确定”按钮，即开始启动数据库。

③如果数据库启动成功，则在企业管理控制台的左侧导航栏中选择已启动数据库下的“例程”/“配置”选项，出现数据库状态信息窗口。在该窗口中显示了已启动数据库的配置信息，以及数据库当前的状态。利用该窗口中提供的选项可以切换数据库的启动模式，或关闭数据库。

2）关闭数据库

如果要关闭数据库，首先要在快捷菜单上选择“关闭”选项，或者选中“关闭”单选按钮，并单击“应用”按钮。然后出现关闭方式窗口，在关闭方式窗口中选择数据库的关闭方式，并单击“确定”按钮，即关闭数据库。

在创建数据库之前一定要做好新数据库的规划准备工作，因为创建数据库时对数据库参数的设置直接影响数据库的性能。在 Oracle 9i 中创建数据库有两种方式，即采用命令方式和使用 DBCA 数据库配置助手创建数据库。在数据库创建完成或投入运行之后，可以查看数据库的有关信息，这些信息主要包括用户信息、控制文件、重做日志组、数据文件、表空间以及初始化参数文件等。数据库可以被启动和关闭。启动 Oracle 数据库可以采用 NOMOUNT、MOUNT 和 OPEN 3 种方式。关闭数据库可以采用 NORMAL、IMMEDIATE、TRANSACTIONAL 或 ABORT 4 种方式。

思考练习

1. 利用数据库配置助手创建 Oracle 数据库。
2. 利用命令方式创建 Oracle 数据库。
3. 完成 Oracle 数据库启动和关闭操作。

项目5
管理表空间

【学习目标】

1. 掌握表空间的概念。
2. 了解表空间与数据文件之间的关系。
3. 掌握企业管理控制台和命令行两种方式管理表空间和数据文件的方法。

【必备知识】

表空间是 Oracle 数据库内部最高层次的逻辑存储结构,Oracle 数据库即是由一个或多个表空间组成的。在 Oracle 数据库中,可以将表空间看作一个容纳数据库对象的容器,其中被划分为一个个独立的段,在数据库中创建的所有对象都必须保存在指定的表空间中。

表空间虽然属于数据库逻辑存储结构的范畴,但是其与数据库物理结构有着十分密切的关系,表空间物理上是由一个或多个数据文件组成的。

在创建数据库时,Oracle 会自动建立一些默认的表空间,其中最重要的就是 SYSTEM 表空间。

对于一个小的数据库来说,使用一个 SYSTEM 表空间就可能满足要求。但是对于大部分数据库来说,Oracle 建议为每个应用都创建独立的表空间,这样可以实现各个应用数据分离,用户数据与系统数据分离。使用多个表空间来存放数据,DBA 能够更方便地管理数据库,用户对数据库的操作也会更灵活。

表空间在使用之前必须先创建。可以用两种方法来创建表空间,一种是使用企业管理控制台,这种方法比较简单、直观,容易掌握,适合于初学者;另一种是使用命令方式,这种方法比较灵活,语法清晰,适合于有经验的数据库用户。下面详细介绍创建表空间这两种方法。

任务5.1 使用企业管理控制台创建表空间

使用企业管理控制台创建表空间的步骤如下所述:

创建表空间:以“独立”的方式启动,出现如图 5.1 所示界面。

图5.1　独立启动方式

单击“确定”按钮,在用户名后面输入“system/manager”,出现如图5.2所示界面。

图5.2　数据库连接信息

单击“确定”按钮,出现如图5.3所示界面。

展开“存储”,右击“表空间”,选择“创建”,出现如图5.4所示界面。

在此窗口中包括“一般信息”和“存储”两个页面。设置新建表空间的“一般信息”页,在“一般信息”页中主要设置下述参数。

①在“名称”文本框中输入新建表空间的名称“anny01”,表空间的名称可以是字母、数字、下画线或一些特殊字符,最长可为30个字符。

②在“数据文件”区域中输入新建表空间所对应的数据文件信息,一个表空间可以指定一个数据文件,也可以指定多个数据文件;数据文件的扩展名为“.ora”或“.dbf”;数据文件存放的目录通常采用默认值,不进行修改;如果需要对数据文件的属性进行编辑,可以用鼠标右键单击(或双击鼠标左键)该数据文件名称前的小方框,在弹出的窗口中进行编辑,也可以使用“编辑数据文件”和“移去数据文件”图标进行编辑,可以设置数据文件的“名称”“文件大小”,

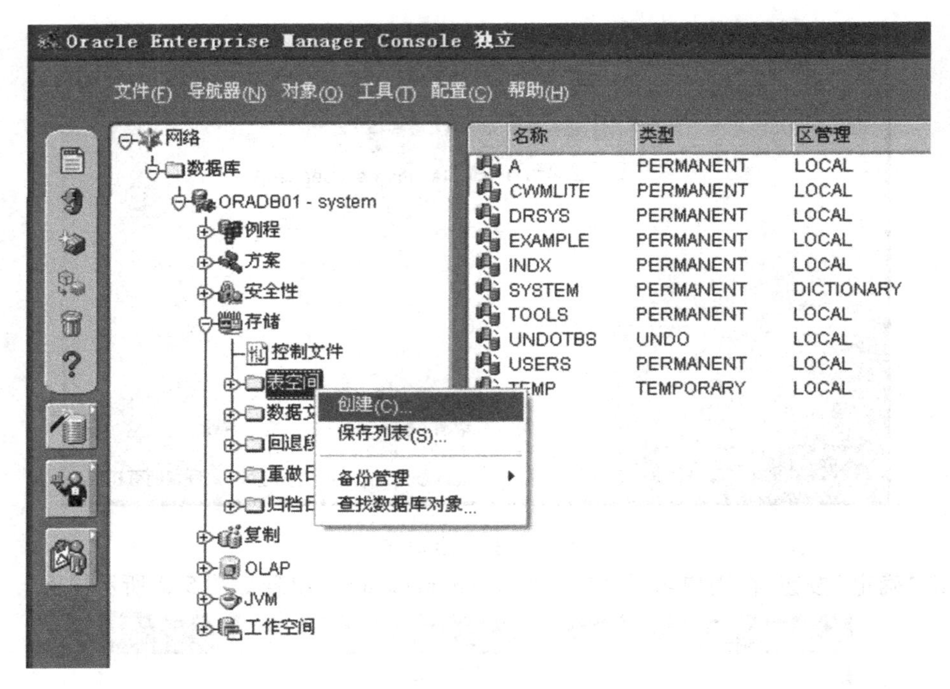

图 5.3　创建表空间

图 5.4　创建表空间一般信息

如果该数据文件已经存在,则必须选中"重用现有文件"复选框。该窗口中可以设置数据文件的存储信息。如果数据文件采用自动扩展方式,则需选中"数据文件已满后自动扩展"复选框。如果采用这种方式,则在表空间的物理存储空间不够时,该数据文件会自动扩展存储空间,通过"增量"设置每次自动扩展的大小。"最大大小"用来设置该数据文件的最大存储空间长度,可以使用"无限制",也可以指定一个具体的数值。对于新的数据文件默认情况下不进行自动扩展。

在"名称"后输入表空间名称"anny01",单击"显示 SQL"按钮,则可以看创建表空间的语句,出现如图5.5所示界面。

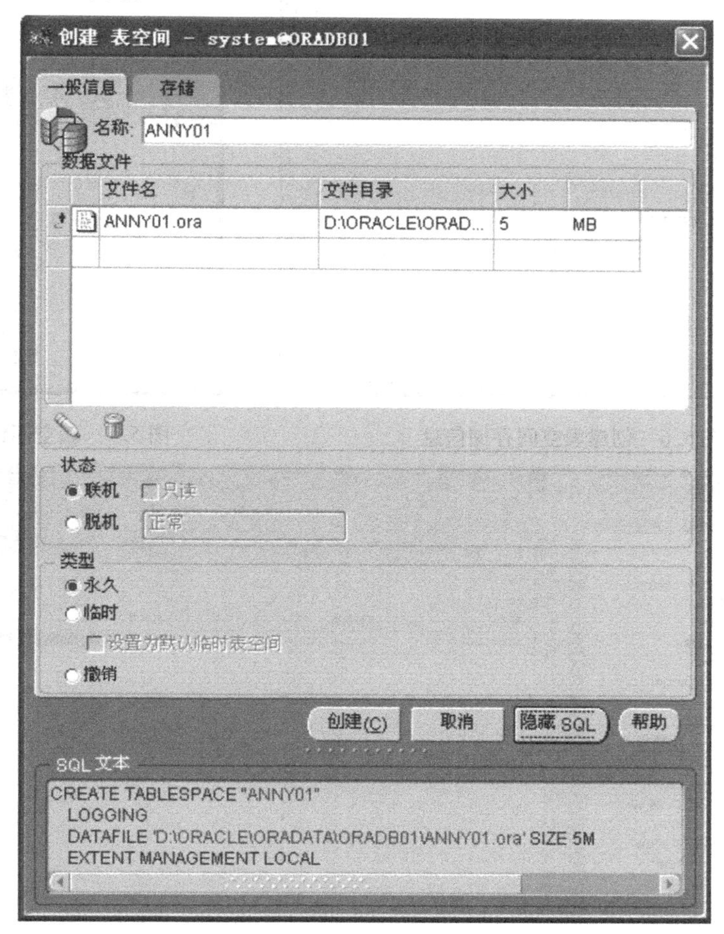

图5.5　创建表空间 SQL 语句

单击"存储"页,出现如图5.6所示界面。

单击"创建"即可,如图5.7、图5.8所示。

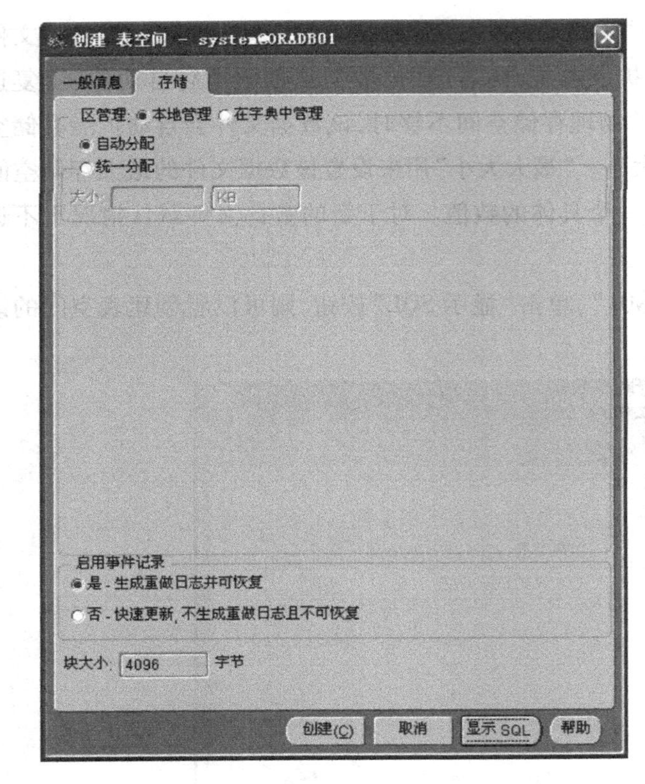

图 5.6　创建表空间存储信息

图 5.7　表空间创建成功

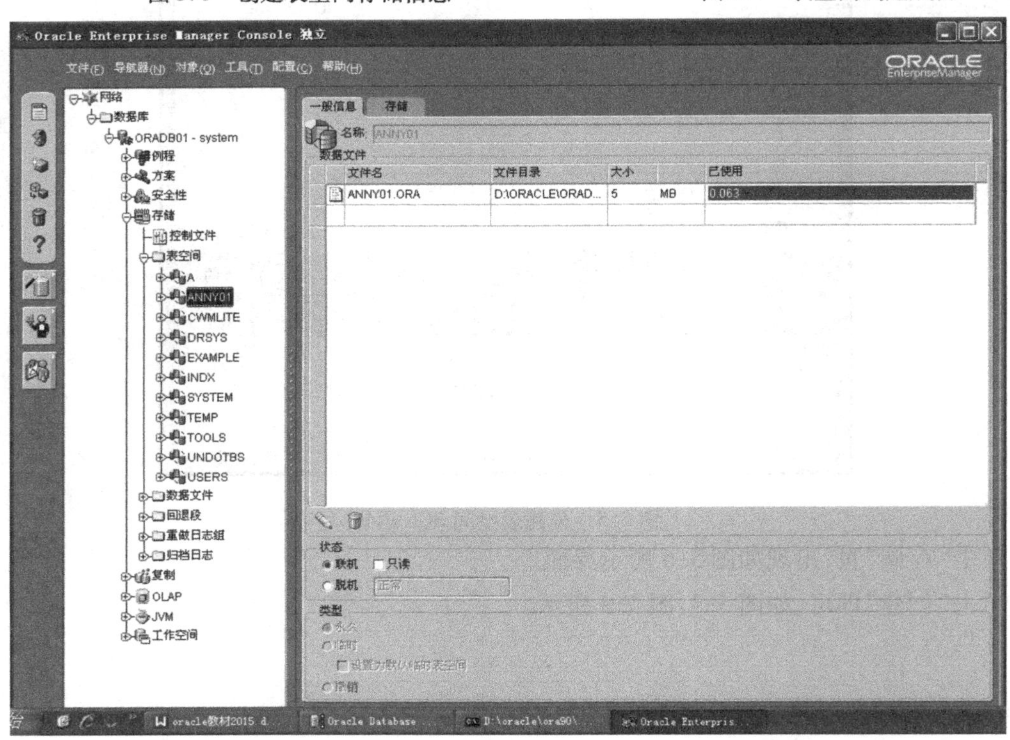

图 5.8　创建的表空间

任务5.2　使用命令行方式创建表空间

命令行方式创建表空间的方法是在SQL Plus或SQL Plus Worksheet中使用SQL命令创建表空间，创建表空间的命令有下述3种格式：

格式1：create tablespace　创建一般表空间。

格式2：create temporary tablespace　创建临时表空间。

格式3：creat undo tablespace　创建撤销表空间。

临时表空间和撤销表空间都属于特殊的表空间，与一般表空间的区别是用户不能在其中创建数据库对象。创建表空间需要有create tablespace系统权限。

(1)一般表空间的创建

命令的一般格式如下：

```
create tablespace <表空间名>
datafile <'数据文件名及路径' size n <K|M> [reuse] >
[autoextend on[next n <K|M> maxsize
unlimited[n <K/M> ][off]
[, <'数据文件名及路径' size n <K|M> [reuse] >
[autoextend on[next n <K|M> maxsize
unlimited[n <K|M> ][off]K]
[extent management local[autoallocateiuniform[size n <K|M> ]]]
[logging[nologging]
[onlineioffline]
[permanent]
[segment space management[autoimanual];
```

参数说明如下：

①DATAFILE参数用于指定数据文件。一个表空间可以指定一个或多个数据文件，有多个数据文件时，每两个数据文件之间用“，”分隔。SIZE参数用于指定数据文件的长度。REUSE参数用于覆盖现有文件。

注意：一个数据库所有表空间的数据文件个数不能超过建立数据库时指定的最大数据文件个数。

②AUTOEXTEND参数用于指定数据文件是否采用自动扩展方式增加表空间的物理存储空间。ON表示采用自动扩展，同时用NEXT参数指定每次扩展物理存储空间的大小，用MAXSIZE参数指定数据文件的最大长度，UNLIMITED表示无限制；OFF参数则表示不采用自动扩展方式，如果采用这种方式，在表空间需要增加物理存储空间时，则必须手工增加新的数据文件或者手工扩展现有数据文件的长度。默认为OFF。

③EXTENT MANAGEMENT LOCAL参数用于指定新建表空间为本地管理方式的表空间。在Oracle 9.2版本中本地管理方式的表空间是默认方式。AUTOALLOCATE和UNIFORM参数用于指定在本地管理表空间中区的分配管理方式。其中AUTOALLOCATE为默认值，表示由

Oracle 负责对区的分配进行自动管理,在 AUTOALLOCATE 方式下,表空间中最小的区为 64 KB;UNIFORM 表示新建表空间中所有区都具有统一的大小,该尺寸由 SIZE 参数指定。如果没指定 SIZE 参数,则以 1 MB 为默认值。

④LOGGING 参数用于指定该表空间中所有的 DDL 操作和直接插入记录操作都应当被记录在重做日志中,这也是默认值。如果使用了 NOLOGGING 参数,上述操作都不会被记录在重做日志中,这可以提高操作的执行速度,但在需要数据库恢复时,却无法进行数据库的自动恢复。

⑤ONLINE 参数用于指定表空间在创建之后立即处于联机状态。这是默认的设置。如果希望表空间在创建之后处于脱机状态,则可以使用 OFFLINE 参数。

⑥PERMANENT 参数用于指定表空间为永久性的表空间,在这个表空间创建的都是永久性的数据库对象。

⑦SEGMENT SPACE MANAGEMENT 参数用于指定本地管理表空间中段的存储管理方式。如果使用了 AUTO 参数,则表示对段的存储管理采用自动方式,MANUAL 参数则表示采用手工方式实现对段的管理。默认为自动方式。

例 5.1 创建表空间 user1。

```
create tablespace user1
datafile 'd:\oracle\oradata\user1.dbf' size 50m
extent management local autoallocate
logging
online
permanent
segment space management auto;
```

(2)临时表空间的创建

临时表空间用于保存实例在运行过程中产生的临时数据。创建临时表空间命令的一般格式如下:

```
creat temporary tablespace <临时表空间名>
tempfile <'临时数据文件名及路径'size n <K|M> [reuse] >
[, <'临时数据文件名及路径'size n <K|M> [reuse] >]
[extent management local[uniform[size n <K|M> ]]]
```

例 5.2 创建临时表空间 temp1。

```
create temporary tablespace temp1
tempfile 'd:\oracle\oradata\dbsepi\temp11.dbf'size 1m reuse
extent management local uniform size 128k;
segment space management manual;
```

(3)撤销表空间的创建

在自动撤销管理方式下存储撤销信息,但不能在撤销表空间中创建数据库对象。

```
create undo tablespace <撤销表空间名>
[datafile <'数据文件名及路径'size n <K|M> [reuse] >
[extent management local [autoallocate]]
[online|offline];
```

例 5.3　创建撤销表空间 undo1。

```
create undo tablespace undo1
datafile 'd:\oracle\oradata\dbsepi\undo11.dbf' size 1m reuse
extent management local autoallocate;
```

思考练习

1. 使用企业管理控制台创建表空间。
2. 使用命令行方式创建表空间。

项目 6 创建表

【学习目标】

1. 掌握 Oracle 数据库表的创建。
2. 掌握数据完整性和约束条件。
3. 掌握 Oracle 数据库索引的创建。

【必备知识】

表由记录(行 row)和字段(列 column)构成,是数据库中存储数据的结构。要进行数据的存储和管理,首先要在数据库中创建表,即表的字段(列)结构。有了正确的结构,就可以用数据操作命令,插入、删除表中记录或对记录进行修改。

6.1 表的创建

创建表的语法。表的创建需要 create table 系统权限,表的基本创建语法如下:

```
create table 表名
  (列名 数据类型(宽度)[default 表达式][column constraint],
  …
  [table constraint]
  [table_partition_clause]
  );
```

由此可见,创建表最主要的是要说明表名、列名、列的数据类型和宽度,多列之间用“,”分隔。可以用中文或英文作为表名和列名。表名最大长度为 30 个字符。在同一个用户下,表不能重名,但不同用户表的名称可以相重。另外,表的名称不能使用 Oracle 的保留字。在一张表中最多可以包含 2 000 列。该语法中的其他部分根据需要添加,作用如下:

default 表达式:用来定义列的默认值。

column constraint:用来定义列级的约束条件。

table constraint:用来定义表级的约束条件。

table_partition_clause:定义表的分区子句。

6.2 数据完整性约束

表的数据有一定的取值范围和联系,多表之间的数据有时也有一定的参照关系。在创建表和修改表时,可通过定义约束条件来保证数据的完整性和一致性。约束条件是一些规则,在对数据进行插入、删除和修改时要对这些规则进行验证,从而起到约束作用。

完整性包括数据完整性和参照完整性,数据完整性定义表数据的约束条件,参照完整性定义数据之间的约束条件。数据完整性由主键(PRIMARY KEY)、非空(NOT NULL)、唯一(UNIQUE)和检查(CHECK)约束条件定义,参照完整性由外键(FOREIGN KEY)约束条件定义。

(1)主键

主键(PRIMARY KEY)是表的主要完整性约束条件,主键唯一地标识表的每一行。一般情况下表都要定义主键,而且一个表只能定义一个主键。主键可以包含表的一列或多列,如果包含表的多列,则需要在表级定义。主键包含了主键每一列的非空约束和主键所有列的唯一约束。主键一旦成功定义,系统将自动生成一个B*树唯一索引,用于快速访问主键列。比如图书表中用"图书编号"列作主键,"图书编号"可以唯一地标识图书表的每一行。

主键约束的语法如下:

[constrant 约束名] primary key —列级

[constrant 约束名] primary key(列名1,列名2,…) —表级

(2)非空

非空(NOT NULL)约束指定某列不能为空,其只能在列级定义。在默认情况下,Oracle允许列的内容为空值。比如"图书名称"列要求必须填写,可以为该列设置非空约束条件。

非空约束语法如下:

[constrant 约束名] not nnull —列级

(3)唯一

唯一(UNIQUE)约束条件要求表的一列或多列的组合内容必须唯一,即不相重,可以在列级或表级定义。但如果唯一约束包含表的多列,则必须在表级定义。比如出版社表的"联系电话"不应该重复,可以为其定义唯一约束。

唯一约束的语法如下:

[constrant 约束名] unique —列级

[constrant 约束名] unique(列名1,列名2,…) —表级

(4)检查

检查(CHECK)约束条件是用来定义表的一列或多列的一个约束条件,使表的每一列的内容必须满足该条件(列的内容为空除外)。在CHECK条件中,可以调用SYSDATE,USER等系统函数。一个列上可以定义多个CHECK约束条件,一个CHECK约束可以包含一列或多列。如果CHECK约束包含表的多列,则必须在表级定义。比如图书表的"单价"的值必须大于零,就可以设置成CHECK约束条件。

检查约束的语法如下:

[constrant 约束名] CHECK(约束条件) —列级,约束条件中只包含本列[constrant 约束名]

check(约束条件) —表级,约束条件中包含多列

(5)外键

指定表的一列或多列的组合称为外键(FOREIGN KEY),外键参照指定的主键或唯一键。外键的值可以为 NULL,如果不为 NULL,就必须是指定主键或唯一键的值之一。外键通常用来约束两个表之间的数据关系,这两个表含有主键或唯一键的称为主表,定义外键的那张表称为子表。如果外键只包含一列,则可以在列级定义;如果包含多列,则必须在表级定义。

外键的列的个数、列的数据类型和长度,应该和参照的主键或唯一键一致。比如图书表的"出版社编号"列,可以定义成外键,参照出版社表的"编号"列,但"编号"列必须先定义成为主键或唯一键。如果外键定义成功,则出版社表称为主表,图书表称为子表。在表的创建过程中,应该先创建主表,后创建子表。

外键约束的语法如下:

第一种语法,如果子记录存在,则不允许删除主记录:

[constrant 约束名] FOREIGN KEY(列名1,列名2,…)references 表名(列名1,列名2,…)

第二种语法,如果子记录存在,则删除主记录时,级联删除子记录:

[constrant 约束名] FOREIGN KEY(列名1,列名2,…)references 表名(列名1,列名2,…)
on delete cascade

第三种语法,如果子记录存在,则删除主记录时,将子记录置成空:

[constrant 约束名] FOREIGN KEY(列名1,列名2,…)references 表名(列名1,列名2,…)
on delete set null 其中的表名为要参照的表名。

在以上5种约束的语法中,constrant 关键字用来定义约束名,如果省略,则系统自动生成以 SYS_开头的唯一约束名。约束名的作用是当发生违反约束条件的操作时,系统会显示违反的约束条件名称,这样用户就可以了解到发生错误的原因。

任务6.1　创建表

PL/SQL Developer 免安装版,将 PL/SQL Developer 免安装版文件夹下面的所有文件复制到桌面,不用安装,可直接使用。打开文件夹 PL/SQL Developer,找到"plsqldev. exe",双击,出现在下述界面。

输入用户名和口令"system/manager",数据库名"oradb01(oracle 安装时填写的数据库名字)",单击"确定"按钮,进入 PL/SQL Develope 工具的主界面,如图6.1所示。

出现如图6.2所示界面。

在左边的列表中找到"Tables",右击"Tables",选择"新建"选项,出现如图6.3所示界面。

单击上面的"一般"选项,在名称后面输入"学生表"(表名),单击"列",在"名称"下面输入字段名"学号","类型"选择"varchar2(10)",再输入其他字段,如图6.4所示。

用命令方式创建出版社表,输入并执行以下命令:

```
create table 出版社(
编号 varchar2(2),
出版社名称 varchar2(30),
地址 varchar2(30),
联系电话 varchar2(20)
);
```

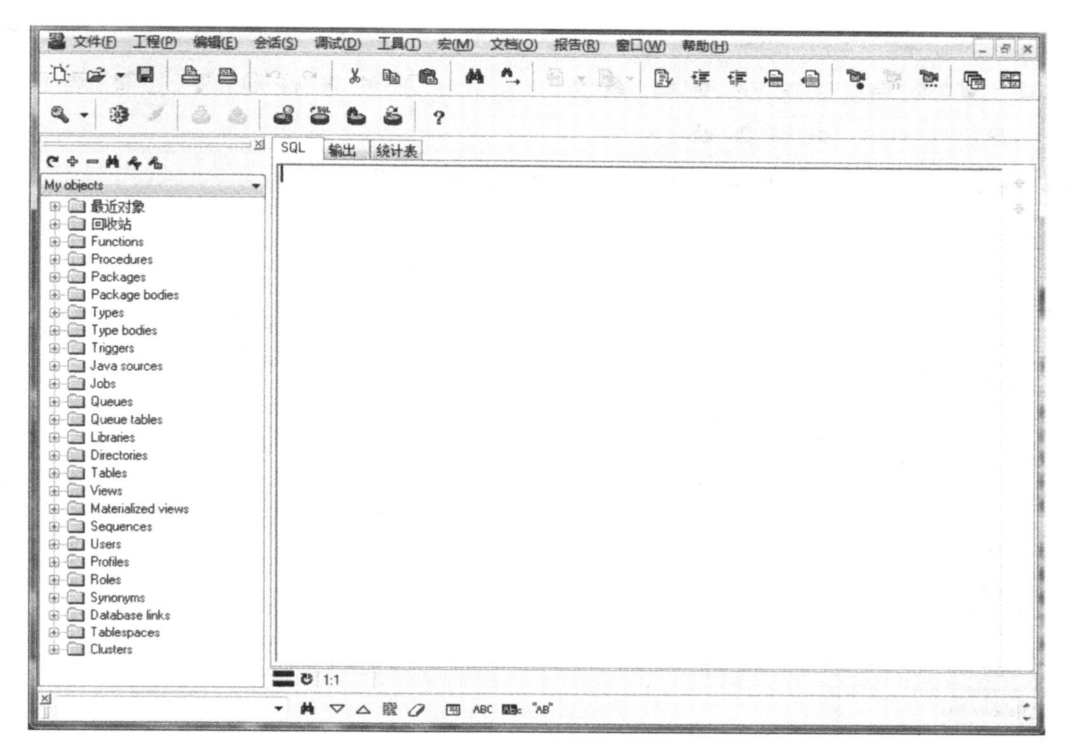

图6.1　PL/SQL Develope 工具主界面

图6.2　创建表

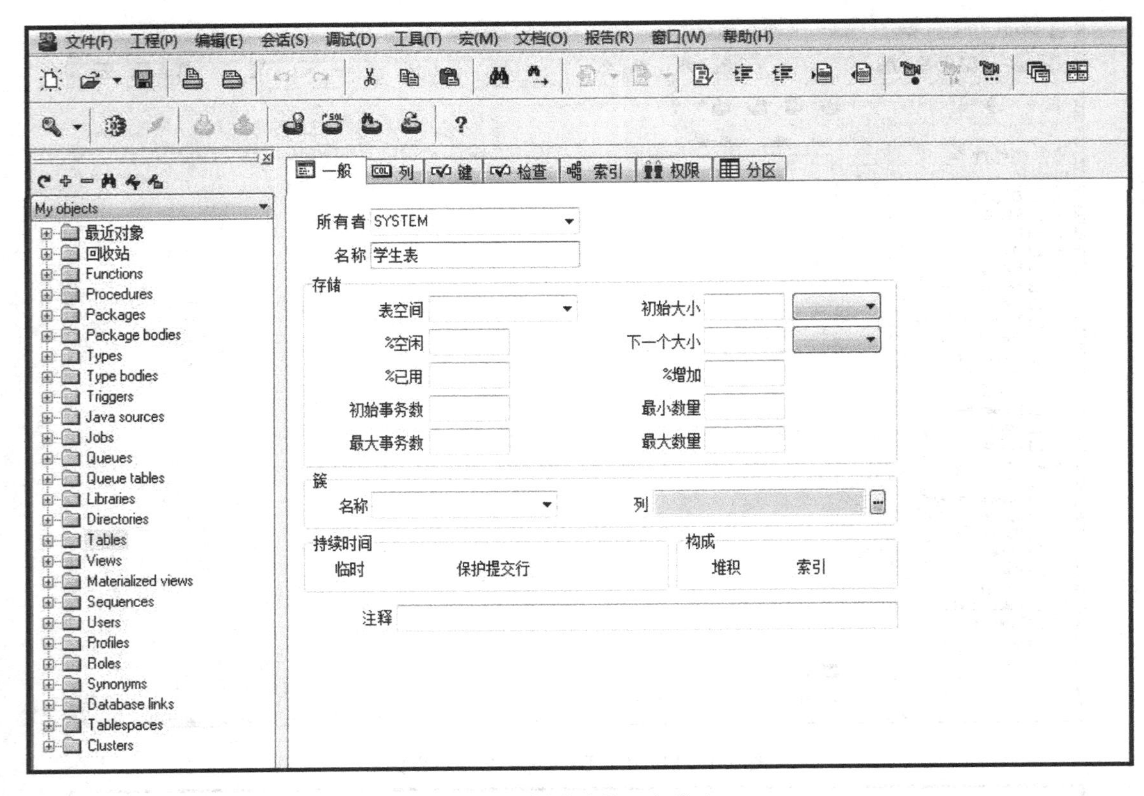

图 6.3　创建表的一般信息

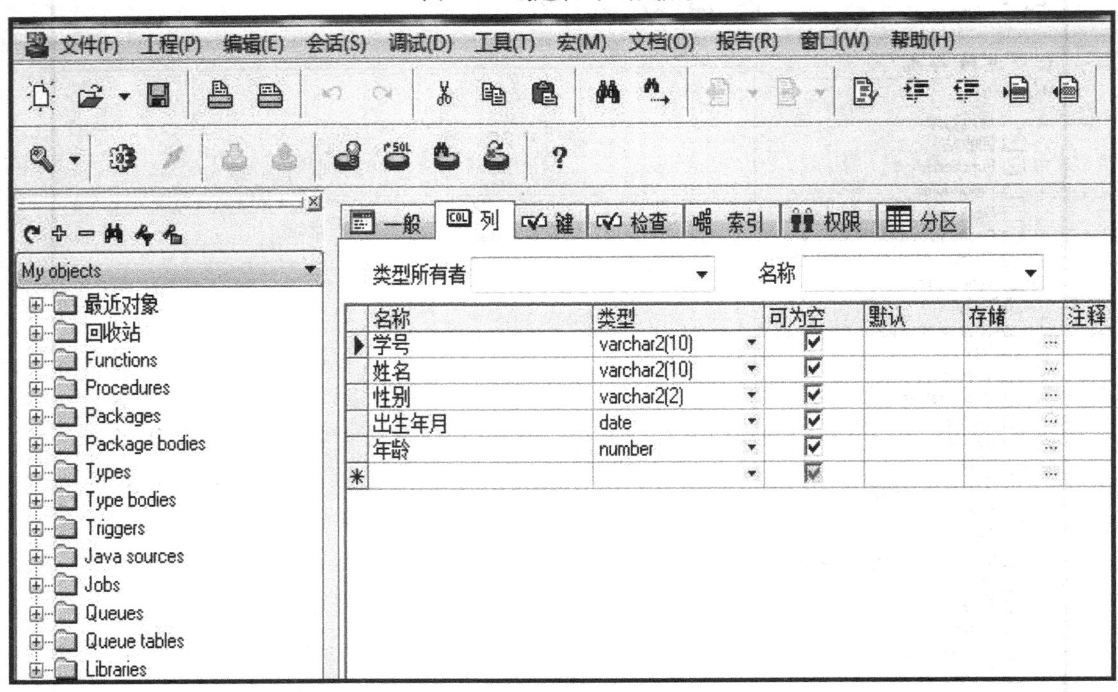

图 6.4　字段

创建图书表,输入并执行以下命令:

```
create table 图书(
图书编号 varchar2(5),
图书名称 varchar2(30),
出版社编号 varchar2(2),
作者 varchar2(10),
出版日期 date,
数量 number(3),
单价 number(7,2)
);
```

任务 6.2　创建主键

单击"键"选项,输入主键约束名称"P1",类型选择"Primary",出现如图 6.5 所示界面。

一般　列　键　检查　索引　权限

名称	类型	列	允许	参照表	参照列	级联删除	可延迟	已延迟	上次修改
P1	Primary	...	☑				☐	☐	2015/8/12
		...	☑				☑	☑	

图 6.5　创建主键

单击"列"旁边的"…",出现如图 6.6 所示界面。

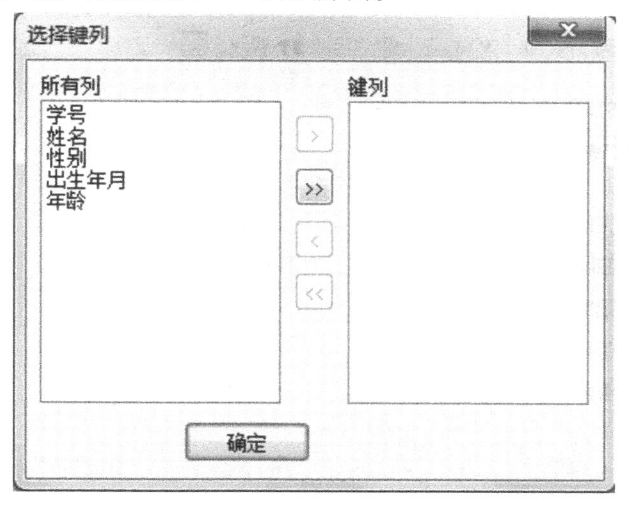

图 6.6　选择主键列

双击"学号"选项,选择"学号"列作为学生表的主键,出现如图 6.7 所示界面。

单击"确定"键,主键则创建成功,出现如图 6.8 所示界面。

单击左下角的"应用"按钮,完成学生表的创建。在 tables 下面可以看到刚才创建的学生表。

创建班级表。右击"Tables",选择"新建",输入表名"班级表",出现如图 6.9 所示界面。

单击“列”选项，输入字段名，选择类型，出现如图 6.10 所示界面。

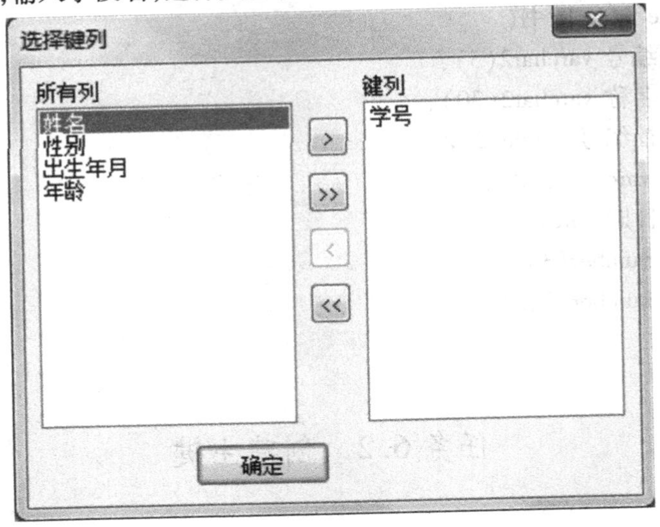

图 6.7　选择主键列

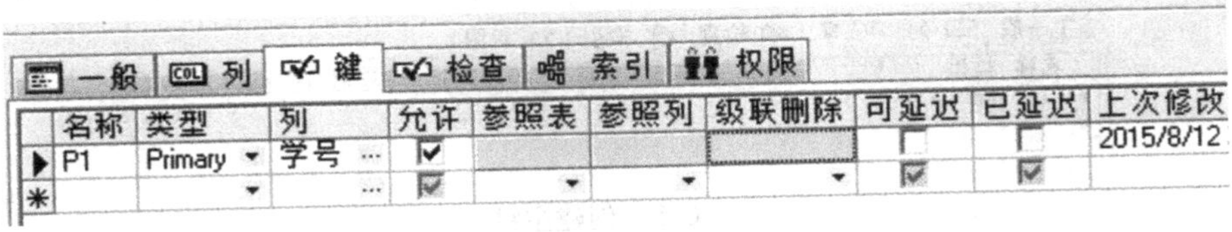

一般　列　键　检查　索引　权限

	名称	类型	列	允许	参照表	参照列	级联删除	可延迟	已延迟	上次修改
▶	P1	Primary	学号	☑				☐	☐	2015/8/12
*				☑				☑	☑	

图 6.8　创建学号为主键

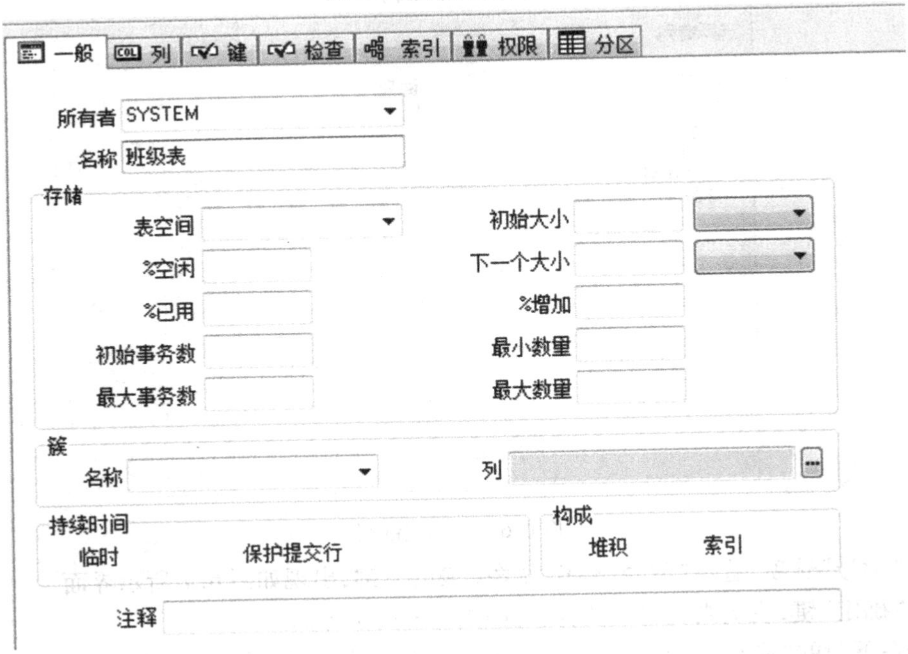

一般　列　键　检查　索引　权限　分区

所有者 SYSTEM

名称 班级表

存储

表空间　　初始大小

%空闲　　下一个大小

%已用　　%增加

初始事务数　　最小数量

最大事务数　　最大数量

簇

名称　　列

持续时间

临时　　保护提交行

构成

堆积　　索引

注释

图 6.9　创建班级表

一般　列　键　检查　索引　权限　分区

类型所有者　　　　名称

名称	类型	可为空	默认	存储	注释
班级编号	varchar2(10)	☑		…	
班级名称	varchar2(10)	☑		…	
学号	varchar2(10)	☑		…	

图6.10　输入字段

任务6.3　创建外键

创建“班级编号”列作为主键,输入“p2”,类型选择“primary”,列选择“班级编号”,创建“学号”列作为外键, 输入“f1”,类型选择“foreign”,选择“学号”列为外键,出现如图6.11所示界面。

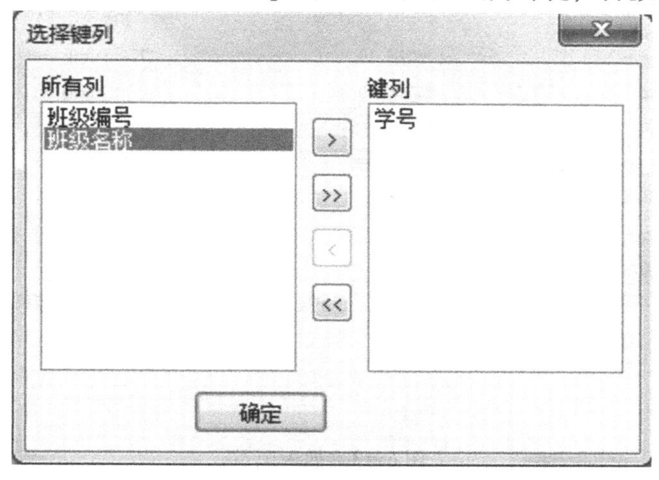

图6.11　选择外键列

单击“确定”按钮,参照表选择“学生表”,参照列选择“学号”,出现如图6.12所示界面。

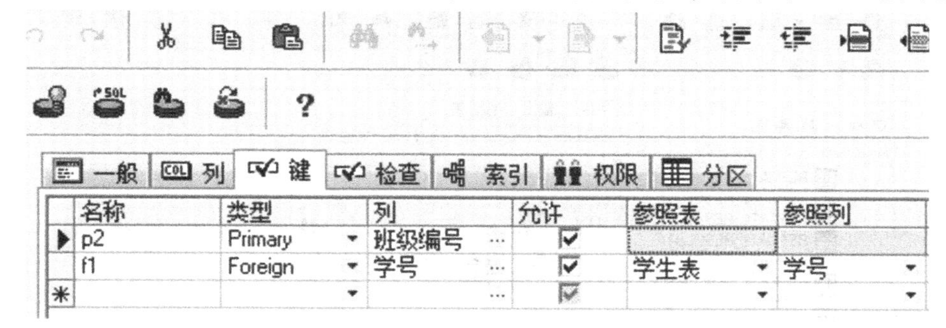

图6.12　创建主键和外键

单击左下角的“应用”按钮,则完成了主键和外键的创建以及班级表的创建。

任务6.4 插入数据

展开左边的“Tables”，找到“学生表”，右击“学生表”选项，选择“编辑数据”，出现如图6.13所示界面。

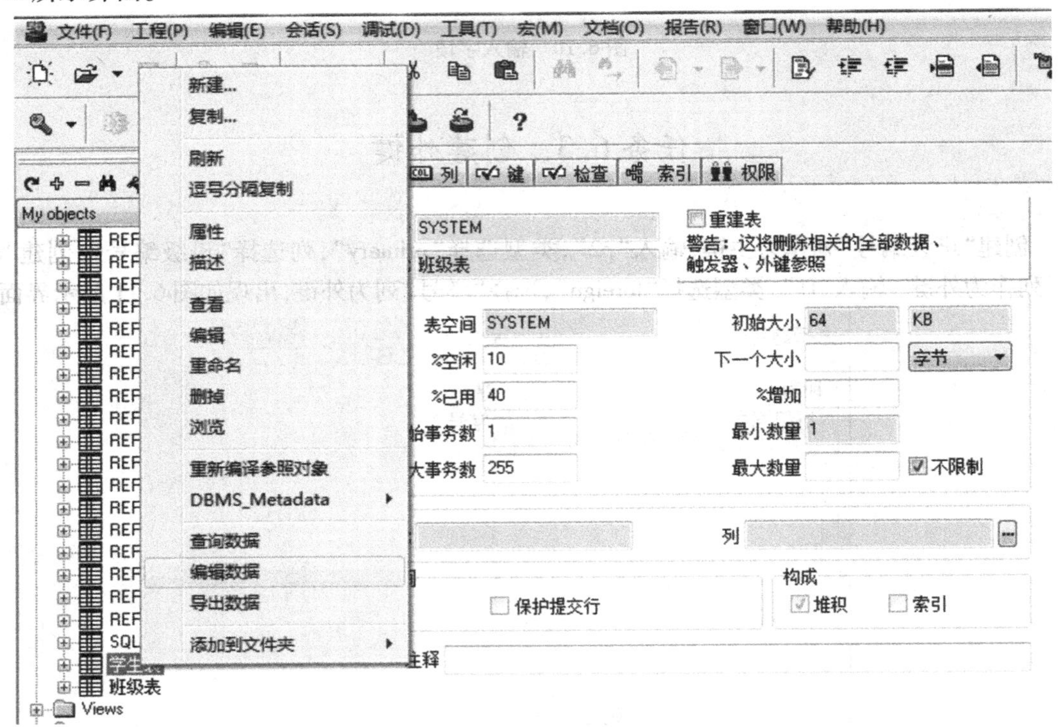

图6.13 插入记录

输入数据“1”“左国才”“1982/10/4”“32”，出现如图6.14所示界面。

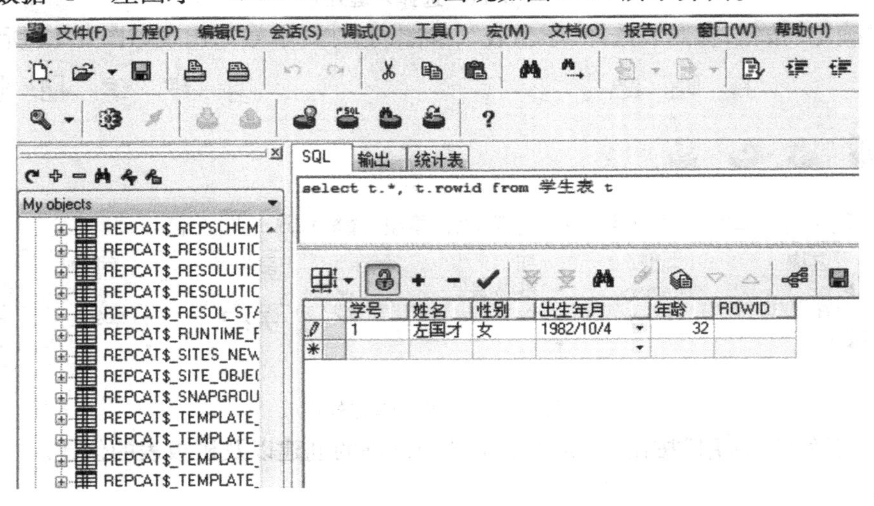

图6.14 插入一条记录

单击上面的"✔"按钮,再单击" "按钮,出现如图6.15所示界面。

图6.15　提交记录

单击"是"选项,即可成功插入一条记录,还可以继续输入其他记录,出现如图6.16所示界面。

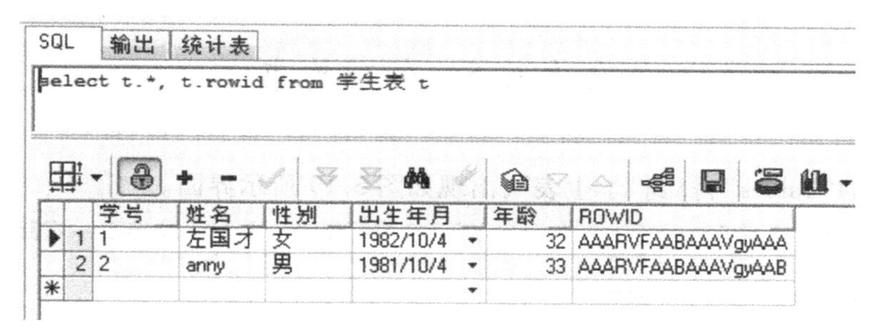

图6.16　插入记录

同样,给班级表插入记录。右击"班级表",选择"编辑数据",输入数据"1""Java1405",学号选择"1"(因为学号为外键,其值必须来源于学生表,这里只能单击"学号"下面的"▼"按钮,选择"学生表"已有的"学号"值:"1""2"),出现如图6.17所示界面。

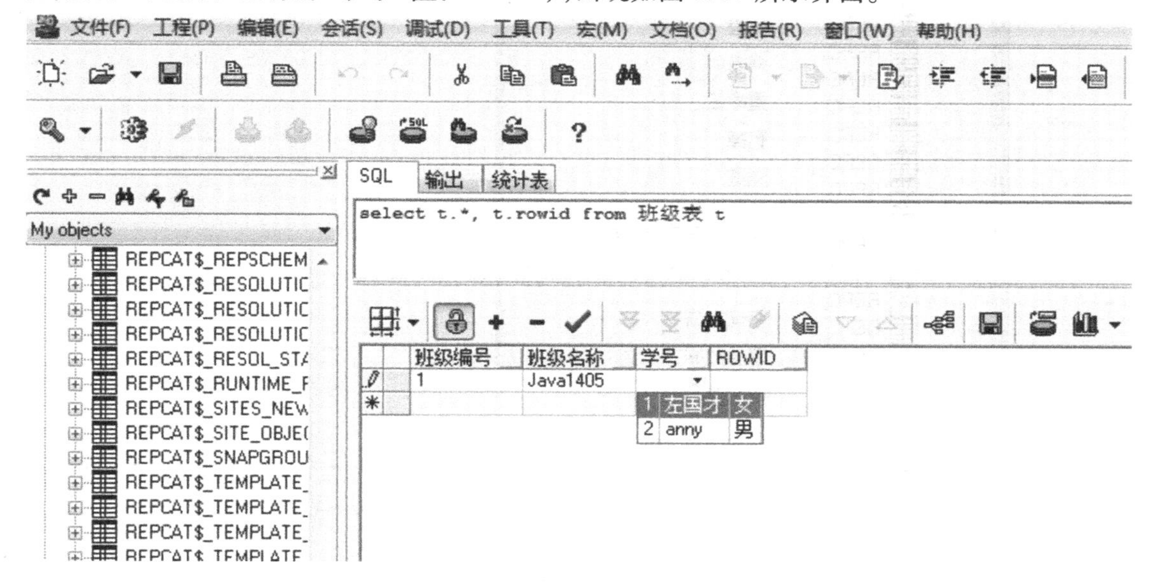

图6.17　班级表插入记录

继续输入第二条记录，出现如图 6.18 所示界面。

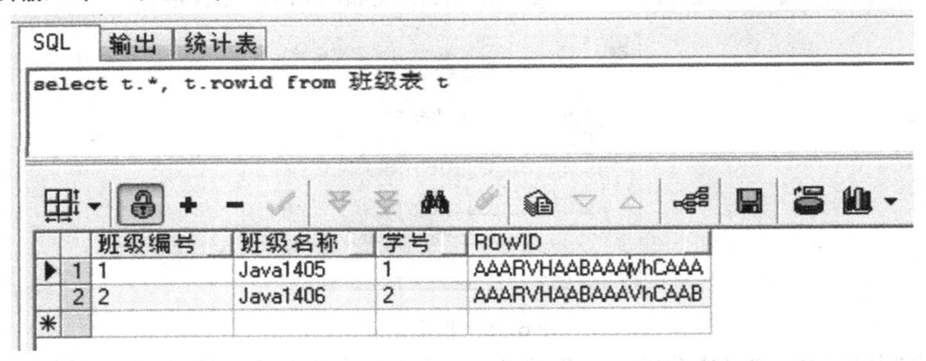

图 6.18　插入记录

任务 6.5　创建约束

展开左边的“Tables”，找到“学生表”，出现如图 6.19 所示界面。

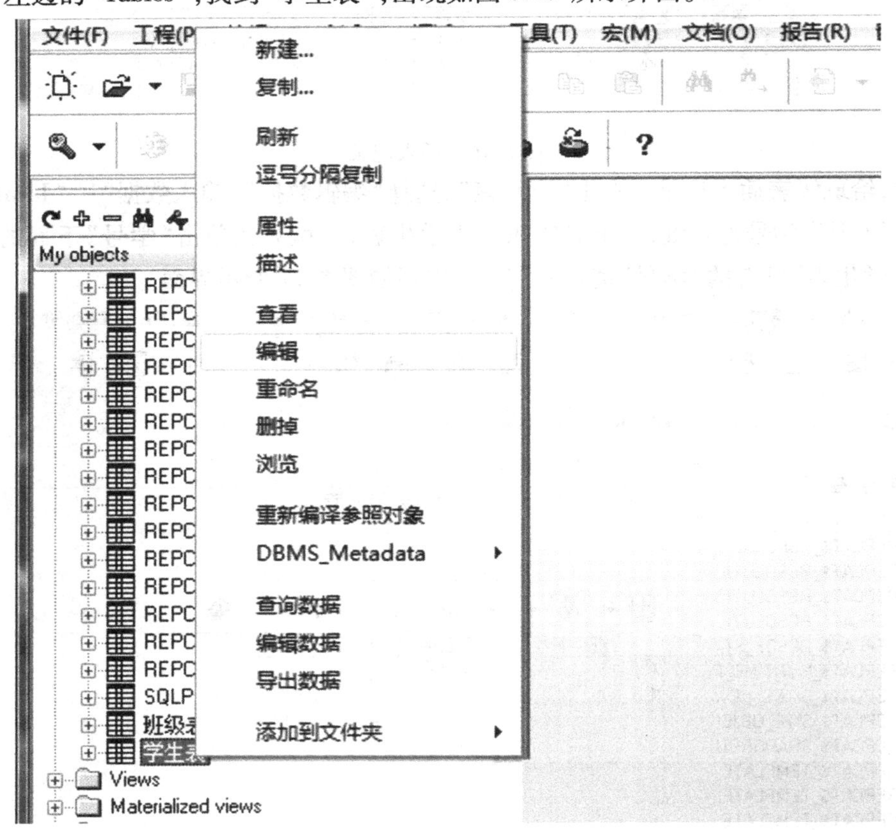

图 6.19　编辑学生表

右击“学生表”，选择“编辑”选项，出现如图 6.20 所示界面。

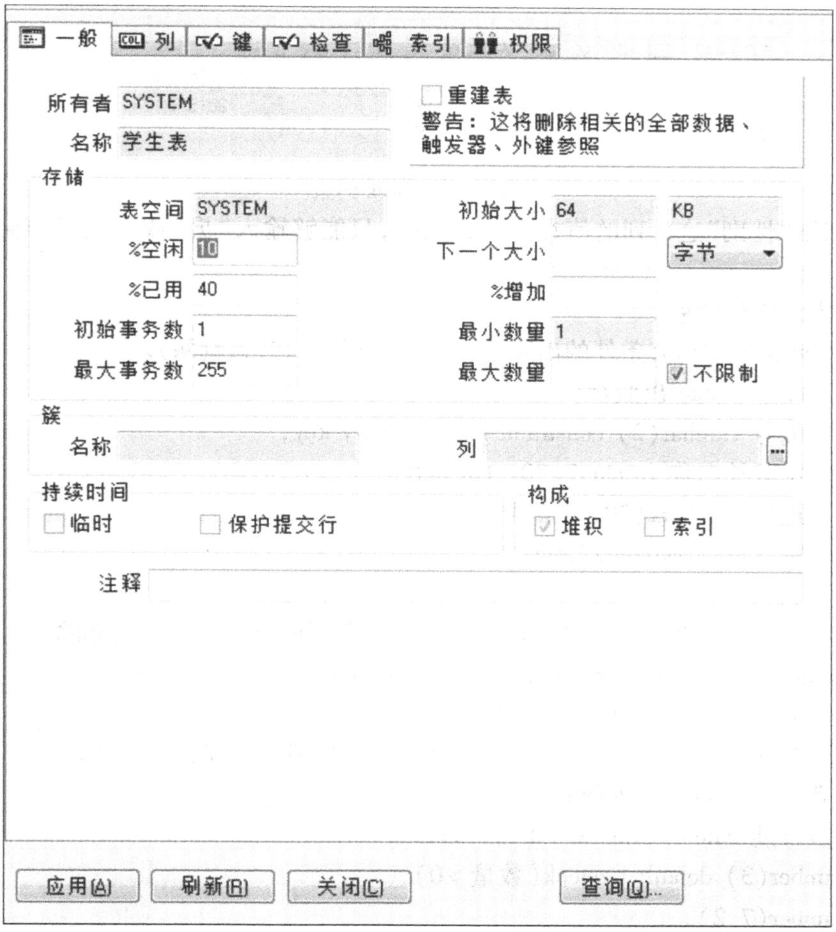

图6.20　编辑学生表界面

(1)设置默认值

单击“列”,单击“性别”列后面的“默认值”项,输入“'男'”,出现如图6.21所示界面。

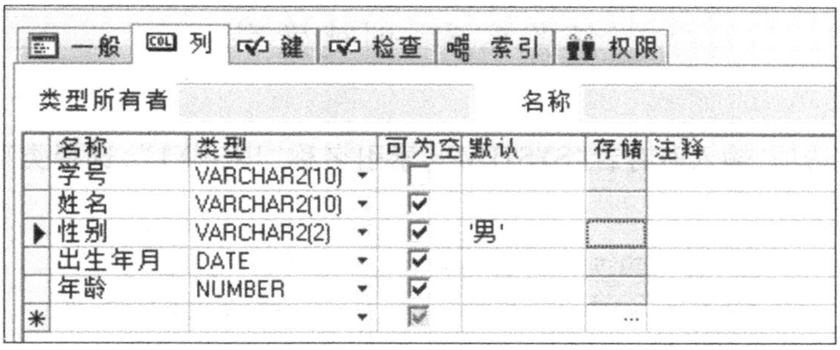

图6.21　设置默认值

在插入记录时,如果“性别”这一列不输入任何信息,则系统自动会填入“男”。

(2)Check 约束

单击“检查”选项并输入名称“C1”,输入条件“性别 = '男'　or　性别 = '女'”,出现如图6.22所示界面。

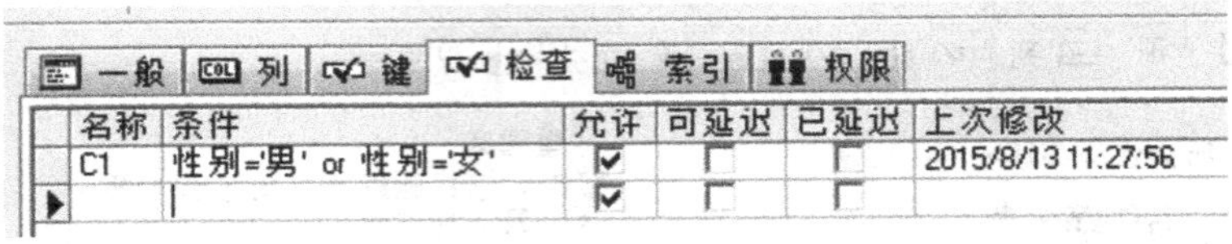

名称	条件	允许	可延迟	已延迟	上次修改
C1	性别='男' or 性别='女'	☑	☐	☐	2015/8/13 11:27:56
		☑	☐	☐	

图 6.22　Check 约束

那么，限制“性别”这一列的值在录入记录时，只能够输入“男”或者“女”，输入其他值都会报错。

用命令方式创建约束。

例 6.1　创建带有约束条件的出版社表（如果已经存在，先删除）。

```
create table 出版社(
编号 varchar(2) constraint pk_1 primary key,
出版社名称 varchar2(30) not null,
地址 varchar2(30) default '未知',
联系电话 varchar2(20)
);
```

例 6.2　创建带有约束条件（包括外键）的图书表（如果已经存在，先删除）。

```
create table 图书(图书编号 varchar2(5) constraint pk_2 primary key,
    图书名称 varchar2(30) not null,
    出版社编号 varchar2(2) check(length(出版社编号)=2) not null,
    作者 varchar2(10) default '未知',
    出版日期 date default '01-1月-1900',
数量 number(3) default 1 check(数量>0),
单价 number(7,2),
constraint ys_1 unique(图书名称,作者),
constraint fk_1 foreign key(出版社编号) references 出版社(编号) on delete cascade);
```

任务 6.6　创建索引

单击“索引”选项，输入所有者“SYSTEM”，索引名称“INDEX1”，选择类型“Normal”，出现如图 6.23 所示界面。

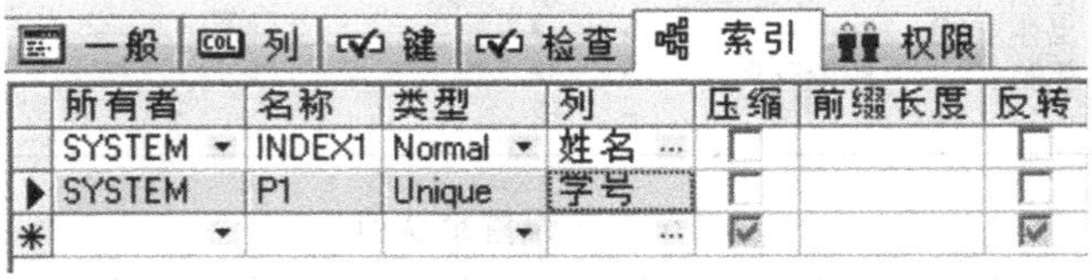

所有者	名称	类型	列	压缩	前缀长度	反转
SYSTEM	INDEX1	Normal	姓名	☐		☐
SYSTEM	P1	Unique	学号	☐		☐
				☑		☑

图 6.23　创建索引

单击列下面的“...”按钮，出现如图 6.24 所示界面。

双击“姓名”，选择“姓名”列创建索引，单击“确定”按钮，出现如图 6.25 所示界面。

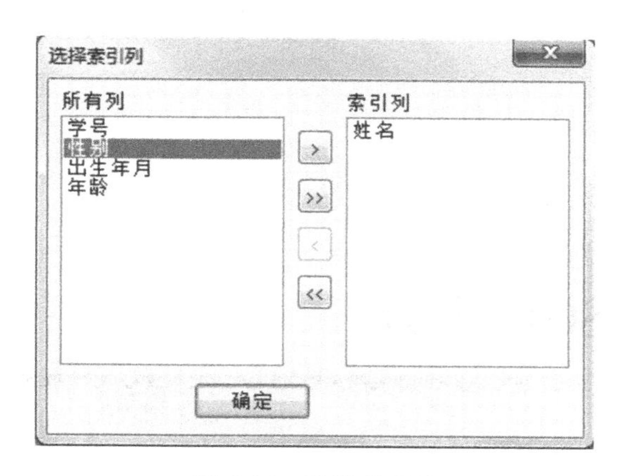

图 6.24　选择索引列

一般　列　键　检查　索引　权限

所有者	名称	类型	列	压缩	前缀长度	反转	存储
SYSTEM	P1	Unique	学号				tablespac
system	Index1	Normal	姓名				

图 6.25　创建索引

单击左下角的“应用”选项，完成约束的创建。

思考练习

一、选择题

1. 创建表时，用来说明字段默认值的是(　　)。

A. check　　B. constraint　　C. default　　D. unique

2. 表的主键特点中，说法错误的是(　　)。

A. 一个表只能定义一个主键

B. 主键可以定义在表级或列级

C. 主键的每一列都必须非空

D. 主键的每一列都必须唯一

3. 建立外键时添加 on delete cascade 从句的作用是(　　)。

A. 删除子表的记录，主表相关记录一同删除

B. 删除主表的记录，子表相关记录一同删除

C. 子表相关记录存在，不能删除主表记录

D. 主表相关记录存在，不能删除子表记录

二、简答题

使用企业管理控制台及命令行方式创建表和约束。

项目 7
SQL 查询与 SQL 函数

【学习目标】

1. 掌握 Oracle 数据类型。
2. 掌握 SQL 语言的种类。
3. 掌握 SQL 操作符。
4. 掌握 SQL 函数。

【必备知识】

在前面章节已经介绍 Oracle 的组成，也了解了 Oracle 用户是如何连接到 Oracle 数据库来工作的，还了解了 Oracle 的权限是如何控制 Oracle 用户来访问数据库，以达到数据库安全的目标。

从本章起，主要开始着重介绍 Oracle 开发方面的知识，先来了解一下 Oracle 中的 SQL 的查询以及 SQL 函数。

任务 7.1 SQL 简介

SQL 是结构化查询(Structured Query Language)语言的首字母的缩写词，其是 1976 年 IBM 公司的 Sanjase 研究所在研制 RDBMS SYSTEM 时提出来的一种面向数据库的通用数据处理语言规范。1979 年，Oracle 公司发表第一个基于 SQL 的商业化 RDBMS 产品。1986 年，美国国家标准化组织 ANSI 宣布 SQL 作为数据库工业标准。

Oracle 公司实现的 SQL 是完全符合 ANSI 标准的 SQL 语言，它使用该语言来存储和检索信息。通过 SQL 可实现与 Oracle 服务器的通信，图 7.1 显示了用户执行命令时与 Oracle 服务器的通信。

SQL 能完成以下几类功能：提取查询数据，插入修改删除数据，生成修改和删除数据库对象，数据库安全控制，数据库完整性及数据保护控制。

SQL 功能强，效率高，简单易学易维护。然而 SQL 语言具有以上优点的同时，也出现了一个问题:因其是非过程性语言,即大多数语句都是独立执行的,与上下文无关,而绝大部分应用都是一个完整的过程,显然用SQL完全实现这些功能是很困难的。所以大多数数据库公司为了解决此问题,作了下述两方面的工作:

①扩充SQL,在SQL中引入过程性结构。

②将SQL嵌入高级语言中,以便一起完成一个完整的应用。

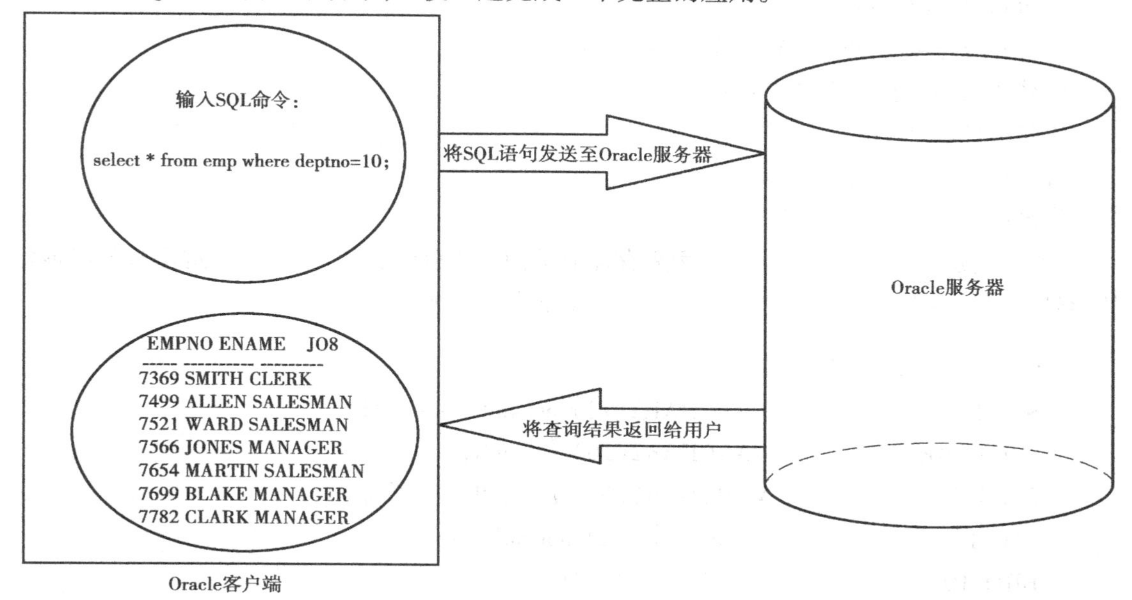

图7.1　与Oracle服务器的通信

任务7.2　SQL语言的分类

SQL语言共分为4大类:数据定义语言DDL、数据操纵语言DML、数据控制语言DCL、事务控制语言TCL。

(1)**数据定义语言**

数据定义语言(Data Definition Language)主要用于改变数据库结构,包括创建、修改与删除数据库对象。下面以创建、修改与删除表为例来讲解DML的语法。对于创建、修改与删除其他数据库对象(如视图、过程、函数等)后面章节将逐步深入讲解。

表是一个以行与列的二维形式存放数据的存储单元。用来定义表的数据定义语言命令有:

①create table(创建表结构)命令。

②alter table(更改表结构)命令。

③truncate table(截除表数据)命令。

④drop table(删除表)命令。

1)create table 命令

创建表的语法如下:

create table [schema.]table_name (column data_type [,column data_type […]]) ;

其中：schema 表示对象的所有者即模式的名称(暂时可以简单理解为上一章所讲的用户)。如果用户在自己的模式中创建表，则可以不指定所有者名称。

table_name 表示表的名称。

column 表示列的名称。

data_type 表示该列的数据类型及其长度。

创建表时需要指定下列内容：

①唯一的表名称。

②表内唯一的列名称。

③列的数据类型及其宽度。

例如：创建一张 student 表，该表用来存储有关南方学院学员的个人信息，这里只列出他们的学号、姓名、性别、拼音、出生日期、邮箱、手机号、籍贯、地址等。

```
SQL > create table STUDENT(
  STUID              VARCHAR2(12) not null, -- 学号
  STUNAME            VARCHAR2(16) not null, -- 姓名
  STUSPELL           VARCHAR2(32) not null, -- 拼音
  STUSEX             VARCHAR2(2) not null, -- 性别
  BIRTHDAY           DATE, -- 出生日期
  STUMOBILE          VARCHAR2(64), -- 手机号
  STUEMAIL           VARCHAR2(64), -- 邮箱
  NATIVELOCAL        VARCHAR2(32), -- 籍贯
  ADDRESS            VARCHAR2(128) -- 地址
);
表已创建。
SQL >
```

在建立上表的过程中，要注意以下命名规则：

①表名首字符应该为字母。

②不能使用 Oracle 保留字或关键字来作表名。

③表名的最大长度为 30 个字符。

④同一用户下的不同表不能具有相同的名称。

⑤可以使用下划线、数字和字母，但不能使用空格与单引号。

注意：Oracle 中的表名、列名、用户名以及其他对象表不区分大小写，系统会自动转换成大写，如果名称一定要区分大小写，应该将需要区分大小写的名称用双引号标明，被双引号标明的名称不会进行自动转换。

例如：

```
SQL > create table "student_bak"
  2  (
  3     STUID                VARCHAR2(12) not null,
  4     STUNAME              VARCHAR2(16) not null,
  5     STUSPELL             VARCHAR2(32) not null,
  6     STUSEX               VARCHAR2(2) not null,
  7     BIRTHDAY             DATE,
  8     STUMOBILE            VARCHAR2(64),
  9     "stuemail"           VARCHAR2(64),
 10     NATIVELOCAL          VARCHAR2(32),
 11     ADDRESS              VARCHAR2(128)
 12  );

表已创建。

SQL > select * from tab;

TNAME                           TABTYPE  CLUSTERID
------------------------------ ------- ----------
DEPT                            TABLE
EMP                             TABLE
EMP2                            TABLE
STUDENT                         TABLE
student_bak                     TABLE

已选择 5 行。

SQL >
```

从上面的示例中可以看出 student_bak 的表名是小写，而 STUDENT 则是大写，就是因为 student_bak 外面加了引号，它就不会进行自动转换了（注意：表名引号本身并没有引号这两个字符）。

创建表的另一种方式是可以利用现有的表创建新表，语法如下：

```
create table <new_table> as
select { * | column_name [ ,column_name [ … ] ] }
from <old_table> [ where <condition> ];
```

例 7.1　创建部门表的副本（注意：此时 dept 表的副本表 t1 不会与 dept 表一样有同样的约束）。

```
SQL > create table t1 as select * from dept;

表已创建。

SQL > select * from t1;

    DEPTNO DNAME          LOC
---------- -------------- -------------
        10 ACCOUNTING     NEW YORK
        20 RESEARCH       DALLAS
        30 SALES          CHICAGO
        40 OPERATIONS     BOSTON
SQL >
```

例 7.2 复制 dept 表的结构,但不需要数据(注意:只需要加一个任何一个不可能成立的条件即可)。

```
SQL > create table t2 as select * from dept where 1 =2;

表已创建。

SQL > select * from t2;

未选定行

SQL >
```

例 7.3 将一个复制的查询另存为一张表。

```
SQL > create table t3 as
  2  select d.deptno,max(dname) dname,max(sal) max_sal,min(sal) min_sal
  3  from emp e,dept d
  4  where e.deptno = d.deptno
  5  group by d.deptno;

表已创建。

SQL > select * from t3;

    DEPTNO DNAME             MAX_SAL    MIN_SAL
---------- -------------- ---------- ----------
```

```
        10 ACCOUNTING              5000        1300
        20 RESEARCH                3000        800
        30 SALES                   2850        950

SQL >
```

2) alter table 命令

表创建后,有时需要根据实际情况进行修改表的结构,比如在创建表时忘记了加“备注”字段等。需要根据情况来修改表结构:

①更改现有列的数据类型:

alter table <table_name> modify (column_name data_type,…);

②向现有表中增加列:

alter table <table_name> add (column_name data_type…);

③将现有表的某列删除:

alter table <table_name> drop column column_name;

④将现有表中的某列改名:

alter table table_name rename column old_column to new_column;

下面的示例要求将籍贯的字符长度变为64位、删除邮箱字段、增加备注与电子邮件字段,将 stuMobile 字段改为 mobile 字段。代码例如:

```
SQL > desc student
名称                                               是否为空? 类型
 ----------------------------------------------- -------- -------------------
STUID                                              NOT NULL VARCHAR2(12)
STUNAME                                            NOT NULL VARCHAR2(16)
STUSPELL                                           NOT NULL VARCHAR2(32)
STUSEX                                             NOT NULL VARCHAR2(2)
BIRTHDAY                                                    DATE
STUMOBILE                                                   VARCHAR2(64)
STUEMAIL                                                    VARCHAR2(64)
NATIVELOCAL                                                 VARCHAR2(32)
ADDRESS                                                     VARCHAR2(128)

SQL > alter table student modify (nativelocal varchar2(64));

表已更改。

SQL > alter table student drop column stuemail;
```

```
表已更改。

SQL > alter table student add(email varchar2(64),remark varchar2(512));

表已更改。

SQL > alter table student rename column stuMobile to mobile;

表已更改。

SQL > desc student
名称                                        是否为空? 类型
 -------------------------------------------------------------
------------
STUID                                       NOT NULL VARCHAR2(12)
STUNAME                                     NOT NULL VARCHAR2(16)
STUSPELL                                    NOT NULL VARCHAR2(32)
STUSEX                                      NOT NULL VARCHAR2(2)
BIRTHDAY                                             DATE
MOBILE                                               VARCHAR2(64)
NATIVELOCAL                                          VARCHAR2(64)
ADDRESS                                              VARCHAR2(128)
EMAIL                                                VARCHAR2(64)
REMARK                                               VARCHAR2(512)

SQL >
```

3)truncate table 命令

如果表里的数据不再需要使用,则可以删除表中的数据,而删除表中的数据可用 delete 命令,其实还可以使用数据定义语言 truncate table 命令来删除。使用 truncate table 命令来删除表中的所有行数据,并释放此表使用的所有存储空间。删除(截断)数据的语法如下:

truncate table <table_name>;

truncate table 命令与 delete 命令的区别在于:

①delete 可以按条件删除部分数据,也可以不带条件删除全部数据,而 truncate table 只能删除全部数据。

②delete 删除的数据可以回滚,而 truncate table 不能回滚。

③truncate 不能触发任何 delete 触发器。

④大于大量数据的删除 delete 效率比 truncate table 效率低很多(其根本原因是 truncate table删除数据时不会将被删除的数据写入重做日志文件中,而 delete 则需要)。

```
SQL > truncate table student;

表被截断。

SQL >
```

4)drop table 命令

如果这张表不需要了,可以进行删除操作,drop 是将整个对象删除,所在 drop table 不仅会删除表,还会把表中的全部数据一并删除,而且是无法回滚的。drop table 的命令语法如下:

drop table <table_name>

例如:

```
SQL > drop table "student_bak";

表已删除。

SQL >
```

(2)数据操纵语言

数据操纵语言(Data Manipulation Language)是指用来查询、添加、修改和删除数据库表中数据的语句,这些语句包括 select、insert、update、delete 等。在默认情况下,只有对象的所有者、DBA 等才有权利执行数据操纵语言。

1)select 命令

select 命令是用来检索数据表中的数据,select 是最常用的命令。其语法如下:

select * |[[distinct] column|expression[alias],…]

from table_name

[where condition]

[group by columns]

[order by columns]

[having by condition];

其中:

代表所有的列。

Column 是列名,可以选择多个列。

Expression 是列名和常组成的表达式。

Alias 是列的别名。

distinct 关键字限制只返回不同的列值。

Table_name 是表名。

where 子句指定查询条件,只有满足条件的记录才被返回。

order by 子句指定按哪些字段排序。

例 7.4 在 scott 用户下查询出所有部门表的信息。

```
SQL > conn scott/tiger
已连接。
SQL > select * from dept;

   DEPTNO DNAME          LOC
---------- -------------- -------------
       10 ACCOUNTING     NEW YORK
       20 RESEARCH       DALLAS
       30 SALES          CHICAGO
       40 OPERATIONS     BOSTON

SQL >
```

例 7.5 在 scott 用户下查询部门编号为 10 的员工表，并找出它的员工编号、姓名、部门、入职日期等信息，并按工资排序（注意：order by 子句排序可以是查询的列名、查询列的别名、查询列的序号。本例中的按工资排序，可以使用 order by sal 或 order by 5）。

```
SQL > select empno, ename, deptno, hiredate, sal Salary from emp
  2  where deptno = 10
  3  order by sal;

    EMPNO ENAME          DEPTNO HIREDATE              SALARY
---------- ---------- ---------- -------------- ----------
     7934 MILLER             10 23 - 1 月 -82          1300
     7782 CLARK              10 09 - 6 月 -81          2450
     7839 KING               10 17 - 11 月 -81         5000

SQL > select empno, ename, deptno, hiredate, sal Salary from emp
  2  where deptno = 10
  3  order by salary;

    EMPNO ENAME          DEPTNO HIREDATE              SALARY
---------- ---------- ---------- -------------- ----------
     7934 MILLER             10 23 - 1 月 -82          1300
     7782 CLARK              10 09 - 6 月 -81          2450
     7839 KING               10 17 - 11 月 -81         5000

SQL > select empno, ename, deptno, hiredate, sal Salary from emp
```

```
  2  where deptno = 10
  3  order by 5;

     EMPNO ENAME          DEPTNO HIREDATE          SALARY
---------- ---------- ---------- -------------- ----------
      7934 MILLER             10 23-1月 -82           1300
      7782 CLARK              10 09-6月 -81           2450
      7839 KING               10 17-11月-81           5000

SQL>
```

例7.6 查询员工表,只列出部门编号与工资两列。

```
SQL> select deptno,sal from emp order by deptno,sal;

    DEPTNO        SAL
---------- ----------
        10       1300
        10       2450
        10       5000
        20        800
        20       1100
        20       2975
        20       3000
        20       3000
        30        950
        30       1250
        30       1250
        30       1500
        30       1600
        30       2850

已选择14行。

SQL> select distinct deptno,sal from emp order by deptno,sal;

    DEPTNO        SAL
---------- ----------
        10       1300
```

```
        10        2450
        10        5000
        20         800
        20        1100
        20        2975
        20        3000
        30         950
        30        1250
        30        1500
        30        1600
        30        2850

已选择 12 行。

SQL >
```

发现有两行是重复的，想要去掉重复的行，只需要在查询语句中增加 distinct 关键字。如上面第二个语句所示。

注意：

①distinct 必须要放在 select 关键字后面、查询字段列表的前面。

②使用 distinct 后，只是将重复的行去掉(即重复的行未被查询出来)。

2) insert 命令

insert 命令用来在数据库表中插入数据。插入命令的语法如下：

insert into table_name [(column [,column…])] values (value [,value…]);

例 7.7 直接向部门表中插入数据。

```
SQL > insert into t1(deptno,dname,loc) values(50,'TT1','f1');

已创建 1 行。

SQL > insert into t1 values(52,'TT2','f1');

已创建 1 行。

SQL >
```

例 7.8 插入带有日期类型的数据行(注意：通过 to_date 函数来插入，在后面的 SQL 函数中进行详细讲解)。

```
SQL> insert into emp (empno,ename,deptno,sal,hiredate) values
  2 (1001,'johnson',10,4500,to_date('2001-05-24','yyyy-mm-dd'));

已创建1行。

SQL> select * from emp where deptno=10;

     EMPNO ENAME      JOB              MGR HIREDATE          SAL
DEPTNO
---------- ---------- ---------- ---------- ------------ --------
---------
      7782 CLARK      MANAGER         7839 09-6月 -81       2450
    10
      7839 KING       PRESIDENT            17-11月-81       5000
    10
      7934 MILLER     CLERK           7782 23-1月 -82       1300
    10
      1001 johnson                         24-5月 -01       4500
    10

SQL>
```

例7.9　通过select语句插入数据(注意:前面有value关键字,此时不能指定列名插入值,即被查出来的表与待插入数据的表的结构必须一样)。

```
SQL> insert into t2 value select * from dept;   --正确语句

已创建4行。

SQL> --错误语句
SQL>insert into t2 deptno,dname value select deptno,dname from dept;
insert into t2 deptno,dname value select deptno,dname from dept
                                  *
第1行出现错误:
ORA-00926: 缺失 VALUES 关键字

SQL> --错误语句
SQL>insert into t2 (deptno,dname) value (select deptno,dname from dept);
insert into t2 (deptno,dname) value (select deptno,dname from dept)
```

```
第 1 行出现错误:
ORA-00926: 缺失 values 关键字

SQL>
```

例 7.10 通过 select 语句插入数据(不需要用 value 关键字,可以指定列名插入数据)。

```
SQL> insert into t2 select * from dept;

已创建 4 行。

SQL> insert into t2 (select * from dept);

已创建 4 行。

SQL> insert into t2 (deptno,dname)(select deptno,dname from dept);

已创建 4 行。

SQL>
```

3) update 命令

有时需要修改存储在数据库中表的字段值,则可以用 update 命令。使用 update 命令更新表中的数据时,每次更新可能是零行、一行或多行,如果要限定对特定的行进行更新,则要使用 where 子句。

update 命令的语法如下:

update table_name set column = value [,column = value,…] [where condition];

在上面的这个语法中,在 set 与 where 子句中都可以包括查询,下面看几个例子:

例 7.11 10 部门员工的工资上涨 20%。

```
SQL> select empno,ename,sal,deptno from emp where deptno = 10;

     EMPNO ENAME             SAL      DEPTNO
---------- ---------- ---------- ----------
      7782 CLARK            2450          10
      7839 KING             5000          10
      7934 MILLER           1300          10

SQL> update emp set sal = sal + sal * 0.2 where deptno = 10;

已更新 3 行。
```

```
SQL > select empno,ename,sal,deptno from emp where deptno = 10;

    EMPNO ENAME             SAL      DEPTNO
---------- ---------- ---------- ----------
     7782 CLARK            2940          10
     7839 KING             6000          10
     7934 MILLER           1560          10

SQL >
```

4) delete 命令

在表中插入数据后,如果有不需要的数据可以删除,delete 命令就是用于从表中删除行。删除数据行的语法如下:

delete [from] table_name [where condition];

例 7.12 将姓名为 johnson 的员工删除。

```
SQL > select * from emp where deptno = 10;

    EMPNO ENAME       JOB              MGR HIREDATE          SAL
DEPTNO
 --------- --------- --------- --------- ----------- --------
---------
     7782 CLARK       MANAGER          7839 09 - 6 月 - 81      2450
  10
     7839 KING        PRESIDENT             17 - 11 月 - 81     5000
  10
     7934 MILLER      CLERK            7782 23 - 1 月 - 82      1300
  10
     1001 johnson                           24 - 5 月 - 01      4500
  10

SQL > delete from emp where ename = 'johnson';

已删除 1 行。

SQL > select * from emp where deptno = 10;

    EMPNO ENAME       JOB              MGR HIREDATE          SAL
DEPTNO
```

```
--------- --------- --------- --------- ----------- ------- --
--------
      7782 CLARK      MANAGER        7839 09 -6 月 -81         2450
   10
      7839 KING       PRESIDENT           17 -11 月 -81        5000
   10
      7934 MILLER     CLERK          7782 23 -1 月 -82         1300
   10

   SQL >
```

以上是 DML 4 个命令中最常用的 SQL 语句,在实际工作中,这些 DML 较常用,而且比上面的例子要复杂得多,读者要多思考一些查询语句出来多多地练习,不断提高自己的 SQL 编写能力。

(3)数据控制语言

数据控制语言(Data Control Language)是用来设置或者更改数据库用户或角色权限的语句,这些语句包括 grant、revoke 等。

1)grant 语句

grant 语句是授权语句,它可以将语句权限或者对象权限授予其他用户和角色。授予语句权限的语法形式为:

grant 权限 to 用户|角色 [with {admin|grant} option];

2)revoke 语句

revoke 语句是与 grant 语句相反的语句,它能够将以前用户或者角色上授予或拒绝的权限删除,但是该语句并不影响用户或者角色从其他角色中作为成员继承过来的权限。

revoke 权限 [on 对象] from {用户|角色};

具体的应用在权限中已经详细讲解过,这里不再讲解。

(4)事务控制语言

事务控制语言(Transaction Control Language)包括协调对相同数据的多个同步的访问。当一个用户改变了另一个用户正在使用的数据时,Oracle 使用事务控制谁可以操作数据。

事务表示工作的一个基本单元,是一系列作为一个单元被成功或不成功操作的 SQL 语句。在 SQL 和 PL/SQL 中有很多语句让程序员控制事务。程序员可以:

①显式开始一个事物,选择语句级一致性或事务级一致性。

②设置撤销回滚点,并回滚到回滚点。

③完成事务永远改变数据或者放弃修改。

事务控制语句主要包括 commit 与 rollback 两个:

①Commit:完成事务,数据修改成功并对其他用户开放。

②Rollback:撤销事务,撤销所有操作。

③Rollback to savepoint:撤销在设置的回滚点以后的操作。

例 7.13　向 EMP 表插入一条记录。

```
SQL > insert into emp (empno,ename,deptno,sal,hiredate) values
      (1001,'johnson',10,4500,to_date('2001 - 05 - 24','yyyy - mm - dd'));

已创建 1 行。

SQL > commit;

提交完成。

SQL > delete from emp where ename = 'johnson';

已删除 1 行。

SQL > rollback;

回退已完成。

SQL >
```

在 SQL 和 PL/SQL 中 Savepoint 是在一事务范围内的中间标志。经常用于将一个长的事务划分为小的部分。保留点 Savepoint 可标志长事务中的任何点，允许可回滚该点之后的操作。在应用程序中经常使用 Savepoint；例如一个过程包含几个函数，在每个函数前可建立一个保留点，如果函数失败，很容易返回到每一个函数开始的情况。在回滚到一个 Savepoint 之后，该 Savepoint 之后所获得的数据封锁被释放。为了实现部分回滚可以用带 to savepoint 子句的 rollback 语句将事务回滚到指定的位置。

下面的例子是在特定条件下回滚到指定的位置。代码如下：

```
begin
  insert into atm_log(who,when,what,where)
  values ('Kiesha',SYSDATE,'Withdrawal of $ 100','ATM54')
  savepoint atm_logged;

  update checking
  set balance = balance - 100
  return balance into new_balance;

if new_balance <0 THEN
```

```
        roliback to atm_logged;
        commit
        raise insufficient_funda;
    end if

end
```

关键字 savepoint 是可选的,所以下面两个语句是等价的:

```
rollback to atm_logged;
rollback to savepoint atm_logged;
```

任务7.3 Oracle 数据类型

当用户创建一张表时,总是要为每个字段指定数据类型,Oracle 支持的数据类型可分为 3 个基本种类,即字符数据类型、数值数据类型以及日期数据类型等。下面将介绍 Oracle 中的常用数据类型。

(1)字符数据类型

字符数据类型是用来存放任何可见字符的一种数据类型,其主要包括 5 种类型:CHAR、VARCHAR2、LONG、NCHAR、NVARCHAR2。

1)CHAR 数据类型

CHAR 数据类型存储固定长度的子符值。一个 CHAR 数据类型可以包括 1 ~2 000 个字符。如果对 CHAR 没有明确说明长度,其默认长度则设置为 1。如果对某个 CHAR 类型变量赋值,其长度小于规定的长度,那么 Oracle 自动用空格填充。

2)VARCHAR2 数据类型

VARCHAR2 存储可变长度的字符串。虽然也必须指定一个 VARCHAR2 数据变量的长度,但是这个长度是指对该变量赋值的最大长度而非实际赋值长度,不需要用空格填充,最多可设置为 4 000 个字符。因为 VARCHAR2 数据类型只存储为该列所赋的字符(不加空格),所以 VARCHAR2 需要的存储空间比 CHAR 数据类型要小。

在 MS SQL Server 中有一种数据类型是 VARCHAR,其实在 Oracle 中也有这种数据类型。确切地说,VARCHAR 是 SQL 标准的数据类型,而 Oracle 是遵循 SQL 标准的,因此也会有 VARCHAR 这种数据类型。而 Oracle 在遵循 SQL 标准的基础上还增加了自己的数据类型,最常用的就是 VARCHAR2,Oracle 推荐使用 VARCHAR2。据 Oracle 官方的资料显示,ORACLE 对 VARCHAR2 数据类型的处理算法比 VARCHAR 数据类型的处理算法更优越。

3)NCHAR 和 NVARCHAR2

NCHAR 和 NVARCHAR2 数据类型分别存储固定长度与可变长度的字符数据,但是它们使用的是与数据库其他类型不同的字符集。在创建数据库时,需要指定所使用的字符集,以便对数据库中的数据进行编码。还可以指定一个辅助的字符集[即本地语言集(National Language Set,NLS)]。NCHAR 和 NVARCHAR2 类型的列使用辅助字符集。另外,在 Oracle 9i 中,可以以字符而不是字节为单位来表示 NCHAR 和 NVARCHAR2 列的长度。

4)LONG

LONG 数据类型可以存放 2 GB 的字符数据,它是从早期版本中继承来的。现在如果想存储大容量的数据,Oracle 推荐使用 CLOB 和 NCLOB 数据类型,不再推荐使用 LONG。在表和 SQL 语句中使用 LONG 类型有许多限制:

①一个表中只有一列可以为 LONG 数据类型。

②LONG 列不能定义为唯一约束或主键约束。

③LOGN 列上不能建立索引。

④过程或存储过程不能接受 LONG 数据类型的参数。

(2)**数值数据类型**

Oracle 使用标准、可变长度的内部格式来存储数字。这个内部格式精度可以高达 38 位。NUMBER 数据类型可以有两个限定符,如:column number (precision, scale)。

①precision 表示数字中的有效位。如果没有指定 precision 的话,Oracle 将使用 38 作为精度。

②scale 表示数字小数点右边的位数,scale 默认设置为 0,如果把 scale 设成负数,Oracle 将把该数字取舍到小数点左边的指定位数,为 -84 ~ 127。

除此之外,Oracle 的数值类型的一些子类型还有如 int,float 等,不过一般用其子类型的情况较少,直接用 number,然后指定整数与小数的位数,这种用法比较多。

(3)**日期数据类型**

日期数据类型是用来存储日期与时间值的,主要分为 DATA、TIMESTAMP 两类。

1)DATA 数据类型

DATA 数据类型用于存储表中的日期与时间数据。Oracle 数据库使用自己的格式存储日期,使用 7 个字节固定长度,每个字节分别存储世纪、年、月、日、时、分与秒。日期数据类型的值从公元前 4712 年 1 月 1 日到公元 9999 年 12 月 31 日。Oracle 标准日期格式为:DD-MON-YY HH:MI:SS,可以使用 SYSDATE 函数功能来返回当前数据库的时间。例如:

```
SQL > select sysdate from dual;

SYSDATE
--------------
28 -5 月  -13

SQL >
```

注意:dual 是 Oracle 数据库中提供的一行一列的一个虚拟表,传入一个表达式或函数后它会返回一个计算结果给用户。

通过修改实例的参数 nls_date_format,可以改变实例中插入日期的格式。在一个会话期间,可以通过 alter session sql 命令来修改日期,或者通过使用 SQL 语句的 to_date 表达式中的参数来更新一个特定值。

2)TIMESTAMP 数据类型

TIMESTAMP 数据类型用于存储日期的年、月、日以及时间的小时、分、秒。其中秒值还可以精确到小数点后 6 位,该数据类型同时包含时区信息。可以使用 SYSTIMESTAMP 函数功能来返回当前数据库的时间值。例如:

```
SQL > select systimestamp from dual;

systimestamp
-------------------------------------------
28 -8 月 -12 10.23.04.895000 上午 +08:00

SQL >
```

(4)LOB 数据类型

LOB 是 Large Object 的简称,又称为大对象数据类型,之所以称其为大是因为这种数据类型可以存储多达 4 GB 的非结构化信息,如声音、图像、视频、流媒体等。不过它们都不能对数据进行高效、随机、分段、有序访问。

修改 LOB 类型的数据可以使用 SQL 数据操纵语言来完成,也可以通过 PL/SQL 中提供的程序包 DBMS_LOB 来完成。一个表中可以有多个列定义为 LOB 数据类型,这点与刚才提及的 LONG 完全不同,也不会像 LONG 那样有诸多的限制。

Oracle 中的 LOB 数据类型有 CLOB、BLOB、BFILE 与 XMLType。

1)CLOB

CLOB(Character Large OBject)是存储字符数据的大对象类型,它能够存储大量字符数据,该数据类型可以存储单字节字符以及多字节字符数据,多字节字符数据一般采用 NCLOB 数据类型来存储。CLOB 可用于存储非结构化的 XML 文档。

2)BLOB

BLOB(Binary Large OBject)是存储二进制数据的大对象类型,它可以存储较大的二进制对象,如图形、视频、音频、流媒体、Word 文档等。

3)BFILE

BFILE(Binary File)是存储二进制数据文件的数据类型,它能够将二进制文件存储在数据库外部的操作系统文件中。BFILE 列存储一个 BFILE 定位器(实际上是一个 directory 对象),这个 directory 对象指向位于服务器文件系统上的二进制文件。支持的文件最大为 4 GB。

4)XMLType

作为对 XML 支持的一部分,Oracle 9i 以上版本包含了一个新的数据类型 XMLType. 定义为 XMLType 的列将存储一个在字符 LOB 列中的 XML 文档。有许多内置的功能可以使用户从文档中抽取单个节点，还可以在XMLType文档中对任何节点创建索引。

Oracle中的表可以有多个LOB列，并且每个LOB列可以有不同的LOB类型。LOB数据类型的操作在后面的章节中会详细讲解。

● 二进制数据类型

RAW和LONG RAW数据类型主要用于存储二进制数据，对数据库进行解释。指定这两种类型时，Oracle以位的形式来存储数据。

1）RAW数据类型

RAW数据类型用于存储基于字节的数据或者有特定格式的对象，如二进制数据或字节串或位图，RAW数据类型可占用2 KB的空间。因为该数据类型没有默认的大小，使用该数据类型时应该指定大小，RAW数据类型可以建立索引。

2）LONG RAW数据类型

LONG RAW数据类型用于存储可变长度的二进制数据，这种数据类型最多能存储2 GB大小。该数据类型不能索引。此外，LONG数据类型受到的所有限制对LONG RAW数据类型也同样有效。

● 伪列数据类型

Oracle的数据类型中有一种非常特殊的数据类型称为"伪列"，它就像Oracle中的一个表列，但实际上它并未存储在表中，伪列可以从表中查询，但不能插入、更新与删除它们的值。

1）ROWID

ROWID是一种特殊的列类型，称为伪列（pseudo column）。ROWID在SQL的select语句中可以像普通列那样被访问。Oracle数据库中每行都有一个伪列。ROWID表示数据行的物理地址，用ROWID数据类型定义。

ROWID与磁盘驱动的特定位置有关，因此，ROWID是获得行的最快方法。但是，数据行的ROWID会随着卸载和重载数据库而发生变化，因此建议不要在事务中使用ROWID伪列的值。例如，一旦当前应用已经使用完记录，就没有理由保存行的ROWID，不能通过任何SQL语句来设置标准的ROWID伪列的值。

列或变量可以定义成ROWID数据类型，但是Oracle不能保证该列或变量的值是一个有效的ROWID。现在来看看dept表与emp表中的每条数据的ROWID是什么，代码如下：

```
SQL > select rowid,deptno,dname,loc from dept;

ROWID                  DEPTNO DNAME          LOC
------------------ ---------- -------------- -------------
AAAR3qAAEAAAACHAAA         10 ACCOUNTING     NEW YORK
AAAR3qAAEAAAACHAAB         20 RESEARCH       DALLAS
AAAR3qAAEAAAACHAAC         30 SALES          CHICAGO
AAAR3qAAEAAAACHAAD         40 OPERATIONS     BOSTON

SQL > select rowid,empno,ename,deptno,sal from emp;
```

```
ROWID                        EMPNO ENAME           DEPTNO        SAL
------------------ ---------- ---------- ---------- ----------
AAAR3sAAEAAAACXAAA        7369 SMITH               20        800
AAAR3sAAEAAAACXAAB        7499 ALLEN               30       1600
AAAR3sAAEAAAACXAAC        7521 WARD                30       1250
AAAR3sAAEAAAACXAAD        7566 JONES               20       2975
AAAR3sAAEAAAACXAAE        7654 MARTIN              30       1250
AAAR3sAAEAAAACXAAF        7698 BLAKE               30       2850
AAAR3sAAEAAAACXAAG        7782 CLARK               10       2450
AAAR3sAAEAAAACXAAH        7788 SCOTT               20       3000
AAAR3sAAEAAAACXAAI        7839 KING                10       5000
AAAR3sAAEAAAACXAAJ        7844 TURNER              30       1500
AAAR3sAAEAAAACXAAK        7876 ADAMS               20       1100
AAAR3sAAEAAAACXAAL        7900 JAMES               30        950
AAAR3sAAEAAAACXAAM        7902 FORD                20       3000
AAAR3sAAEAAAACXAAN        7934 MILLER              10       1300
AAAR3sAAEAAAACXAAO        1001 johnson             10       4500

已选择 15 行。

SQL >
```

可以发现从两张表中查出来的数据行中，所有的 ROWID 都不相同，因为它代表的是数据行所在的物理地址，当然没理由把两行数据放在同一个地方，否则怎么能查询出来呢！

所以，ROWID 值可以唯一地标识数据库中的一行。其具有以下几个重要用途：

①能以最快的速度访问表中的一行。

②能显示表的行是如何存储的（因为里面数据的每一行都代表了特殊含义）。

③可以作为表中行的唯一标识。

2）ROWNUM

对于一个查询返回的每一行，ROWNUM 伪列返回一个数值代表行的次序。返回符合条件的查询结果集第一行的 ROWNUM 值为 1，第二行的 ROWNUM 值为 2，以此类推。通过使用 ROWNUM 伪列，用户可以限制查询返回的行数。

例 7.14 显示员工表中每条记录的编号。

```
SQL > select rowid,rownum,empno,ename,deptno,sal from emp;

ROWID                        ROWNUM      EMPNO ENAME          DEPTNO
SAL
```

```
------------------ ---------- ---------- ---------- ----
------ ----------
AAAR3sAAEAAAACXAAA          1       7369 SMITH          20        800
AAAR3sAAEAAAACXAAB          2       7499 ALLEN          30       1600
AAAR3sAAEAAAACXAAC          3       7521 WARD           30       1250
AAAR3sAAEAAAACXAAD          4       7566 JONES          20       2975
AAAR3sAAEAAAACXAAE          5       7654 MARTIN         30       1250
AAAR3sAAEAAAACXAAF          6       7698 BLAKE          30       2850
AAAR3sAAEAAAACXAAG          7       7782 CLARK          10       2450
AAAR3sAAEAAAACXAAH          8       7788 SCOTT          20       3000
AAAR3sAAEAAAACXAAI          9       7839 KING           10       5000
AAAR3sAAEAAAACXAAJ         10       7844 TURNER         30       1500
AAAR3sAAEAAAACXAAK         11       7876 ADAMS          20       1100
AAAR3sAAEAAAACXAAL         12       7900 JAMES          30        950
AAAR3sAAEAAAACXAAM         13       7902 FORD           20       3000
AAAR3sAAEAAAACXAAN         14       7934 MILLER         10       1300
AAAR3sAAEAAAACXAAO         15       1001 johnson        10       4500

已选择15行。

SQL>
```

例7.15 显示员工表中工资从高到低排序。

```
SQL> select rownum,empno,ename,deptno,sal
     from (select empno,ename,deptno,sal from emp order by sal desc);

    ROWNUM      EMPNO ENAME          DEPTNO        SAL
---------- ---------- ---------- ---------- ----------
         1       7839 KING               10       5000
         2       1001 johnson            10       4500
         3       7902 FORD               20       3000
         4       7788 SCOTT              20       3000
         5       7566 JONES              20       2975
         6       7698 BLAKE              30       2850
         7       7782 CLARK              10       2450
         8       7499 ALLEN              30       1600
         9       7844 TURNER             30       1500
        10       7934 MILLER             10       1300
```

```
        11        7521 WARD              30        1250
        12        7654 MARTIN            30        1250
        13        7876 ADAMS             20        1100
        14        7900 JAMES             30         950
        15        7369 SMITH             20         800

已选择 15 行。

SQL > --注意:下面这个语句是不符合要求的,仔细看看查询出来的结果。
SQL > select rownum,empno,ename,deptno,sal from emp order by sal desc;

    ROWNUM      EMPNO ENAME          DEPTNO        SAL
---------- ---------- ---------- ---------- ----------
         9       7839 KING               10       5000
        15       1001 johnson            10       4500
        13       7902 FORD               20       3000
         8       7788 SCOTT              20       3000
         4       7566 JONES              20       2975
         6       7698 BLAKE              30       2850
         7       7782 CLARK              10       2450
         2       7499 ALLEN              30       1600
        10       7844 TURNER             30       1500
        14       7934 MILLER             10       1300
         3       7521 WARD               30       1250
         5       7654 MARTIN             30       1250
        11       7876 ADAMS              20       1100
        12       7900 JAMES              30        950
         1       7369 SMITH              20        800

已选择 15 行。

SQL >
```

例 7.16 显示员工表中工资最高的前 5 名的员工。

```
SQL > select rownum,empno,ename,deptno,sal from
  2    (select empno,ename,deptno,sal
  3     from emp
  4     order by sal desc
```

```
  5      ) a
  6   where rownum <=5;

   ROWNUM       EMPNO ENAME              DEPTNO          SAL
---------- ---------- ---------- ---------- ----------
         1       7839 KING                   10       5000
         2       1001 johnson                10       4500
         3       7788 SCOTT                  20       3000
         4       7902 FORD                   20       3000
         5       7566 JONES                  20       2975

SQL> --注意:下面这个语句是不符合要求的,仔细看看查询出来的结果。
SQL> select rowid,rownum,empno,ename,deptno,sal
  2   from emp
  3   where rownum <=5
  4   order by sal desc

ROWID                    ROWNUM      EMPNO ENAME           DEPTNO          SAL
------------------ ---------- ---------- ---------- ----------- ----
------ ----------

AAAR3sAAEAAAACXAAD          4       7566 JONES                 20         2975
AAAR3sAAEAAAACXAAB          2       7499 ALLEN                 30         1600
AAAR3sAAEAAAACXAAE          5       7654 MARTIN                30         1250
AAAR3sAAEAAAACXAAC          3       7521 WARD                  30         1250
AAAR3sAAEAAAACXAAA          1       7369 SMITH                 20          800

SQL>
```

- **NULL 值**

NULL 值是关系数据库的重要特征之一。实际上,NULL 不代表任何值,它表示没有值。如果要创建表的一个列,而这个列必须有值,那么应将它指定为 NOT NULL,这表示该列不能包含 NULL 值。任何数据类型都可以赋予 NULL 值。NULL 值引入了 SQL 运算的三态逻辑。如果比较的一方是 NULL 值,那么会出现3种状态:TURE、FALSE 以及两者都不是。

因为 NULL 值不等于0或其他任何值,所以测试某个数据是否为 NULL 值只能通过关系运算符 IS NULL 来进行。NULL 值特别适合以下情况:当一个列还未赋值时。如果选择不使用 NULL 值,那么必须对行的所有列都要赋值。这实际上也取消了某列不需要值的可能性,同时对它赋的值也很容易产生误解。这种情况则可能误导终端用户,并且导致累计操作的错误结果。

上面讲解的是 Oracle 数据库 SQL 中常用的数据类型，表 7.1 列举了常用的数据类型的参数以及它的描述。

表 7.1　Oracle 数据库 SQL 常用数据类型

数据类型	参　数	描　述
char(n)	n = 1 to 2 000 字节	定长字符串，n 字节长，如果不指定长度，缺省为 1 个字节长（一个汉字为 2 字节）
varchar2(n)	n = 1 to 4 000 字节	可变长的字符串，具体定义时指明最大长度 n，这种数据类型可以放数字、字母以及 ASCII 码字符集（或者 EBCDIC 等数据库系统接受的字符集标准）中的所有符号 如果数据长度没有达到最大值 n，Oracle 8i 会根据数据大小自动调节字段长度，如果用户的数据前后有空格，Oracle 8i 会自动将其删去。varchar2 是最常用的数据类型 可做索引的最大长度 3 209
number(m,n)	m = 1 to 38 n = -84 to 127	可变长的数值列，允许 0、正值及负值，m 是所有有效数字的位数，n 是小数点以后的位数 如：number(5,2)，则这个字段的最大值是 99,999，如果数值超出了位数限制就会被截取多余的位数 如：number(5,2)，但在一行数据中的这个字段输入 575.316，则真正保存到字段中的数值是 575.32 如：number(3,0)，输入 575.316，真正保存的数据是 575
date	无	从公元前 4712 年 1 月 1 日到公元 4712 年 12 月 31 日的所有合法日期，Oracle 8i 其实在内部是按 7 个字节来保存日期数据，在定义中还包括小时、分、秒 缺省格式为 DD-MON-YY，如 07-11 月-00 表示 2000 年 11 月 7 日
long	无	可变长字符列，最大长度限制是 2 GB，用于不需要作字符串搜索的长串数据，如果要进行字符搜索就要用 varchar2 类型 long 是一种较老的数据类型，将来会逐渐被 BLOB、CLOB、NCLOB 等大的对象数据类型所取代
raw(n)	n = 1 to 2 000 字节	可变长二进制数据，在具体定义字段的时候必须指明最大长度 n，Oracle 8i 用这种格式来保存较小的图形文件或带格式的文本文件，如 Miceosoft Word 文档 raw 是一种较老的数据类型，将来会逐渐被 BLOB、CLOB、NCLOB 等大的对象数据类型所取代
long raw	无	可变长二进制数据，最大长度是 2 GB。Oracle 8i 用这种格式来保存较大的图形文件或带格式的文本文件，如 Miceosoft Word 文档，以及音频、视频等非文本文件 在同一张表中不能同时有 long 类型和 long raw 类型，long raw 也是一种较老的数据类型，将来会逐渐被 BLOB、CLOB、NCLOB 等大的对象数据类型所取代

续表

数据类型	参　数	描　述
blob clob nclob	无	3 种大型对象(LOB),用来保存较大的图形文件或带格式的文本文件,如 Miceosoft Word 文档,以及音频、视频等非文本文件,最大长度是 4 GB LOB 有几种类型,取决于你使用的字节的类型,Oracle 8i 实实在在地将这些数据存储在数据库内部保存 可以执行读取、存储、写入等特殊操作
bfile	无	在数据库外部保存的大型二进制对象文件,最大长度是 4 GB 这种外部的 LOB 类型,通过数据库记录变化情况,但是数据的具体保存是在数据库外部进行的 Oracle 8i 可以读取、查询 BFILE,但是不能写入 大小由操作系统决定

任务 7.4　SQL 操作符

SQL 语言与其他编程语言一样,都有操作符。Oracle 的 SQL 操作符主要包括以下几种:算术操作符、关系操作符、比较操作符、逻辑操作符、集合操作符、连接操作符等,下面将对这些操作符进行详细讲解。

(1)算术操作符

算术操作符主要是执行基于数值的计算,可以在 SQL 命令中使用算术表达式。算术表达式由 number 数据类型的列名、数值常量和连接它们的算术操作符组成。算术操作符见表 7.2。

表 7.2　算术操作符

操作符	操　作
+	加
-	减
/	除
*	乘
* *	乘方

例 7.17　sal * 1.2 就是一个表达式。

```
SQL > select rownum,empno,ename,deptno,sal,sal * 1.2 rase_sal from emp order by sal desc;

    ROWNUM     EMPNO ENAME            DEPTNO        SAL    RASE_SAL
```

```
 ---------- ---------- ---------- ---------- ---------- -
---------
         9       7839 KING              10       5000       6000
        15       1001 johnson           10       4500       5400
        13       7902 FORD              20       3000       3600
         8       7788 SCOTT             20       3000       3600
         4       7566 JONES             20       2975       3570
         6       7698 BLAKE             30       2850       3420
         7       7782 CLARK             10       2450       2940
         2       7499 ALLEN             30       1600       1920
        10       7844 TURNER            30       1500       1800
        14       7934 MILLER            10       1300       1560
         3       7521 WARD              30       1250       1500
         5       7654 MARTIN            30       1250       1500
        11       7876 ADAMS             20       1100       1320
        12       7900 JAMES             30        950       1140
         1       7369 SMITH             20        800        960

已选择 15 行。

SQL > select 25 * 4 from dual;

    25 * 4
----------
       100
SQL >
```

(2)**关系操作符**

关系操作符主要用于条件判断语句或 where 子句中,关系操作符检查条件和结果是否为 true 或 false,表 7.3 是 SQL 的关系操作符。

表 7.3　关系操作符

操作符	操　作
<	小于操作符
<=	小于或等于操作符
>	大于操作符
>=	大于或等于操作符

续表

操作符	操　作
=	等于操作符
! =	不等于操作符
< >	不等于操作符
: =	赋值操作符

例 7.18　sal >=2 000 是关系操作符。

```
SQL > select rownum,empno,ename,deptno,sal from emp where sal >=2000;

   ROWNUM     EMPNO ENAME          DEPTNO        SAL
---------- ---------- ---------- ---------- ----------
         1       7566 JONES            20       2975
         2       7698 BLAKE            30       2850
         3       7782 CLARK            10       2450
         4       7788 SCOTT            20       3000
         5       7839 KING             10       5000
         6       7902 FORD             20       3000
         7       1001 johnson          10       4500

已选择 7 行。
SQL >
```

(3)比较操作符

比较操作符主要用来比较两个表达式的值,表 7.4 列出常用的比较操作符。

表 7.4　比较操作符

操作符	操　作
IS NULL	如果操作数为 NULL 返回 TRUE
LIKE	比较字符串值
BETWEEN	验证值是否在范围之内
IN	验证操作数在设定的一系列值中

比较操作符经常还可以与 NOT(逻辑非)一起使用来检查“非”条件,如 NOT LIKE、IS NOT NULL 等。

使用 IN 操作符搜索字符值时,列值必须与列表中出现的值完全匹配。如果不知道确切的字符值,可以用 LIKE 操作符搜索字符模式,进行模糊匹配。LIKE 操作符识别特殊的字符,如% 与_,% 表示匹配任意多个字符,而_表示匹配单一个字符。

例 7.19 查询姓名以 A 开始的员工。

```
SQL > select empno,ename,deptno,sal from emp where ename like 'A%';

     EMPNO ENAME          DEPTNO        SAL
---------- ---------- ---------- ----------
      7499 ALLEN              30       1600
      7876 ADAMS              20       1100

SQL >
```

例 7.20 查询姓名的第三个字母是 A 的员工。

```
SQL > select empno,ename,deptno,sal from emp where ename like '__A%';

     EMPNO ENAME          DEPTNO        SAL
---------- ---------- ---------- ----------
      7698 BLAKE              30       2850
      7782 CLARK              10       2450
      7876 ADAMS              20       1100

SQL >
```

例 7.21 查询 10 部门与 20 部门的员工。

```
SQL > select empno,ename,deptno,sal from emp where deptno in(10,20);

     EMPNO ENAME          DEPTNO        SAL
---------- ---------- ---------- ----------
      7369 SMITH              20        800
      7566 JONES              20       2975
      7782 CLARK              10       2450
      7788 SCOTT              20       3000
      7839 KING               10       5000
      7876 ADAMS              20       1100
      7902 FORD               20       3000
      7934 MILLER             10       1300
      1001 johnson            10       4500

已选择 9 行。

SQL >
```

例 7.22　查询工资不正常的员工（工资太高——大于 5 000 或太低——小于 1 000）。

```
SQL > select empno,ename,deptno,sal from emp
  2  where sal not between 1000 and 5000;

     EMPNO ENAME          DEPTNO        SAL
---------- ---------- ---------- ----------
      7369 SMITH              20        800
      7900 JAMES              30        950

SQL > select empno,ename,deptno,sal from emp
  2  where sal < 1000 or sal > 5000;

     EMPNO ENAME          DEPTNO        SAL
---------- ---------- ---------- ----------
      7369 SMITH              20        800
      7900 JAMES              30        950

SQL >
```

(4)逻辑操作符

逻辑操作符用于组合多个比较运算的结果以生成一个或真或假的结果。逻辑操作符见表 7.5。

表 7.5　逻辑操作符

操作符	操　作
AND	两个条件都必须满足
OR	只要满足两个条件中的一个
NOT	取反

例 7.23　查询工资小于 1 000 或大于 4 000 的员工。

```
SQL > select empno,ename,deptno,sal from emp
  2  where sal < 1000 or sal > 4000;

     EMPNO ENAME          DEPTNO        SAL
---------- ---------- ---------- ----------
      7369 SMITH              20        800
      7839 KING               10       5000
```

```
    7900 JAMES              30        950
    1001 johnson            10       4500

SQL >
```

例 7.24 查询 10 部门且工资大于 3 000 的员工。

```
SQL > select empno,ename,deptno,sal from emp where deptno = 10 and sal > 3 000;

   EMPNO ENAME          DEPTNO          SAL
---------- ---------- ---------- ----------
    7839 KING              10       5000
    1001 johnson           10       4500

SQL >
```

(5)**集合操作符**

Oracle 中有一类操作符是对集合进行操作的,称为集合操作符(set operator),Oracle 中的集合操作符见表 7.6。

表 7.6 集合操作符

操作符	操　作
Union	用来将多个 select 语句的结果集合进行合并处理，会压缩各个结果集中的重复数据(重复的记录只显示一条)
Union all	用来将多个 select 语句的结果集合进行合并处理，不会压缩各个结果集中的重复数据(重复记录全部重复显示)
Intersect	用来求两个集合的交集
Minus	用来从一个结果集中去除另一个集合中包含的部分

使用集合操作符连接起来的 select 语句中的列遵循以下规则:

①通过集合操作符连接的各个查询具有相同的列数,而且对应列的数据类型必须相同或兼容。

②这种查询不应包含有 LONG 类型的列。

③列标题来自第一个 select 语句。

下面来看一系列的例子,在使用集合操作之前,前面已经创建了 T1 表,并且 T1 表中的数据与 dept 表中的数据是一样,为了更好地说明集合操作符的连接问题,用户在 T1 表中先删除两条记录,然后再增加两条新的记录。代码操作如下:

```
SQL > delete from t1 where deptno in(30,40);

已删除2行。

SQL > insert into t1 values(31,'IT','F1');

已创建1行。

SQL > insert into t1 values(41,'ACCOUNTING','F3');

已创建1行。

SQL > insert into t1 values(41,'ACCOUNTING','F3');

已创建1行。

SQL > insert into t1 values(51,'MARKET','F1');

已创建1行。

SQL > select * from t1;

    DEPTNO DNAME          LOC
---------- -------------- -------------
        10 ACCOUNTING     NEW YORK
        20 RESEARCH       DALLAS
        31 IT             F1
        41 ACCOUNTING     F3
        41 ACCOUNTING     F3
        51 MARKET         F1

已选择6行。

SQL > select * from dept;

    DEPTNO DNAME          LOC
---------- -------------- -------------
        10 ACCOUNTING     NEW YORK
```

```
        20 RESEARCH          DALLAS
        30 SALES             CHICAGO
        40 OPERATIONS        BOSTON

SQL >
```

假设 T1 表与 dept 表中相同的记录数据记为结果集 B,在 T1 表中存在的记录数据但在 dept 表中却不存在的记录数据记为结果集 A,在 dept 表中存在的记录数据但在 T1 表中却不存在的记录数据记为结果集 C,如图 7.2 所示。

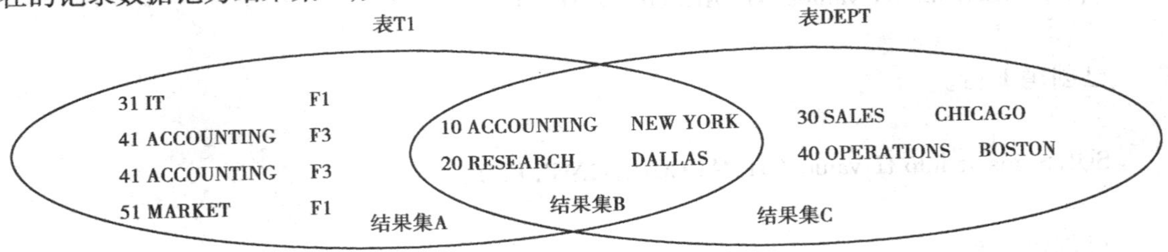

图 7.2　T1 表与 dept 表的关系图

①union 操作:其返回两个查询选定的所有不重复的行。下面的例子是将两个查询结果合并起来,并删除重复的行(即 A + B + C),代码如下所示:

```
SQL > select * from t1 union select * from dept;

   DEPTNO DNAME            LOC
---------- -------------- -------------
        10 ACCOUNTING     NEW YORK
        20 RESEARCH       DALLAS
        30 SALES          CHICAGO
        31 IT             F1
        40 OPERATIONS     BOSTON
        41 ACCOUNTING     F3
        51 MARKET         F1

已选择 7 行。

SQL >
```

②union all 操作:其返回两个查询选定的所有行。下面的例子是将两个查询结果合并起来,但不会删除重复的行(即 A + B + B + C),代码如下所示:

```
SQL > select * from t1
  2  union all
```

```
  3 select * from dept
4 order by 1

    DEPTNO DNAME          LOC
---------- -------------- -------------
        10 ACCOUNTING     NEW YORK
        10 ACCOUNTING     NEW YORK
        20 RESEARCH       DALLAS
        20 RESEARCH       DALLAS
        30 SALES          CHICAGO
        31 IT             F1
        40 OPERATIONS     BOSTON
        41 ACCOUNTING     F3
        41 ACCOUNTING     F3
        51 MARKET         F1

已选择10行。

SQL >
```

intersect操作:其只返回两个查询都有的行(即B)。下面的例子就是将两个结果集的交集显示出来,代码如下所示:

```
SQL > select * from t1 intersect select * from dept;

    DEPTNO DNAME          LOC
---------- -------------- -------------
        10 ACCOUNTING     NEW YORK
        20 RESEARCH       DALLAS

SQL >
```

minus操作:其返回由第一个查询选定但是没有被第二个查询选定的行,相关于减集的操作(即A)。下面的例子就是将两个查询的减集找出来,代码如下所示:

```
SQL > select * from t1 minus select * from dept;

    DEPTNO DNAME          LOC
---------- -------------- -------------
        31 IT             F1
```

```
        41 ACCOUNTING        F3
        51 MARKET            F1

SQL >
```

(6)**连接操作符**

连接操作符用于将两个或多个字符串合并成一个字符串,或者将一个字符串与一个数值合并在一起。

例 7.25 查询部门号为 10 的员工的工资。

```
SQL > select ename||'的工资是'||sal sal from emp where deptno =10;

SAL
--------------------------------------------------------------
CLARK 的工资是 2450
KING 的工资是 5000
MILLER 的工资是 1300
johnson 的工资是 4500

SQL >
```

(7)**操作符的优先级**

多种操作符放在一起运算时,是有优先级的,操作符的优先级顺序如下。

算术操作符　　优先级高
连接操作符
关系操作符
比较操作符
逻辑操作符　　优先级低

任务 7.5　SQL 函数

Oracle SQL 提供了用于执行特定操作的专用函数。函数接受一个或多个参数并返回一个值。Oracle 将函数大致划分为单行函数与分组函数,其中单行函数又分为日期函数、字符函数、数字函数、转换函数等。当单独调用 SQL 函数时,可以使用数据字典 DUAL 这个虚拟表,该数据字典专门用于取得函数返回值。下面来讨论其中的常用函数。

(1)**日期函数**

日期函数主要是对日期值进行运算的,根据用途产生日期数据类型或数值类型的结果。

1)sysdate,systimestamp

sysdate与systimestamp函数都是用于获得系统当前日期和时间,但systimestamp相对sysdate多了时区信息,而且还精确到秒后面的小数位6位。

```
SQL > Select sysdate from dual;

SYSDATE    SYSTIMESTAMP
------------- --------------------------------------------------
21-6月 -13  21-6月 -13 10.05.37.406000 上午 +08:00

SQL >
```

2)last_day(d)

last_day(d)函数返回指定日期所在月份的最后一天的日期值,d代表日期。

```
SQL > select last_day(sysdate) last_day from dual;

LAST_DAY
----------
30-6月 -13

SQL >
```

3)add_months(d,n)

add_months(d,n)函数返回当前日期d后推n个月后的日期,用于从一个日期值增加或减少一些月份。如果n为负数表示当前日期d向前推n个月后的日期,如果n为正数表示当前日期d向后推n个月后的日期。

```
SQL > select add_months(sysdate,2) from dual;

ADD_MONTHS
----------
21-8月 -13

SQL >
```

4)months_between(f,s)

months_between(f,s)函数是返回两个日期f和s之间相差月数(带有小数)。

```
SQL > select months_between(sysdate,to_date('201301','yyyymm')) m from dual;

         M
----------
4.65905802

SQL >
```

5)next_day(d, day_of_week)

next_day(d, day_of_week)函数返回由"day_of_week"命名的,在变量"d"指定的日期之后的第一个工作日的日期。参数"day_of_week"必须为该星期中的某一天。

```
SQL > select next_day(sysdate,7) from dual;

next_day(sysda
--------------
25 -5 月 -13
SQL >
```

6)current_date()

current_date()函数返回当前会话时区中的当前日期。

```
SQL > column sessiontimezone for a15
SQL > select sessiontimezone,current_date from dual;

SESSIONTIMEZONE CURRENT_DATE
--------------- --------------
+08:00          21 -5 月 -13

SQL > alter session set time_zone = '-11:00';

会话已更改。

SQL > select sessiontimezone,current_date from dual;

SESSIONTIMEZONE CURRENT_DATE
--------------- --------------
-11:00          20 -5 月 -13

SQL >
```

7)current_timestamp()

current_timestamp()函数以timestamp with time zone数据类型返回当前会话时区中的当前日期。

```
SQL > select current_timestamp from dual;

CURRENT_TIMESTAMP
---------------------------------------------
20 -5月 -13 03.43.53.469000 下午 -11:00

SQL > alter session set time_zone ='+8:00';

会话已更改。

SQL > select current_timestamp from dual;

CURRENT_TIMESTAMP
---------------------------------------------
21 -5月 -13 10.44.36.981000 上午 +08:00

SQL >
```

8)dbtimezone()

dbtimezone()函数返回时区。

```
SQL > select dbtimezone from dual;

DBTIME
------
-08:00
```

9)extract()

extract()函数用于从一个date或者interval类型中截取到特定的部分。

语法如下：

```
extract({year|month|day|hour|minute|second}|
        {timezone_hour|timezone_minute}|{timezone_region|timezone_abbr}
        from{date_value|interval_value})
```

可以从一个date类型中截取year,month,day(date日期的格式为yyyy-mm-dd);从一个timestamp with time zone的数据类型中截取timezone_hour和timezone_minute;获取两个日期之间的具体时间间隔,extract函数是最好的选择。

```
SQL > select sysdate,extract(year from sysdate) year from dual;

SYSDATE              YEAR
-------------- ----------
21-5月 -13           2013

SQL > select sysdate,extract(month from sysdate) month from dual;

SYSDATE             MONTH
-------------- ----------
21-5月 -13              5

SQL > select sysdate,extract(day from sysdate) day from dual;

SYSDATE               DAY
-------------- ----------
21-5月 -13             21

SQL > select extract(day from dt2-dt1) day
  2          ,extract(hour from dt2-dt1) hour
  3          ,extract(minute from dt2-dt1) minute
  4          ,extract(second from dt2-dt1) second
  5   from (
  6     select to_timestamp('2013-02-04 15:07:00','yyyy-mm-dd hh24:mi:ss') dt1
  7            ,to_timestamp('2013-05-17 19:08:46','yyyy-mm-dd hh24:mi:ss') dt2
  8     from dual);

       DAY       HOUR     MINUTE     SECOND
---------- ---------- ---------- ----------
       102          4          1         46

SQL > select extract(year from systimestamp) year
  2          ,extract(month from systimestamp) month
  3          ,extract(day from systimestamp) day
  4          ,extract(minute from systimestamp) minute
  5          ,extract(second from systimestamp) second
  6          ,extract(timezone_hour from systimestamp) th
  7          ,extract(timezone_minute from systimestamp) tm
```

```
  8          ,extract(timezone_region from systimestamp) tr
  9          ,extract(timezone_abbr from systimestamp) ta
 10  from dual   ;

  YEAR  MONTH    DAY   MINUTE  SECOND  TH   TM   TR   TA

 ------- ------- ----- ------- ------- ---- --- -------- -
-----------

  2013    5        21    11     56.876   8    0  UNKNOWN  UNKNOWN

SQL >
```

常用日期数据格式：

```
Y 或 YY 或 YYYY 年的最后一位,两位或四位。
SYEAR 或 YEAR SYEAR 使公元前的年份前加一负号。
Q 季度,1~3 月为第一季度。
MM 月份数(1~12)。
RM 月份的罗马表示。
Month 用 9 个字符长度表示的月份名。
Mon 用 3 个字符表示月份,如 Jan(注意大小写结果会有区别)。
WW 当年第几周。
W 本月第几周。
DDD 当年第几天,1 月 1 日为 001,2 月 1 日为 032。
DD 当月第几天(1~31),10 月 4 日为第 4 天。
D 周内第几天(1~7)。
DY 周内第几天缩写。
HH 或 HH12 或 HH24,HH12 表示 12 进制小时数,HH24 表示 24 小时制。
MI 分钟数(0~59)。
SS 秒数(0~59)。
```

10)trunc(date[,fmt])

trunc(date[,fmt])函数返回为指定日期 date 中按指定的日期格式中 fmt 位置后面的单值截去后所返回的日期值。

下面是该函数的使用情况：

trunc(sysdate) = '21 -5 月 -2013 12:00:00 am'

trunc(sysdate,'hh') = '21 -5 月 -2013 08:00:00 am'

trunc(sysdate,'yyyy') --返回当年第一天。

trunc(sysdate,'mm') --返回当月第一天。

trunc(sysdate,'d') --返回当前星期的第一天。

trunc(sysdate,'dd') --返回当前年月日

```
SQL > select trunc(sysdate,'mm') from dual;

TRUNC(SYSDATE,
--------------
01 -5 月 -13

SQL >
```

trunc 函数也可以是返回处理后的数值,其工作机制与 round 函数极为类似,只是该函数不对指定小数前或后的部分作相应舍入选择处理,而统统截去。其具体的语法格式如下:

trunc(number[,decimals])

其中:number 待作截取处理的数值,decimals 指明需保留小数点后面的位数。可选项,忽略它则截去所有的小数部分。

下面是该函数的使用情况:

trunc(89.985,2) = 89.98

trunc(89.985) = 89

trunc(89.985, -1) = 80

注意:第二个参数可以为负数,表示为小数点左边指定位数后面的部分截去,即均以 0 记。与取整类似,比如参数为 1 即取整到十分位,如果是 -1,则是取整到十位,以此类推。

11)round()

round(date,[fmt])函数跟 trunc()一样,都是返回日期值,唯一不同的是 round 是在 fmt 后面进行四舍五入,而 trunc 是在 fmt 后面截掉。

同样,round 也可以对数值进行四舍五入。

(2)**字符函数**

字符函数接受字符输入,并返回字符或数值。表 7.7 列出了常用的 Oracle 支持的字符函数。

表 7.7 Oracle SQL 字符函数表

函　数	功能(注释)
ASCII(char)	计算 char 的第一个字符的 ASCII 值或 EBCDIC 码值(函数返回值取决于计算机系统采用的字符)
CHAR(n)	计算 ASCⅡ码值或 EBCDIC 码值是 n 的字符(函数 n 依赖于计算机系统采用的字符集,n 的取值为 0 ~ 127 或 0 ~ 254)
INITCAP(char)	将 char 串口的每个单词的首字母变成大写,其余字母变为小写(单词之间用数字、空格、逗号、顿号、冒号、分号、句号、1、@、#、$ 等字符分隔)

续表

函　数	功能（注释）
INSTR(char1,char[,m[,n]])	求char1中从m位置起char2第n次出现的位置（m,n缺省值为1，当 >0 时,表示从char1的首部起始(从左向右)正向搜索;n <0 时,表示从char1的尾部起始(从右向左)反向搜索）
LENGTH(char)	计算字符串char的长度
LOWER(char)	将char中所有的字母改成小写
LPAD(char1,n[,char2])	从左侧用char2补齐char1至长度n（char2省略时,用空格填充,n < char1的长度时,表示截取char1从左至右侧n个字符）
RPAD(char1,n[,char2])	从右侧用char2补齐char1至长度n（char2省略时,用空格填充,n < char1的长度时,表示截取char1右侧n个符）
LTRIM(char[,SET])	把char1中最左侧的若干个字符去掉,以使其首字符不在SET中（SET表示单个字符组在的字符集合。SET若被省略时,表示截取char左边的前置空格）
RTRIM(char[,SET])	把char中最右侧的若干个字符去掉,以使其尾字符不在SET中（SET表示单个字符组成的字符集合。SET若被省略时,表示截取char右边的后置空格）
REPLACE(char1,char2[,char3]	将char1中出现的所有char2用char3来代替（char2和char3同时被省略时,函数返回null,仅char3省略时,则表示删除char1中出现的所有char2）
SOUNDEX(char)	求与char中一个或多个单词发音相同的字符串
SUBSTR(char,m[,n])	返回char中第m个字符起始n个字符长的子串（n省略时,表示截取char中第m个字符后的子串）
TRANSLATE(char1,from,to)	将from字符集转换为to字符集,char中以from表达的字符用to中相对应的字符所代替
UPPER(char)	将char中所有的字母改为大写

下面具体介绍一下字符函数。

1)lpad(c1,[c2,i])、rpad(c1,[c2,i])

在lpad(c1,[c2,i])函数中,c1,c2均为字符串,i为整数。在c1的左侧用c2字符串补足致长度i,可多次重复,如果i小于c1的长度,那么只返回i那么长的c1字符,其他的将被截去。c2的缺省值为单空格。而rpad(c1,[c2,i])则是在右边补充足至长度i的字符串,其他相同。

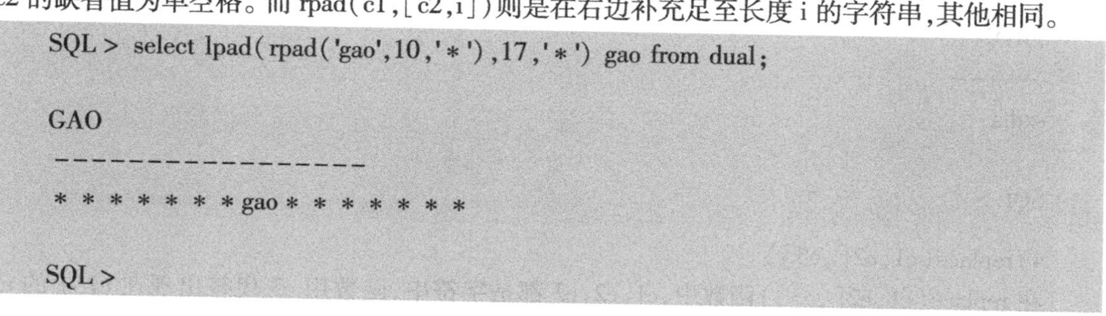

```
SQL > select lpad(rpad('gao',10,'*'),17,'*') gao from dual;

GAO
-----------------
*******gao*******

SQL >
```

2) ltrim(c1,c2)、rtrim(c1,c2)

ltrim(c1,c2)函数是返回将 c1 中最左边的字符去掉,使其第一个字符不在 c2 中的 c1 返回,如果没有 c2,那么 c1 就不会改变,直接返回 c1。而 rtrim(c1,c2)则是在右边的字符去掉,其他相同。

```
SQL > select rtrim(ltrim('mississippisimisimmis','mis'),'mis') trim from dual;

TR
--
pp

SQL >
```

3) trim(c1 from c2)

trim(c1 from c2)函数是从开头或结尾(或开头与结尾)剪掉特定的字符,默认剪掉空格。此函数组合了 ltrim 与 rtrim 的功能。当指定 leading 选项时,此函数与 ltrim 函数相似,将 c2 相等的开头字符去掉。语法如下:

trim([[leading|trailing] c1] from c2)

```
SQL > select trim(leading 'x' from 'xsxdfsxxxx') from dual;

TRIM(LEAD
---------
sxdfsxxxx

SQL > select trim(trailing 'x' from 'xsxdfsxxxx') from dual;

TRIM(T
------
xsxdfs

SQL > select trim('x' from 'xsxdfsxxxx') from dual;

TRIM(
-----
sxdfs

SQL >
```

4) replace(c1,c2[,c3])

在 replace(c1,c2[,c3])函数中,c1,c2,c3 都是字符串,函数用 c3 代替出现在 c1 中的 c2

后返回。

```
SQL > select replace('uptownpu','up','down') from dual;

REPLACE('U
----------
downtownpu

SQL >
```

5) translate(c1,c2,c3)

translate(c1,c2,c3)函数将c1中与c2相同的字符以c3代替。

```
SQL > select translate('fumblef','uf','ar') test from dual;

TEST
-------
rambler

SQL >
```

6) stbstr(c1,i[,j])

在stbstr(c1,i[,j])函数中,c1为一字符串,i,j为整数,从c1的第i位开始返回长度为j的子字符串,如果j为空,则直到串的尾部。

```
SQL > select substr('message',1,4) from dual;

SUBS
----
mess

SQL >
```

7) decode()

decode函数是Oracle PL/SQL的功能强大的函数之一,目前还只有Oracle公司的SQL提供了此函数,其他数据库厂商的SQL实现还没有此功能。在逻辑编程中,经常用到if-then-else进行逻辑判断。在decode的语法中,实际上就是这样的逻辑处理过程。其语法如下:

decode(value, if1, then1, if2,then2, if3,then3, … else)

Value代表某个表的任何类型的任意列或一个通过计算所得的任何结果。当每个value值被测试,如果value的值为if1,decode函数的结果是then1;如果value等于if2,decode函数结果是then2;等等。事实上,可以给出多个if/then配对。如果value结果不等于给出的任何配对时,decode结果就返回else。需要注意的是,这里的if、then及else都可以是函数或计算表达式。

下面来看 decode 的一个简单例子,Oracle 系统中就有许多数据字典是使用 decode 思想设计的,比如记录会话信息的 v $session 数据字典视图就是这样。当用户登录成功后在 v $sessiion 中就有该用户的相应记录,但用户所进行的命令操作在该视图中只记录命令的代码(0—没有任何操作,2—insert 等,而不是具体的命令关键字。因此需要了解当前各个用户的名字及他们所进行的操作时,要以 system 连接到数据库,用下面 SQL 才能得到详细的结果:

```
SQL > select sid,serial#,username,
  2     decode(command,
  3     0,'None',
  4     2,'Insert',
  5     3,'Select',
  6     6,'Update',
  7     7,'Delete',
  8     8,'Drop',
  9     'Other') command
 10  from v $session
 11  where username is not null;

       SID    SERIAL# USERNAME                          COMMAN
---------- ---------- ------------------------------ ------
        13       4362 SYSMAN                            None
        15        103 DBSNMP                            None
        63       2553 SYSMAN                            None
        68         64 SYSMAN                            None
        69       4781 SCOTT                             None
        71         76 DBSNMP                            None
       138          7 SYSMAN                            Other
       196         11 DBSNMP                            None
       202       1035 SYSTEM                            Select

已选择 9 行。

SQL >
```

(3)**数学函数**

数学函数接受数字输入并返回数值作为输出结果。下面列出了部分 Oracle 的 SQL 数学函数。

1) abs

返回指定值的绝对值。

```
SQL > select abs(100),abs( -100) from dual;
ABS(100)    ABS( -100)
---------  ---------
100    100

SQL >
```

2) acos

给出反余弦的值。

```
SQL > select acos( -1) from dual;
ACOS( -1)
---------
3.1415927

SQL >
```

3) asin

给出反正弦的值。

```
SQL > select asin(0.5) from dual;
ASIN(0.5)
---------
.52359878

SQL >
```

4) atan

返回一个数字的反正切值。

```
SQL > select atan(1) from dual;
ATAN(1)
---------
.78539816

SQL >
```

5) cell

返回大于或等于给出数字的最小整数。

```
SQL > select ceil(3.1415927) from dual;
CEIL(3.1415927)
---------------
4

SQL >
```

6)cos

返回一个给定数字的余弦。

```
SQL > select cos( -3.1415927) from dual;
COS( -3.1415927)
---------------
-1

SQL >
```

7)cosh

返回一个数字反余弦值。

```
SQL > select cosh(20) from dual;
COSH(20)
---------
242582598

SQL >
```

8)exp

返回一个数字 e 的 n 次方根。

```
SQL > select exp(2),exp(1) from dual;
EXP(2)    EXP(1)
--------- ---------
7.3890561 2.7182818

SQL >
```

9)floor

对给定的数字取整数。

```
SQL > select floor(2345.67) from dual;
FLOOR(2345.67)
--------------
```

```
2345

SQL >
```

10)ln

返回一个数字的对数值。

```
SQL > select ln(1),ln(2),ln(2.7182818) from dual;
LN(1) LN(2) LN(2.7182818)
--------- --------- -------------
0 .69314718 .99999999

SQL >
```

11)log(n1,n2)

返回一个以 n1 为底 n2 的对数。

```
SQL > select log(2,1),log(2,4) from dual;
LOG(2,1) LOG(2,4)
--------- ---------
0         2

SQL >
```

12)mod(n1,n2)

返回一个 n1 除以 n2 的余数。

```
SQL > select mod(10,3),mod(3,3),mod(2,3) from dual;
MOD(10,3) MOD(3,3) MOD(2,3)
--------- -------- ---------
1         0        2

SQL >
```

13)power

返回 n1 的 n2 次方根。

```
SQL > select power(2,10),power(3,3) from dual;
POWER(2,10) POWER(3,3)
----------- ----------
1024              27

SQL >
```

14) round 和 trunc

按照指定的精度进行舍入。

```
SQL > select round(55.5),round( -55.4),trunc(55.5),trunc( -55.5) from dual;
ROUND(55.5) ROUND( -55.4) TRUNC(55.5) TRUNC( -55.5)
----------- ------------ ----------- ------------
56                 -55            55          -55

SQL >
```

15) sign

取数字 n 的符号,大于 0 返回 1,小于 0 返回 -1,等于 0 返回 0。

```
SQL > select sign(123),sign( -100),sign(0) from dual;
SIGN(123) SIGN( -100) SIGN(0)
--------- ---------- ---------
1               -1           0

SQL >
```

16) sin

返回一个数字的正弦值。

```
SQL > select sin(1.57079) from dual;
SIN(1.57079)
------------
1

SQL >
```

17) sigh

返回双曲正弦的值。

```
SQL > select sin(20),sinh(20) from dual;
SIN(20)    SINH(20)
--------- ---------
.91294525   242582598

SQL >
```

18) sqrt

返回数字 n 的根。

```
SQL > select sqrt(64),sqrt(10) from dual;
SQRT(64)    SQRT(10)
---------  ---------
8    3.1622777

SQL >
```

19) tan

返回数字的正切值。

```
SQL > select tan(20),tan(10) from dual;
TAN(20)    TAN(10)
---------  ---------
2.2371609 .64836083

SQL >
```

20) tanh

返回数字 n 的双曲正切值。

```
SQL > select tanh(20),tan(20) from dual;
TANH(20)    TAN(20)
---------  ---------
1    2.2371609

SQL >
```

21) trunc

按照指定的精度截取一个数。

```
SQL > select trunc(124.1666, -2) trunc1,trunc(124.16666,2) from dual;
TRUNC1    TRUNC(124.16666,2)
---------  ------------------
100    124.16

SQL >
```

(4) **转换函数**

转换函数是将值从一种数据类型转换为另一种数据类型。常用的转换函数有下述几种。

1) to_char()

在 to_char(date|number[,fmt])函数中,date 表示日期,number 表示数字,fmt 指定日期或数字的格式。to_char()转换函数是将日期或数字以 fmt 指定的格式转换为 varchar2 数据类型的值。如果缺省了 fmt,那么日期或数字将以默认的格式转换为 varchar2 类型,格式模型 fmt 前面已经讲解过了。

```
SQL > select to_char(sysdate,'yyyy - mm - dd hh24:mi:ss') from dual;

to_char(SYSDATE,'YY
-------------------
2013 -05 -21 16:44:49

SQL > select to_char(15683.586,'999,999.00') from dual;

to_char(156
-----------
  15,683.59

SQL > insert into t3 values('刘妹',to_date('1993 -05 -20:15:26','yyyy - mm - dd hh24:mi
'));

已创建 1 行。

SQL > select name,to_char(birthday,'yyyy"年"mm"月"dd"日"hh24"时"mi"分"ss"秒" ')
birthday from t3;

NAME       birthday
--------  -------------------------
johnson   2013 年 05 月 21 日 00 时 00 分 00 秒
刘妹       1993 年 05 月 20 日 15 时 26 分 00 秒

SQL >
```

2) to_date()

to_date(char[,fmt])函数将 char 或 varchar 数据类型转换为日期数据类型,格式模型 fmt 前面已经讲解过了。

```
SQL > select to_date('2013 -05 -21','yyyy - mm - dd') from dual;

to_date('2013 -
```

```
--------------
21 -5 月 -13

SQL >
```

注意:这里显示的“21 -5 月 -13”其实是将系统中的日期类型又隐式调用了 to_char 转换函数,是按照系统默认的格式转换成字符串在客户端显示的。再如:

```
SQL > create table t3(name varchar2(8),birthday date);

表已创建。

SQL > insert into t3 values('johnson',to_date('2013 -05 -21','yyyy -mm -dd'));

已创建 1 行。

SQL > select * from t3;

NAME     BIRTHDAY
-------- --------------
johnson  21 -5 月 -13

SQL >
```

3)to_number()

to_number()函数是将包含数字的字符串转换为 number 数据类型,从而可以对该数据类型执行算术运算。但通常不必这样做,因为 Oracle 可以对数字字符串进行隐式转换。

```
SQL > select sqrt(to_number('10000')) from dual;

sqrt(to_number('10000'))
------------------------
                     100

SQL > select sqrt('10000') from dual; --不出错,说明可以隐式转换

SQRT('10000')
-------------
          100

SQL >
```

(5)其他函数

1)nvl

nvl(e1,e2)函数将空值替换为指定的值。当 e1 的值为 null 时,函数返回 e2 表达式的值;当 e1 的值不为 null 时,则 nvl 返回 e1 的值。

在下面的例子中,如果 comm 字段的值为空则返回 0,否则就返回它本身。

```
SQL > select empno,ename,deptno,comm,nvl(comm,0) nvl0 from emp;

     EMPNO ENAME                DEPTNO       COMM       NVL0
---------- ---------- ---------- ---------- ----------
      7369 SMITH                    20                     0
      7499 ALLEN                    30        300        300
      7521 WARD                     30        500        500
      7566 JONES                    20                     0
      7654 MARTIN                   30       1400       1400
      7698 BLAKE                    30                     0
      7782 CLARK                    10                     0
      7788 SCOTT                    20                     0
      7839 KING                     10                     0
      7844 TURNER                   30          0          0
      7876 ADAMS                    20                     0
      7900 JAMES                    30                     0
      7902 FORD                     20                     0
      7934 MILLER                   10                     0
      1001 johnson                  10                     0

已选择 15 行。

SQL >
```

2)nvl2

nvl2(e1,e2,e3)函数将空值替换为指定的值。当 e1 的值为 null 时,函数返回 e3 表达式的值;当 e1 的值不为 null 时,则 nvl2 返回 e2 的值。

在下面的例子中,如果 comm 字段的值为空则返回 0,否则就将是它本身值的 1.5 倍。

```
SQL > select empno,ename,deptno,comm,nvl2(comm,comm*1.5,0) nvl0 from emp;

     EMPNO ENAME                DEPTNO       COMM       NVL0
---------- ---------- ---------- ---------- ----------
      7369 SMITH                    20                     0
```

```
      7499 ALLEN                30        300          450
      7521 WARD                 30        500          750
      7566 JONES                20                       0
      7654 MARTIN               30       1400         2100
      7698 BLAKE                30                       0
      7782 CLARK                10                       0
      7788 SCOTT                20                       0
      7839 KING                 10                       0
      7844 TURNER               30          0            0
      7876 ADAMS                20                       0
      7900 JAMES                30                       0
      7902 FORD                 20                       0
      7934 MILLER               10                       0
      1001 johnson              10                       0

已选择 15 行。

SQL >
```

3) nullif

nullif(e1,e2)函数将 e1 与 e2 两个表达式进行比较,如果当 e1 的值与 e2 的值相等时,则返回为 null,否则就返回 e1 表达式的值。

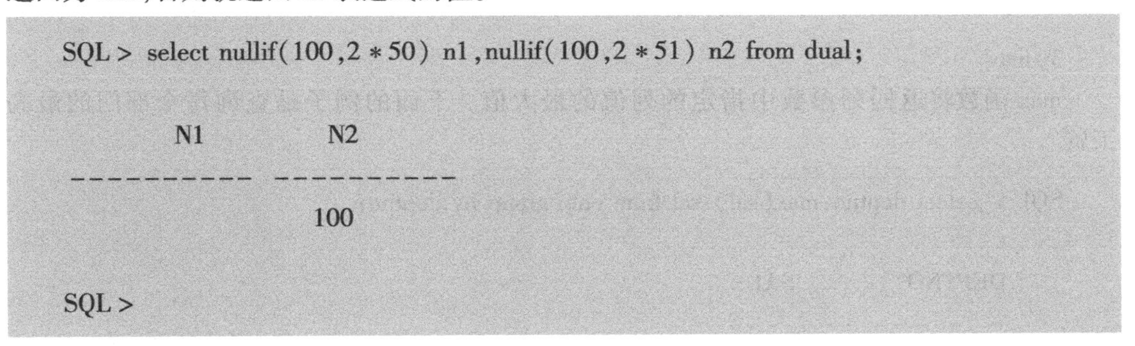

```
SQL > select nullif(100,2 * 50) n1,nullif(100,2 * 51) n2 from dual;

        N1         N2
---------- ----------
                  100

SQL >
```

(6)**分组函数**

分组函数基于某一组行数据按某种分配方法聚合成一行数据返回结果,即为每一级行返回单个值。现介绍 Oracle 支持的分组函数(其实与 MS SQL Server 是相同的)。

1) avg

avg 函数将返回列参数中指定的列值的平均值。下面的例子是查询每个部门的平均工资。

```
SQL > select deptno,avg(sal) sal from emp group by deptno;

    DEPTNO        SAL
---------- ----------
        30 1566.66667
        20       2175
        10     3312.5

SQL >
```

2) min

min 函数将返回列参数中指定的列值的最小值。下面的例子是查询每个部门的最低工资。

```
SQL > select deptno,min(sal) sal from emp group by deptno;

    DEPTNO        SAL
---------- ----------
        30        950
        20        800
        10       1300

SQL >
```

3) max

max 函数将返回列参数中指定的列值的最大值。下面的例子是查询每个部门的最高工资。

```
SQL > select deptno,max(sal) sal from emp group by deptno;

    DEPTNO        SAL
---------- ----------
        30       2850
        20       3000
        10       5000

SQL >
```

4) sum

sum 函数将返回列参数中指定的列值的总和。下面的例子是查询每个部门的工资总和。

```
SQL > select deptno,sum(sal) sal from emp group by deptno;

    DEPTNO        SAL
---------- ----------
        30       9400
        20      10875
        10      13250

SQL >
```

5) count

count 函数是为了计算一组记录的行数,其可以接受 3 种不同的参数。

①count(*):带*参数的是统计所有行,包括重复值与空值的行。

②count(column_name):带列名的是统计指定列中非空值的个数。

③count(distinct column_name):带列名并且在列名前加了 distinct 关键字来修饰,其作用是在统计时除去重复的值。

```
SQL > select deptno,empno,ename,mgr from emp order by deptno;

    DEPTNO      EMPNO ENAME             MGR
---------- ---------- ---------- ----------
        10       7782 CLARK            7839
        10       1001 johnson
        10       7839 KING
        10       7934 MILLER           7782
        20       7566 JONES            7839
        20       7369 SMITH            7902
        20       7788 SCOTT            7566
        20       7902 FORD             7566
        20       7876 ADAMS            7788
        30       7844 TURNER           7698
        30       7499 ALLEN            7698
        30       7900 JAMES            7698
        30       7521 WARD             7698
        30       7654 MARTIN           7698
        30       7698 BLAKE            7839

已选择 15 行。
```

```
SQL > select deptno,count( * ) c1,count(mgr) c2,count(distinct mgr) c3 from emp group
by deptno;

    DEPTNO         C1         C2         C3
---------- ---------- ---------- ----------
        30          6          6          2
        20          5          5          4
        10          4          2          2

SQL >
```

分组函数包括上述 5 个,而分组过程中所用到的 group by 子句以及 having 子句,与 SQL Server 中的用法一样,这里不再作详细讲解。

(7)**分析函数**

分析函数是根据一组行来计算聚合值。这些函数通常用来完成对聚集的累计排名、移动平均数与一些财务报表等计算。在此将讲解 3 个分析函数。

1)row_number

row_number 为有序组中的每一行(划分组的行或查询返回的行)返回一个唯一的排序值,序号由 order by 子句指定,从 1 开始。Row_number 函数的语法为:

row_number( ) over ([partition by column] order_by_clause)

例 7.26 对全公司的员工工资进行排名,即使工资相同,其排名也不能相同。

```
SQL > select empno,ename,job,deptno,sal,
  2  row_number( ) over (order by sal desc) as sal_rank
  3  from emp;

     EMPNO ENAME      JOB          DEPTNO        SAL   SAL_RANK
---------- ---------- --------- ---------- ---------- ----------
      7839 KING       PRESIDENT        10       5000          1
      1001 johnson                     10       4500          2
      7902 FORD       ANALYST          20       3000          3
      7788 SCOTT      ANALYST          20       3000          4
      7566 JONES      MANAGER          20       2975          5
      7698 BLAKE      MANAGER          30       2850          6
      7782 CLARK      MANAGER          10       2450          7
      7499 ALLEN      SALESMAN         30       1600          8
      7844 TURNER     SALESMAN         30       1500          9
```

```
      7934 MILLER     CLERK              10       1300         10
      7521 WARD       SALESMAN           30       1250         11
      7654 MARTIN     SALESMAN           30       1250         12
      7876 ADAMS      CLERK              20       1100         13
      7900 JAMES      CLERK              30        950         14
      7369 SMITH      CLERK              20        800         15

已选择15行。

SQL>
```

例7.27 对全公司的员工工资在各部门进行排名,即使工资相同,其排名也不能相同。

```
SQL> select empno,ename,job,deptno,sal,
  2    row_number() over (partition by deptno order by sal desc) as sal_rank
  3  from emp;

     EMPNO ENAME      JOB           DEPTNO        SAL   SAL_RANK
---------- ---------- --------- ---------- ---------- ----------
      7839 KING       PRESIDENT         10       5000          1
      1001 johnson                      10       4500          2
      7782 CLARK      MANAGER           10       2450          3
      7934 MILLER     CLERK             10       1300          4
      7788 SCOTT      ANALYST           20       3000          1
      7902 FORD       ANALYST           20       3000          2
      7566 JONES      MANAGER           20       2975          3
      7876 ADAMS      CLERK             20       1100          4
      7369 SMITH      CLERK             20        800          5
      7698 BLAKE      MANAGER           30       2850          1
      7499 ALLEN      SALESMAN          30       1600          2
      7844 TURNER     SALESMAN          30       1500          3
      7654 MARTIN     SALESMAN          30       1250          4
      7521 WARD       SALESMAN          30       1250          5
      7900 JAMES      CLERK             30        950          6

已选择15行。

SQL>
```

2) rank

rank 函数计算一个值在一组值中的排位,排位是以 1 开头的连续整数,具有相等值的行排位相同,序数随后显示相应的数值。即,如果 3 行的序数为 2,则第三行的序数为 2,第四行则直接跳跃为 5。rank 函数的语法为:

rank( ) over ([partiton by column] order_by_clause)

下面的例子是根据员工的工资对员工在每个部门中进行排位,相同的工资排位相同,但排位不连续。

```
SQL > ed
已写入 file afiedt. buf

  1  select empno,ename,job,deptno,sal,
  2    rank( ) over (partition by deptno order by sal desc) as sal_rank
  3 * from emp
SQL > /

     EMPNO ENAME      JOB           DEPTNO        SAL   SAL_RANK
 ---------- ---------- --------- ---------- ---------- ----------
      7839 KING       PRESIDENT         10       5000          1
      1001 johnson                      10       4500          2
      7782 CLARK      MANAGER           10       2450          3
      7934 MILLER     CLERK             10       1300          4
      7788 SCOTT      ANALYST           20       3000          1
      7902 FORD       ANALYST           20       3000          1
      7566 JONES      MANAGER           20       2975          3
      7876 ADAMS      CLERK             20       1100          4
      7369 SMITH      CLERK             20       800           5
      7698 BLAKE      MANAGER           30       2850          1
      7499 ALLEN      SALESMAN          30       1600          2
      7844 TURNER     SALESMAN          30       1500          3
      7654 MARTIN     SALESMAN          30       1250          4
      7521 WARD       SALESMAN          30       1250          4
      7900 JAMES      CLERK             30       950           6

已选择 15 行。

SQL >
```

3) dense_rank

dense_rank 函数计算一个值在一组值中的排位，排位是以 1 开头的连续整数，具有相等值的行排位相同，并且排位是连续的。即，如果 3 行的序数为 2，则第三行的序数为 2，第四行则为 3。dense_rank 函数的语法为：

dense_rank( ) over ([partition by column] order_by_clause)

下面的例子是根据员工的工资对员工在每个部门中进行排位，相同的工资排位相同，但排位连续。

```
SQL > ed
已写入 file afiedt. buf

  1  select empno, ename, job, deptno, sal,
  2     dense_rank( ) over (partition by deptno order by sal desc) as sal_rank
  3 * from emp
SQL > /

     EMPNO ENAME      JOB          DEPTNO         SAL   SAL_RANK
---------- ---------- --------- ---------- ---------- ----------
      7839 KING       PRESIDENT         10       5000          1
      1001 johnson                      10       4500          2
      7782 CLARK      MANAGER           10       2450          3
      7934 MILLER     CLERK             10       1300          4
      7788 SCOTT      ANALYST           20       3000          1
      7902 FORD       ANALYST           20       3000          1
      7566 JONES      MANAGER           20       2975          2
      7876 ADAMS      CLERK             20       1100          3
      7369 SMITH      CLERK             20        800          4
      7698 BLAKE      MANAGER           30       2850          1
      7499 ALLEN      SALESMAN          30       1600          2
      7844 TURNER     SALESMAN          30       1500          3
      7654 MARTIN     SALESMAN          30       1250          4
      7521 WARD       SALESMAN          30       1250          4
      7900 JAMES      CLERK             30        950          5

已选择 15 行。
```

思考练习

一、选择题

1. 数据定义语言是用于(　　)的方法。

A. 确保数据的准确性　　B. 定义和修改数据结构

C. 查看数据　　D. 删除与更新数据

2. (　　)语句将为计算列 sal * 12 生成别名为 Salary。

A. select ename, sal * 12 'Salary' from emp;

B. select ename, sal * 12 "Salary" from emp;

C. select ename, sal * 12 as Salary from emp;

D. select ename, sal * 12 as Initcap('Salary') from emp;

3. 在 select 语句中使用(　　)子句来只显示工资超过 5 000 的员工。

A. order by salary >5 000　　B. group by salary >5 000

C. having by salary >5 000　　D. where salary >5 000

4. (　　)函数通常用来计算累计排名、移动平均数与财务报表聚合等。

A. 汇总　　B. 分析

C. 分组　　D. 单行

5. 将两个字符串的值合起来成为一个字符串是用(　　)号。

A. +　　B. |

C. ||　　D. union

6. 下面哪些函数不是用来从一种类型转换为另一种类型的?(　　)。

A. to_char()　　B. to_date()

C. to_number()　　D. convert()

7. 在 scott 用户的 emp 表中，下面(　　)语句能正确查询 mgr 字段值为空的记录。

A. select * from emp where mgr = null;

B. select * from emp where mgr < > null;

C. select * from emp where mgr is null;

D. select * from emp where mgr = ' ';

8. Oracle 中 SQL 的数据库类型中，varchar2 的最大数值长度为(　　)。

A. 2 000　　B. 4 000

C. 32 767　　D. 2 GB

9. 希望在查询时能显示出连续的数值以表示数据所在行的行号，可以采用(　　)来实现。

A. 在表中增加一个行号的字段　　B. 伪列 ROWID

C. 伪列 ROWNUM　　D. 自增长列

10. 两个查询集合合并在一起，相同数据会被过滤掉，可用(　　)集合操作符。

A. union　　B. union all

C. intersect　　　　D. minus

二、简答题

1. 简述 Oracle 中 SQL 语句有哪几种,其分别包括哪些语句?

2. 用自己的语言描述 truncate table 命令与 delete 命令的异同。

三、代码题

写一段 SQL 语句,找出系统日期当月所有的周五是哪几天?

项目 8
视　图

【学习目标】

1. 关系视图。
2. 内嵌视图。
3. 物化视图。

【必备知识】

用户平时在查询数据表的数据时,有些数据集是经常要进行查询的,根据用户的经验可知,每次查询都需要重复输入之前的那个查询语句,除非该查询的客户端没有关闭。对于简单的查询来说,每次重复录入工作量不大就没有多大关系,但对于复杂的且经常查询的 SQL 语句来说可就麻烦了。为了解决这个问题,Oracle 数据库与其他关系型数据库一样,提供了视图这个对象,本章主要内容为 Oracle 数据库中的视图。

任务 8.1　视图定义

视图(view)也称虚表, 不占用物理空间,是个相对概念,因为视图本身的定义语句还是要存储在数据字典里,视图只有逻辑定义。每次使用时,只是重新执行 SQL。视图是从一个或多个实际表中获得的,这些表的数据存放在数据库中。那些用于产生视图的表称为该视图的基表。一个视图也可以从另一个视图中产生。视图的定义存在数据库中,与此定义相关的数据并没有再存一份于数据库中。通过视图看到的数据存放在基表中。视图看上去非常像数据库的物理表,对其操作同任何其他的表一样。当通过视图修改数据时,实际上是在改变基表中的数据;相反来说,基表数据的改变也会自动反映在由基表产生的视图中。

Oracle 中有 4 种类型的视图:

①关系视图。

②内嵌视图。

③对象视图。

④物化视图。

这4种类型的视图为数据建模者和应用开发者提供了许多强化案例、增强性能，以及让查询更容易的工具。关系视图就是以前在SQL Server中讲过的视图，用户平时所说的视图就是指关系视图。对象视图是Oracle中的对象-关系特性，其可让开发者和建模者在关系数据之上建立对象层，以便他们可以使用对象并且利用面向对象的功能对现实世界实体建模。物化视图可以让开发者计算视图结果，并且存储这些值，进而使用户查询的响应时间更快，简而言之，视图具有下述优点。

①通过限制对表中预定的一组行和列的访问。视图提供了另一种级别的表安全性。

②视图隐藏了数据的复杂性。一个视图可能是用一个连接来定义的，其是多个表的相关列或相关行的集合。视图隐藏了这样一个事实，即此信息实际上来自多个表。

③视图简化了用户的命令，因为视图允许用户从多个表中选择信息，而用户不必实际知道如何执行连接。

④视图将应用程序与基表定义的修改隔离开。例如，一个视图引用了4列表中的3个列，现在，如果要向该表添加第五列，则视图的定义不会受影响，而且使用该视图的所有应用程序也不受影响。

⑤视图通过重命名列，从另一个角度（相对于基表）提供了数据，而不影响基表。

任务8.2　关系视图

关系视图（relational view）基本上就是经过存储的查询，可以将它的输出看成一个表。它就是基于关系数据的存储对象。关系视图通常简称为视图，与前面定义的一样，它即是一张虚拟表，可以像查询表一样地查询视图，也能够在可以使用表的任何领域使用视图。然而，从关系视图中获取的数据仍然存储在基本表中，而不是存储于视图中。因此，视图本身只占用了很少的存储空间，其只在数据字典中存储了视图定义本身。关系视图可以建立在物理数据库表（基本表）上，也可以建立在其他视图上，或者同时建立在两者之上。它们具有与表相同的最大许可列数量的限制，都能够拥有最多1 000个列。视图也可以与表一样进行insert、update、delete的操作，不过这些操作可能会有一些限制（在后面将会详细讨论）。

（1）创建视图

创建完整关系视图的语法比较复杂，但是很多选项用户可能不常用，因此这里只讲述常用的选项。

```
create [or replace] [force|noforce] view view_name [(alias1, [alias2]…,[aliasN])]
as <select_query>
[with check option [constraint constraint]]
[with read only];
```

下面对语法中的关键字进行解释。

or replace：如果视图已经存在，此选项将重新创建并替换该视图。

force：如果使用此关键字，则无论基表是否存在，都将创建视图，但创建的视图不能查询，需要基表对应的字段创建后并重新编译此视图后才可以查询。

noforce：这是默认值。如果使用此关键字，则仅当基表存在时才创建视图。

view_name：表示要创建的视图的名称。

alias1…aliasN：指定由视图的查询所选择的表达式或列的别名。别名的数目必须与视图所选择表达式的数目相匹配。

select_query：表示 SELECT 语句。

with check option：此选项指定只能插入或更新视图可以访问的行。术语 constraint 表示为 CHECK OPTION 约束指定的名称。

with read only：此选项确保不能在此视图上执行任何修改操作。

下面来看一个简单的例子：

```
SQL > create or replace view v_emp as select empno,ename,sal from emp;

视图已创建。

SQL >
```

上面的案例是一个能查询到员工信息与部门信息的视图，这里实际上访问 EMP 表的所有行，但只返回了 3 列。这个 V_EMP 视图用户可以对其进行增、删、改、查的操作，现在来看下面操作的例子。

```
SQL > insert into v_emp values(1002,'mike',6000);

已创建 1 行。

SQL > update v_emp set sal = sal * 1.2 where empno = 1002;

已更新 1 行。

SQL > select * from v_emp;

     EMPNO ENAME             SAL
---------- ---------- ----------
      1002 mike             7200
      7369 SMITH             800
      7499 ALLEN            1600
      7521 WARD             1250
      7566 JONES            2975
      7654 MARTIN           1250
      7698 BLAKE            2850
```

```
      7782 CLARK              2450
      7788 SCOTT              3000
      7839 KING               5000
      7844 TURNER             1500
      7876 ADAMS              1100
      7900 JAMES               950
      7902 FORD               3000
      7934 MILLER             1300
      1001 johnson            4500
```

已选择 16 行。

```
SQL > select empno,ename,sal from emp;

     EMPNO ENAME             SAL
---------- ---------- ----------
      1002 mike             7200
      7369 SMITH             800
      7499 ALLEN            1600
      7521 WARD             1250
      7566 JONES            2975
      7654 MARTIN           1250
      7698 BLAKE            2850
      7782 CLARK            2450
      7788 SCOTT            3000
      7839 KING             5000
      7844 TURNER           1500
      7876 ADAMS            1100
      7900 JAMES             950
      7902 FORD             3000
      7934 MILLER           1300
      1001 johnson          4500
```

已选择 16 行。

```
SQL > delete from v_emp where empno = 1002;
```

已删除 1 行。

```
SQL > select * from v_emp where empno = 1002;

未选定行

SQL > select * from emp where empno = 1002;

未选定行

SQL >
```

从上面的案例中可以看出，关系视图与表一样，可以进行增加、删除、修改、查询等 DML 操作。用户应该明确，视图实际上是没有存储数据的，其只存储了视图对应的 SQL 语句。因此，对视图的增加、删除、修改、查询实际上是对视图对应的基表进行了增加、删除、修改、查询的操作。

上面视图的基表只有一个，其实视图可以来自多张基表的数据，也就是说，视图中的查询语句可以是一个很复杂的统计 SQL 语句。下面这个安全是来自 EMP 表与 DEPT 表的数据，用于查看员工对应的部门信息。

```
SQL >create or replace view v_emp1 as
  2    select e.empno,e.ename,e.sal,d.deptno,d.dname
  3    from dept d,emp e
  4   where d.deptno = e.deptno;

视图已创建。

SQL > select * from v_emp1;

     EMPNO ENAME                 SAL     DEPTNO DNAME
---------- ---------- ---------- ---------- --------------
      7782 CLARK                2450         10 ACCOUNTING
      1001 johnson              4500         10 ACCOUNTING
      7839 KING                 5000         10 ACCOUNTING
      7934 MILLER               1300         10 ACCOUNTING
      7566 JONES                2975         20 RESEARCH
      7369 SMITH                 800         20 RESEARCH
      7788 SCOTT                3000         20 RESEARCH
      7902 FORD                 3000         20 RESEARCH
      7876 ADAMS                1100         20 RESEARCH
      7844 TURNER               1500         30 SALES
```

```
      7499 ALLEN                1600          30 SALES
      7900 JAMES                 950          30 SALES
      7521 WARD                 1250          30 SALES
      7654 MARTIN               1250          30 SALES
      7698 BLAKE                2850          30 SALES

已选择 15 行。

SQL >
```

从上面的视图 v_emp1 中查询数据显然比每次执行对应的视图查询数据要简单得多。

再创建一个视图,这个视图是代表高薪员工的视图[假设工资 3 000(含)以上的为高薪],代码如下:

```
SQL > create or replace view v_emp2 as select * from emp where sal >=3000;

视图已创建。

SQL > select * from v_emp2;

     EMPNO ENAME      JOB              MGR HIREDATE           SAL    DEPTNO
 ----- --------- --------- ------ ------------ ------- ---
-----
      7788 SCOTT      ANALYST         7566 19-4月 -87        3000        20
      7839 KING       PRESIDENT            17-11月-81        5000        10
      7902 FORD       ANALYST         7566 03-12月-81        3000        20
      1001 johnson                         24-5月 -01        4500        10

SQL >
```

在这个视图中,显示的是高薪的员工,如果用户需要将 SCOTT 这个员工的工资下降10%,那 SCOTT 的工资应该显示为 2 700,其他人的工资不变。代码如下:

```
SQL > update v_emp2 set sal = sal *0.9 where empno =7788;

已更新 1 行。

SQL > select * from v_emp2;

     EMPNO ENAME      JOB              MGR HIREDATE           SAL    DEPTNO
```

```
 ----- --------- --------- ------ ------------ ------- ---
-----
      7839 KING      PRESIDENT          17-11月-81    5000       10
      7902 FORD      ANALYST       7566 03-12月-81    3000       20
      1001 johnson                      24-5月 -01    4500       10

SQL>
```

从上面的查询结果中可以发现,SCOTT 员工记录已经不存在了。实际上用户期望的结果是 SCOTT 员工的记录还在,只是工资显示为 2 700,但这与创建这个视图的原始 SQL 语句相违背了。因此,用户期望的结果不可能实现,但如果不能实现,那就不能被修改成功是符合逻辑。Oracle 为了阻止这种事件发生,提出了一个 WITH CHECK OPTION 的选项来实现。看下面的例子:

```
SQL> update emp set sal=3000 where empno=7788;

已更新 1 行。

SQL>create or replace view v_emp2 as
  2     select * from emp where sal>=3000
  3 with check option constraint ck_emp2_sal;

视图已创建。

SQL> select * from v_emp2;

     EMPNO ENAME      JOB          MGR HIREDATE          SAL    DEPTNO
 ----- --------- --------- ------ ------------ ------- ---
-----
      7788 SCOTT     ANALYST       7566 19-4月 -87        3000       20
      7839 KING      PRESIDENT          17-11月-81        5000       10
      7902 FORD      ANALYST       7566 03-12月-81        3000       20
      1001 johnson                      24-5月 -01        4500       10

SQL> update v_emp2 set sal=sal*0.9 where empno=7788;
update v_emp2 set sal=sal*0.9 where empno=7788
       *
第 1 行出现错误:
ORA-01402: 视图 with check option where 子句违规
```

```
SQL > update v_emp2 set sal = sal * 1.2 where empno = 7788;

已更新 1 行。

SQL > select * from v_emp2;

     EMPNO ENAME      JOB            MGR HIREDATE          SAL    DEPTNO
----- ---------- ---------- ------ -------------- -------- ---
      7788 SCOTT      ANALYST       7566 19 - 4 月 -87     3600        20
      7839 KING       PRESIDENT          17 - 11 月 -81    5000        10
      7902 FORD       ANALYST       7566 03 - 12 月 -81    3000        20
      1001 johnson                        24 - 5 月 -01    4500        10

SQL >
```

从上面的案例中可以看出,创建视图时加 with check option 子句后,对视图的修改必须满足查询子句的条件范围,如果修改视图后的结果不满足查询子句的条件范围,就会报“ORA - 01402:视图 with check option where 子句违规”的错误,这样就限制了对视图的修改。如果修改视图后的结果满足查询子句的条件范围,则可以正常修改。

有时候,为了安全需要,用户不希望任何人对视图作任何的增加、删除、修改的操作,可以在创建视图时使用 with read only 子句。看下面的代码:

```
SQL > create or replace view v_emp3 as
  2     select empno, ename, job, hiredate, sal, deptno
  3     from emp
  4     with read only;

视图已创建。

SQL > select * from v_emp3;

     EMPNO ENAME      JOB         HIREDATE              SAL      DEPTNO
---------- ---------- ---------- -------------- ----------
      7369 SMITH      CLERK       17 - 12 月 -80         800        20
      7499 ALLEN      SALESMAN    20 - 2 月 -81         1600        30
      7521 WARD       SALESMAN    22 - 2 月 -81         1250        30
      7566 JONES      MANAGER     02 - 4 月 -81         2975        20
```

```
     7654 MARTIN      SALESMAN    28 -9 月  -81           1250      30
     7698 BLAKE       MANAGER     01 -5 月  -81           2850      30
     7782 CLARK       MANAGER     09 -6 月  -81           2450      10
     7788 SCOTT       ANALYST     19 -4 月  -87           3600      20
     7839 KING        PRESIDENT   17 -11 月 -81           5000      10
     7844 TURNER      SALESMAN    08 -9 月  -81           1500      30
     7876 ADAMS       CLERK       23 -5 月  -87           1100      20
     7900 JAMES       CLERK       03 -12 月 -81            950      30
     7902 FORD        ANALYST     03 -12 月 -81           3000      20
     7934 MILLER      CLERK       23 -1 月  -82           1300      10
     1001 johnson                 24 -5 月  -01           4500      10

已选择 15 行。

SQL > update v_emp3 set sal = sal * 1.2;
update v_emp3 set sal = sal * 1.2
                        *
第 1 行出现错误:
ORA -42399: 无法对只读视图执行 DML 操作


SQL > delete from v_emp3 where deptno = 10;
delete from v_emp3 where deptno = 10
            *
第 1 行出现错误:
ORA -42399: 无法对只读视图执行 DML 操作

SQL >
```

上面 v_emp3 视图是一个只读视图,它只能查询记录,不能被修改、增加、删除记录。

无论视图是带有 with check option 子句还是带有 with read only 子句,始终遵循一个原则:视图主要是用来查询的,尽量不要用来进行增、删、改的操作。

可以在创建视图时在 select 语句中使用 SQL 函数,也可以在 select 语句中使用 order by 子句,以便特定的顺序对行进行排序。这样,在查询视图时即使不使用 order by 子句,结果集也会按指定的顺序排列行。下面案例是按工资排序的视图:

```
SQL > create or replace view v_emp4 as
  2     select empno, ename, job, hiredate, sal, deptno
  3     from emp
```

```
  4    order by sal desc;

视图已创建。

SQL > select * from v_emp4;

     EMPNO ENAME      JOB        HIREDATE              SAL     DEPTNO
---------- ---------- --------- -------------- ---------- ----------
      7839 KING       PRESIDENT  17-11月-81           5000         10
      1001 johnson               24-5月 -01           4500         10
      7788 SCOTT      ANALYST    19-4月 -87           3600         20
      7902 FORD       ANALYST    03-12月-81           3000         20
      7566 JONES      MANAGER    02-4月 -81           2975         20
      7698 BLAKE      MANAGER    01-5月 -81           2850         30
      7782 CLARK      MANAGER    09-6月 -81           2450         10
      7499 ALLEN      SALESMAN   20-2月 -81           1600         30
      7844 TURNER     SALESMAN   08-9月 -81           1500         30
      7934 MILLER     CLERK      23-1月 -82           1300         10
      7521 WARD       SALESMAN   22-2月 -81           1250         30
      7654 MARTIN     SALESMAN   28-9月 -81           1250         30
      7876 ADAMS      CLERK      23-5月 -87           1100         20
      7900 JAMES      CLERK      03-12月-81            950         30
      7369 SMITH      CLERK      17-12月-80            800         20

已选择15行。

SQL >
```

(2)创建带有错误的视图

如果在create view语句中使用FORCE选项,即使存在下列情况,Oracle也会创建视图。

①视图定义的查询引用了一个不存在的表。

②视图定义的查询引用了现有表中无效的列。

③视图的所有者没有所需的权限。

在这些情况下,Oracle仅检查create view语句中的语法错误。如果语法正确,将会创建视图,并将视图的定义存储在数据字典中。但是,该视图却不能使用。这种视图被认为是“带错误创建”的。下列代码显示如何创建带有错误的视图。

```
SQL > create force view v_emp5 as select * from employee;
```

```
警告：创建的视图带有编译错误。

SQL >
```

上例中显然 EMPLOYEE 表不存在，但这个视图确实已经创建了，但这个视图是无法查询数据的。

```
SQL > conn system/manager
已连接。
SQL > select owner,view_name,view_type from dba_viewS where owner = 'SCOTT';

OWNER                           VIEW_NAME
------------------------------  ------------------------------
SCOTT                           V_EMP
SCOTT                           V_EMP1
SCOTT                           V_EMP2
SCOTT                           V_EMP3
SCOTT                           V_EMP4
SCOTT                           V_EMP5

已选择 6 行。

SQL > conn scott/tiger
已连接。
SQL > select * from v_emp5;
select * from v_emp5
              *
第 1 行出现错误：
ORA -04063：view "SCOTT.V_EMP5" 有错误


SQL >
```

要让这个视图可查询，必须满足两个条件：

①对应的基表必须存在，且视图中的查询子句对应的字段也必须存在。

②视图必须重新编译。

因此，为了让视图 V_EMP5 可查询，必须创建 EMPLOYEE 表，并且重新编译视图 V_EMP5。代码如下所示：

```
SQL > create table employee( empno int,ename varchar2(20),birthday date );

表已创建。

SQL > insert into employee values(1,'joy',sysdate - 365);

已创建 1 行。

SQL > insert into employee values(2,'john',sysdate - 5 * 365);

已创建 1 行。

SQL > alter view v_emp5 compile;

视图已变更。

SQL > select * from v_emp5;

     EMPNO ENAME                          BIRTHDAY
---------- ------------------------------ --------------
         1 joy                            13 -9月 -11
         2 john                           14 -9月 -07

SQL > select * from employee;

     EMPNO ENAME                          BIRTHDAY
---------- ------------------------------ --------------
         1 joy                            13 -9月 -11
         2 john                           14 -9月 -07

SQL >
```

(3)连接视图与 DML 语句

前面已经讲到,视图可以使用 DML 语句对视图进行 insert、update、delete 操作。而且前面也提到了,并不是所有的视图都可以进行 insert、update、dalete 操作。如果一个视图基于单个基表,那么可以在此视图中进行 insert、update、delete 操作,这些操作实际上是在基表中插入、更新与删除数据行的。一般情况下不通过视图修改数据,而是直接修改基表,因为那样条理更清晰。在视图上使用 DML 语句一般有下述的限制。

①在视图中使用 DML 语句只能修改一个底层的基表。

②如果对记录的修改违反了基表的约束条件,则无法更新视图。

③如果创建的视图包含连接运算符、DISTINCT 运算符、集合运算符、聚合函数与 group by 子句,则将无法更新视图。

④如果创建的视图包含伪列或表达式,则将无法更新视图。

读者在上机操作时可以自行创建对应的视图去一一验证它。

连接视图是在视图的查询子句中查询了多张基表或视图的视图。在连接视图中使用 DML 语句只能修改单个基础基表,如果修改多个基表,SQL 就会显示错误。但是,Oracle 提供了视图上的"INSTEAD OF 触发器",使用该触发器,可以通过视图同时对多个表执行 DML 操作。

```
SQL > create or replace view v_emp6 as
  2      select e.empno,e.ename,e.sal,d.deptno,d.dname
  3      from dept d,emp e
  4      where d.deptno = e.deptno(+);

视图已创建。

SQL > select * from v_emp6;

     EMPNO ENAME                  SAL      DEPTNO DNAME
---------- ---------- ---------- ---------- --------------
      7782 CLARK                 2450          10 ACCOUNTING
      1001 johnson               4500          10 ACCOUNTING
      7839 KING                  5000          10 ACCOUNTING
      7934 MILLER                1300          10 ACCOUNTING
      7566 JONES                 2975          20 RESEARCH
      7369 SMITH                  800          20 RESEARCH
      7788 SCOTT                 3600          20 RESEARCH
      7902 FORD                  3000          20 RESEARCH
      7876 ADAMS                 1100          20 RESEARCH
      7844 TURNER                1500          30 SALES
      7499 ALLEN                 1600          30 SALES

     EMPNO ENAME                  SAL      DEPTNO DNAME
---------- ---------- ---------- ---------- --------------
      7900 JAMES                  950          30 SALES
      7521 WARD                  1250          30 SALES
      7654 MARTIN                1250          30 SALES
```

```
      7698 BLAKE                         2850          30 SALES
                                                       40 OPERATIONS

已选择 16 行。

SQL >
```

注意:在 where 子句的条件中使用(+)符号是 Oracle 特有的外连接语法,其对应的标准 SQL 的语法相当于“left outer join...”。

(4)**键保留表**

在连接视图中,如果视图包含了一个表的主键,并且也能够成为这个视图的主键,则这个主键被保留,这个表就称为键保留表,Oracle 可以通过此视图向表中插入行。包含外部连接的视图通常不包含键保留表,除非外部连接生成非空的值。

Oracle 可以确定哪些表是键保留表的,只有键保留表中的数据在视图中才能使用 DML 语句。下面来回顾前面的 v_emp1 这个视图,在这个视图中,很显然 empno、ename、sal 这 3 列都是来自键保留表的数据,因此,这 3 列的数据在这个视图中是可以被修改的,而 deptno、dname 这两列都是来自非键保留表,现在来验证一下。

```
SQL > select * from v_emp1;

     EMPNO ENAME             SAL       DEPTNO DNAME
---------- ---------- ---------- ---------- --------------
      7782 CLARK            2450         10 ACCOUNTING
      1001 johnson          4500         10 ACCOUNTING
      7839 KING             5000         10 ACCOUNTING
      7934 MILLER           1300         10 ACCOUNTING
      7566 JONES            2975         20 RESEARCH
      7369 SMITH             800         20 RESEARCH
      7788 SCOTT            3600         20 RESEARCH
      7902 FORD             3000         20 RESEARCH
      7876 ADAMS            1100         20 RESEARCH
      7844 TURNER           1500         30 SALES
      7499 ALLEN            1600         30 SALES
      7900 JAMES             950         30 SALES
      7521 WARD             1250         30 SALES
      7654 MARTIN           1250         30 SALES
      7698 BLAKE            2850         30 SALES

已选择 15 行。
```

```
SQL > update v_emp1 set ename = 'scott', sal = 3000 where empno = 7788;

已更新 1 行。

SQL > select * from v_emp1;

     EMPNO ENAME             SAL     DEPTNO DNAME
---------- ---------- ---------- ---------- --------------
      7782 CLARK            2450         10 ACCOUNTING
      1001 johnson          4500         10 ACCOUNTING
      7839 KING             5000         10 ACCOUNTING
      7934 MILLER           1300         10 ACCOUNTING
      7566 JONES            2975         20 RESEARCH
      7369 SMITH             800         20 RESEARCH
      7788 scott            3000         20 RESEARCH
      7902 FORD             3000         20 RESEARCH
      7876 ADAMS            1100         20 RESEARCH
      7844 TURNER           1500         30 SALES
      7499 ALLEN            1600         30 SALES
      7900 JAMES             950         30 SALES
      7521 WARD             1250         30 SALES
      7654 MARTIN           1250         30 SALES
      7698 BLAKE            2850         30 SALES

已选择 15 行。

SQL > update v_emp1 set deptno = 10 where empno = 7788;
update v_emp1 set deptno = 10 where empno = 7788
                  *
第 1 行出现错误:
ORA - 01779: 无法修改与非键值保存表对应的列


SQL > update v_emp1 set dname = 'TT' where empno = 7788;
update v_emp1 set dname = 'TT' where empno = 7788
                  *
第 1 行出现错误:
ORA - 01779: 无法修改与非键值保存表对应的列

SQL >
```

用户可以将视图 V_EMP1 的 DEPTNO 列的列值不从 DEPT 表中查询，而是从 EMP 表中查询，再试试这列能不能修改。代码如下：

```
SQL> create or replace view v_emp1 as
  2      select e.empno,e.ename,e.sal,e.deptno,d.dname
  3      from dept d,emp e
  4      where d.deptno = e.deptno;

视图已创建。

SQL> update v_emp1 set deptno = 10 where empno = 7788;

已更新 1 行。

SQL> select * from v_emp1;

     EMPNO ENAME                       SAL     DEPTNO DNAME
---------- ---------- ---------- ---------- --------------
      7788 scott                      3000         10 ACCOUNTING
      7934 MILLER                     1300         10 ACCOUNTING
      7839 KING                       5000         10 ACCOUNTING
      1001 johnson                    4500         10 ACCOUNTING
      7782 CLARK                      2450         10 ACCOUNTING
      7369 SMITH                       800         20 RESEARCH
      7902 FORD                       3000         20 RESEARCH
      7566 JONES                      2975         20 RESEARCH
      7876 ADAMS                      1100         20 RESEARCH
      7499 ALLEN                      1600         30 SALES
      7521 WARD                       1250         30 SALES
      7654 MARTIN                     1250         30 SALES
      7900 JAMES                       950         30 SALES
      7698 BLAKE                      2850         30 SALES
      7844 TURNER                     1500         30 SALES

已选择 15 行。

SQL>
```

用户可以发现从键保留表中查询出来的 DEPTNO 列值可以修改了，并且查询视图后发现其对应的 DNAME 列值也自动变为 DEPTNO 所对应的值。

(5)**删除视图**

创建的视图可以通过 USER_VIEWS、ALL_VIEWS、DBA_VIEWS 等视图来查询。例如要查询 SCOTT 用户创建了哪些视图以及视图对应的 SQL 语句,代码如下:

```
SQL > conn system/manager
已连接。
SQL > select owner,view_name,text from dba_viewS where owner = 'SCOTT';

OWNER        VIEW_NAME   TEXT
--------  ----------  ------------------------------------
SCOTT        V_EMP       select empno,ename,sal from emp
SCOTT        V_EMP1      select e.empno,e.ename,e.sal,e.deptno,d.dname
                         from dept d,emp e
                         where d.de

SCOTT        V_EMP2         select "EMPNO","ENAME","JOB","MGR","HIRE-
DATE","SAL",...
SCOTT        V_EMP3      select empno,ename,job,hiredate,sal,deptno
                         from emp
                         order by sal desc

SCOTT        V_EMP4      select empno,ename,job,hiredate,sal,deptno
                         from emp
                         order by sal desc

SCOTT        V_EMP6      select e.empno,e.ename,e.sal,d.deptno,d.dname
                         from dept d,emp e
                         where d


已选择 6 行。

SQL >
```

如果要从数据库中删除视图,可以使用 DROP VIEW 命令。下面案例是删除一个视图:

```
SQL > conn scott/tiger
已连接。
```

```
SQL> drop view v_emp5;

视图已删除。

SQL>
```

任务8.3 内嵌视图

关系视图是数据库对象。创建关系视图实际是对查询定义可重用的需求。但有时查询定义并不会被重用。此时,创建关系视图便不再适宜,过多的关系视图势必增加数据库的维护成本。Oracle 提供了内嵌视图来解决这一问题。

从根本上讲,内嵌视图就是嵌入父查询中的查询(有些书上又将其称为嵌套查询),能够在任何可以使用表名称的地方使用。内嵌视图可以出现在 select 语句的 from 子句中,以及 insert into、update,甚至是 delete from 语句中。内嵌视图是临时的,它只存在于父查询的运行期间,但它可以让开发者有能力在整个查询的任何部分中使用视图结果。内嵌视图将会是直接嵌入父 select 查询的 from 子句中的 select 查询。用户将要为内嵌视图提供一个别名,并且从父查询中使用这个名称来引用视图。例如,预算部门正在准备一份报表,对各个部门中的人员量进行统计,并使用分布百分比来制订各部门的办公预算。可以使用下面的语句来实现:

```
SQL> select d.dname,count(*) amount,min(a.total) total,
  2     to_char((count(*)/max(a.total))*100,'90.99')||'%' pct
  3   from dept d,emp e,
  4     (select count(*) total from emp) a
  5   where d.deptno=e.deptno
  6   group by d.dname;

DNAME              AMOUNT      TOTAL PCT
-------------- ---------- ---------- -------
ACCOUNTING              5         15  33.33%
RESEARCH                4         15  26.67%
SALES                   6         15  40.00%

SQL>
```

在上面这个例子中,select count(*) total from emp 就成为内嵌视图,这个内嵌视图的别名为 a,在查询各部门的员工数量的同时,需要计算出全体员工的数量才能算出各部门员工的百分比。因此,在父查询看来:

```
4     (select count(*) total from emp) a
```

这行代码相当于一个临时的表,这个表是一个查询结果集,而不是对象表。只不过在本查询中,这个查询结果集只有一条记录。

内嵌视图的特点在于无须创建真正的数据库对象,而只是封装查询,因此会节约数据库资源,同时不会增加维护成本。但是内嵌视图不具有可复用性,因此当预期将在多处调用到同一查询定义时,仍应使用关系视图。

内嵌视图之所以称为内嵌,是因为它总是出现在较复杂的查询中,而其外层查询往往被称为父查询,因此,内嵌视图也可以看作子查询。

内嵌视图在处理大数据量查询时不具有优势。相对来说,使用临时表反而是更好的选择。临时表作为确实存在的数据库对象,可以通过创建索引等手段来更好地提高性能,这正是视图所不具备的。

总之,内嵌视图的优点为节省数据库资源,不增加维护成本;而缺点为不可复用及大数据量的查询效率较低等。在实际项目中会很常用内嵌视图,用户要根据实际情况在内嵌视图、关系视图和临时表之间进行取舍。

任务8.4　物化视图

视图中的第三种是对象视图,由于对象视图、对象表比较复杂,实际项目中应用较少,所以这里不作讲解。

自 Oracle 8i 版本以来,快照(Snapshot)被重命名为物化视图,并且经过了加强,可以支持查询重写、刷新、提交以及其他的一些特性。这种视图一般都用于从数据库仓库到分布式移动计算的各种任务与环境中应用。

(1)为什么要用物化视图

物化视图实质上就是在数据库中存储的查询结果。与在运行时确定结果的关系视图不同,物化视图的结果会预先计算并且存储。由于要存储结果,所以物化视图要占用空间,但是不会延缓用户对其的使用。当用户正在查询大规模数据时,它们能够极大地增强用户应用的性能。在这一方面,用户可以将它们与索引进行比较,索引也会占用空间,而且用户也可以使用它们以提高性能。

正确使用物化视图能够更快地获得查询结果。如果有一个具有上百万记录的数据仓库应用,而用户要查询有关数据总和均值的问题。如果用户进行查询,Oracle 都必须要提取信息,那么其可能就必须对表进行全表搜索,也就是说,它可能必须要访问表的每一行,进行相加得到总和,或者计算平均值。这将会消耗很长的时间。通过使用物化视图,用户就可以让 Oracle 提前计算汇总结果,并且将它们存储在特殊的概要表中,在下一次用户使用查询时,就可以从概要表中获取结果。

用户将建立一个数据量较大的表,以便基于此建立用户的物化视图。再以 SCOTT 用户的 EMP 表为基础,创建 EMPOYEE 表,然后不断插入数据,直到数据量超过一百万条。代码如下:

```
SQL > drop table employee;

表已删除。

SQL > create table employee as select * from emp;

表已创建。

SQL > insert into employee select * from emp;

已创建 15 行。

SQL > insert into employee select * from employee;

已创建 30 行。

SQL > insert into employee select * from employee;

已创建 60 行。

SQL > insert into employee select * from employee;

已创建 120 行。

SQL > insert into employee select * from employee;

已创建 240 行。

SQL > insert into employee select * from employee;

已创建 480 行。

SQL > insert into employee select * from employee;

已创建 960 行。

SQL > insert into employee select * from employee;
```

```
已创建 1920 行。

SQL > insert into employee select * from employee;

已创建 3840 行。

SQL > insert into employee select * from employee;

已创建 7680 行。

SQL > insert into employee select * from employee;

已创建 15360 行。

SQL > insert into employee select * from employee;

已创建 30720 行。

SQL > insert into employee select * from employee;

已创建 61440 行。

SQL > insert into employee select * from employee;

已创建 122880 行。

SQL > insert into employee select * from employee;

已创建 245760 行。

SQL > insert into employee select * from employee;

已创建 491520 行。

SQL > commit;

提交完成。
```

```
SQL > insert into employee select * from employee;

已创建 983040 行。

SQL > insert into employee select * from employee;

已创建 1966080 行。

SQL > insert into employee select * from employee;

已创建 3932160 行。

SQL > commit;

提交完成。

SQL >
```

这时,EMPLOYEE 表已经将近4百万条记录,EMP 表15条记录,这两张表结构是一样的,可以用来查询各部门人员的总和,比较一下从这两张表中查询的时间。代码如下:

```
SQL > set timing on
SQL > select deptno,count( * ) amount from employee group by deptno;

    DEPTNO        AMOUNT
 ----------  ----------
         20     1048576
         30     1572864
         10     1310720
已用时间: 00:00:15.70
SQL > select deptno,count( * ) amount from emp group by deptno;

    DEPTNO        AMOUNT
 ----------  ----------
         30           6
         20           4
         10           5

已用时间: 00:00:00.00

SQL >
```

出来的结果同样是 3 条记录,但消耗的时间却相差太远,从 EMP 表中统计结果几乎是瞬间就出来了,而从 EMPLOYEE 表中统计结果差不多为 15 s。

如果这个结果经常需要查看,显示每次都要花费 15 s 的时间,当用户物化视图后,物化视图会将统计好的结果(3 条记录)存储在视图里,以后每次查询,只要从已经统计好的结果中去查询,而不需要从对应的基表中查询,这样的查询为用户节约了不少的时间。

(2)物化视图的特点与选项

众所周知,物化视图是一种特殊的物理表,用于预先计算并保存表连接或聚集等耗时较多的操作的结果,在执行查询时,就可以避免进行这些耗时的操作,从而快速获得结果。“物化(Materialized)”视图是相对普通视图而言的,普通视图是虚拟表,应用的局限性大,任何对视图的查询,Oracle 在实际上都转换为视图 SQL 语句的查询。这样对整体查询性能的提高,并没有实质上的好处。

物化视图的特点如下所述:

①物化视图在某种意义上说就是一个物理表(而且不仅仅是一个物理表),这通过其可以被 user_tables 查询出来,而得到佐证。

②物化视图也是一种段(segment),所以其有自己的物理存储属性。

③物化视图会占用数据库磁盘空间,这点从 user_segment 的查询结果,可以得到佐证。

物化视图可以分为下述 3 种类型。

①包含聚集的物化视图。

②只包含连接的物化视图。

③嵌套物化视图。

这 3 种物化视图都包含创建方式、查询重写、刷新方式等几个方面的功能选项,其中快速刷新的限制条件有很大区别,而对于其他方面则区别不大。下面介绍物化视图创建的选项。

1)创建方式

创建方式(Build Methods)包括 build immediate 和 build deferred 两种。

①build immediate:是在创建物化视图时就生成数据,默认为 build immediate。

②build deferred:是在创建时不生成数据,以后根据需要再生成数据。

2)查询重写

查询重写(Query Rewrite)包括 enable query rewrite 和 disatle query rewrite 两种。分别指出创建的物化视图是否支持查询重写。

①查询重写(enable query rewrite):是指当对物化视图的基表进行查询时,Oracle 会自动判断能否通过查询物化视图来得到结果,如果可以,则避免了聚集或连接操作,而直接从已经计算好的物化视图中读取数据。

②不查询重写(disable query rewrite):是指当对物化视图的基表进行查询时,Oracle 会判断能否通过查询物化视图来得到结果,直接对基表进行查询数据而不从物化视图中读取数据。默认为 disable query rewrite。

3)刷新方式

刷新方式(Refresh)是指当基表发生了 DML 操作后,物化视图何时采用哪种方式和基表进行同步。

刷新的方法有4种，即fast、complete、force和never。默认值是force。

①fast：刷新采用增量刷新，只刷新自上次刷新以后进行的修改。建立增量刷新物化视图还需要一个物化视图日志表。语法：create materialized view log on（主表名）。

②complete：刷新对整个物化视图进行完全的刷新。

③force：Oracle在刷新时会去判断是否可以进行快速刷新，如果可以则采用fast方式，否则采用complete方式。这是默认的刷新方式。

④never：物化视图不进行任何刷新。

刷新的模式有两种，即on demand和on commit。默认值是on demand。

①on demand：是指物化视图在用户需要时进行刷新，可以手工通过dbms_mview.refresh等方法来进行刷新，也可以通过JOB定时进行刷新。

②on commit：是指出物化视图在对基表的DML操作提交的同时进行刷新。

刷新方式有两种，即手工刷新与自动刷新。

①手工刷新：可以调用下面的代码进行手工刷新。

```
begin
dbms_mview.refresh('物化视图名称');
end;
```

②自动刷新：start with（start_time）next（next_time）会自动创建一个JOB，然后由JOB自动去刷新物化视图。这个job中的执行内容是：dbms_refresh.refresh('"job_name"."物化视图名称"')；而不是用户普通手动刷新MV时用的dbms_mview.refresh。这个包是用于产生一个刷新组以方便MV一组为单位统一刷新的。而当MV被制订刷新策略的方式指定时，会自动创建一个刷新组，并将该MV添加至这个刷新组中，所以job可以使用dbms_refresh.refresh来进行刷新，可以通过查询数据字典all_refresh、all_refresh_children来查看。所以当物化视图刷新脚本自动执行时，刷新的是用户所创建的MV的名字命名的刷新组，而不是单纯地刷新这个MV。

物化视图的优点如下所述。

①物化视图的最大优势是可以提高性能：Oracle的物化视图提供了强大的功能，可以用于预先计算并保存表连接或聚集等耗时较多的操作的结果，这样，在执行查询时，就可以避免进行这些耗时的操作，从而快速得到结果。

②物化视图有很多方面和索引很相似。

③通过预先计算好答案存储起来，可以大大减少机器的负载。

a.更少的物理读，扫描更少的数据。

b.更少的写，不用经常排序和聚集。

c.减少CPU的消耗，不用对数据进行聚集计算和函数调用。

d.显著地加快响应时间，在使用物化视图查询数据时（与主表相反），将会很快返回查询结果。

物化视图的缺点如下所述：

①物化视图用于只读或者“精读”环境下工作最好，不用于联机事务处理系统（OLTP）环境，在事实表等更新时会导致物化视图行锁，从而影响系统并发性。

②物化视图有出现无法快速刷新，导致查询数据不准确的现象。

③Rowid 物化视图(创建的物化视图通常情况下有主键、rowid 和子查询视图)只有一个单一的主表,不包括下面任何一项:

a. distinct 或者聚合函数。

b. group by、子查询、连接和 SET 操作。

④物化视图会增加对磁盘资源的需求,即需要永久分配的硬盘空间给物化视图以存储数据。

⑤物化视图的工作原理受一些可能的约束,比如主键、外键等。

(3)物化视图的创建

创建物化视图的步骤与语法。

①创建基于基表的视图日志(fast 方式刷新的物化视图才需要此步骤)。语法如下:

```
create materialized view log on <table_name>
  [tablespace <tablespace_name>]
    [with [primary key|rowid|sequence];
```

如果需要进行快速刷新,则需要建立物化视图日志。物化视图日志根据不同物化视图的快速刷新需要,可以建立为 rowid 或 primary key 类型的。下面解释参数的含义:

table_name:是指需要物化视图的基表。例如,需要为 EMP 表建立物化视图,而且这个物化视图是快速刷新的物化视图(即在创建物化视图时使用 refresh fast 选项),则需要将 EMP 表建立物化视图日志。

tablespace_name:是指基表的物化视图日志存放的表空间。

With 的选项有 3 个:primary key 是指当基表存在主键时,以基表的主键作为标识基表唯一行;rowid 是指当基表无主键时,以基表数据行的伪列 rowid 来标识基表唯一行;sequence 是指用序列来标识基表唯一行。

例如,为 EMP 表创建物化视图日志(EMP 表有主键,所以用 with primary key 选项),代码如下:

```
SQL > create materialized view log on emp with primary key;

实体化视图日志已创建。

SQL >
```

下面创建一张无主键的表,再为其物化视图日志,代码如下:

```
SQL > create table emp1 as select * from emp;

表已创建。

SQL > create materialized view log on emp1 with primary key;——emp1 表无主键
create materialized view log on emp1 with primary key
```

```
*
第 1 行出现错误:
ORA - 12014: 表 'EMP1' 不包含主键约束条件


SQL > create materialized view log on emp1 with rowid;——所以只能用 rowid

实体化视图日志已创建。

SQL >
```

②创建物化视图。语法如下:

```
create materialized view [mv_name]
[
tablespace [ts_name] ——指定表空间
build [immediate|deferred] ——创建时是否产生数据
refresh [fast|complete|force] ——快速、完全刷新
[on commit|on demand start with (start_time) next (next_time)] ——刷新方式
[with {primary key|rowid}]——快速刷新时唯一标示一条记录
{enable|disabled} query rewrite——是否查询重写
]
AS {select_statement};
```

选项中的含义在前面一节已经介绍过,现在来看一看例子。

```
SQL > drop materialized view log on emp; ——将物化视图日志删除

 实体化视图日志已删除。

 SQL > create materialized view mv_emp ——创建物化视图不成功(注意是 refresh fast)
   2     build immediate
   3     refresh fast on commit
   4     enable query rewrite
   5     as
   6     select empno,ename,sal,deptno,job from emp;
  select empno,ename,sal,deptno,job from emp
                                          *
 第 6 行出现错误:
 ORA - 23413: 表 "SCOTT"."EMP" 不带实体化视图日志
```

```
SQL > create materialized view log on emp with primary key; ——创建物化视图日志

实体化视图日志已创建。

SQL > create materialized view mv_emp   ——创建物化视图成功(注意是 refresh fast)
  2    build immediate
  3    refresh fast on commit
  4    enable query rewrite
  5    as
  6    select empno,ename,sal,deptno,job from emp;

实体化视图已创建。

SQL >
```

再来看下面的例子:

```
SQL > create materialized view mv_employee
2  build immediate refresh on commit enable query rewrite as
3     select deptno,count( * ) amount from employee group by deptno;

实体化视图已创建。

SQL > select * from mv_employee;

    DEPTNO        AMOUNT
---------- ----------
        20       2097152
        30       3145728
        10       2621440

已用时间: 00:00:00.01
SQL > insert into employee select * from emp;

已创建 15 行。

已用时间: 00:00:00.39
SQL > select * from mv_employee;
```

```
    DEPTNO      AMOUNT
---------- ----------
        20     2097152
        30     3145728
        10     2621440

已用时间: 00:00:00.06
SQL > commit;

提交完成。

已用时间: 00:00:08.92
SQL > select * from mv_employee;

    DEPTNO      AMOUNT
---------- ----------
        30     3145734
        10     2621445
        20     2097156

已用时间: 00:00:00.00
SQL >
```

从上面的例子可以看出,创建物化视图后,从物化视图中查询数据的确快了很多,而直接利用 SQL 从数据表中查询要慢很多(前提条件是数据量大的基表进行统计查询)。

(4)**物化视图快速刷新的限制**

1)所有类型的快速刷新物化视图都必须满足的条件

①物化视图不能包含对不重复表达式的引用,如 SYSDATE 和 ROWNUM。

②物化视图不能包含对 LONG 和 LONG RAW 数据类型的引用。

```
SQL > create materialized view mv_emp
  2   build immediate
  3   refresh fast on commit
  4   enable query rewrite
  5   as
  6   select empno,ename,sal,deptno,job from emp;

select empno,ename,sal,deptno,job,sysdate from emp
```

```
第 6 行出现错误:
ORA - 30353: 表达式对查询重写不支持

SQL >
```

2)只包含连接的物化视图

①必须满足所有快速刷新物化视图都满足的条件。

②不能包括 group by 语句或聚集操作。

③如果在 where 语句中包含外连接,那么唯一约束必须存在于连接中内表的连接列上。

④如果不包含外连接,那么 where 语句没有限制,如果包含外连接,那么 where 语句中只能使用 and 连接,并且只能使用" = "操作。

⑤from 语句列表中所有表的 rowid 必须出现在 select 语句的列表中。

⑥from 语句列表中的所有表必须建立基于 rowid 类型的物化视图日志。

3)包含聚集的物化视图

①必须满足所有快速刷新物化视图都满足的条件。

②允许的聚集函数包括:SUM、COUNT、AVG、STDDEV、VARIANCE、MIN 和 MAX。

③必须指定 COUNT(*)。

④如果指明了除 COUNT 之外的聚集函数,则 COUNT(expr)也必须存在;比如,包含 SUM(a),则必须同时包含 COUNT(a)。

⑤如果指明了 VARIANCE(expr)或 STDDEV(expr),除了 COUNT(expr)外,SUM(expr)也必须指明。

⑥select 列表中必须包括所有的 group by 列。

4)包含 union all 的物化视图

①union all 操作必须在查询的顶层。可以有一种情况例外,即 union all 在第二层,而第一层的查询语句为 select * from。

②被 union all 操作连接在一起的每个查询块都应该满足快速刷新的限制条件。

③select 列表中必须包含一列维护列,称为 union all 标识符,每个 union all 分支的标识符列应包含不同的常量值。

④不支持外连接、远端数据库表和包括只允许插入的聚集物化视图定义查询。

由于这个限制涉及面广泛,较为复杂,本书不再一一列举示例,有兴趣的可以参考本书附加资料。

(5)物化视图维护

1)修改物化视图日志

alter materialized view log on <table_name> [add [primary key] [, rowid] [(<col> [, …])]] […];

2)删除物化视图日志

drop materialized view log on <table_name>;

3）修改物化视图

alter materialized view <mview> … [compile];

4）删除物化视图

drop materialized view <mview>;

（6）物化视图日志结构

物化视图的快速刷新要求基本必须建立物化视图日志，这里简单描述一下物化视图日志中各个字段的含义和用途。

物化视图日志表可以从数据字典 dba_mview_logs 中查询。例如：

```
SQL > desc dba_mview_logs
名称                                              是否为空？类型
---------------------------------------- -------- ------------------
-----
LOG_OWNER                                                    VARCHAR2(30)
MASTER                                                       VARCHAR2(30)
LOG_TABLE                                                    VARCHAR2(30)
LOG_TRIGGER                                                  VARCHAR2(30)
ROWIDS                                                       VARCHAR2(3)
PRIMARY_KEY                                                  VARCHAR2(3)
OBJECT_ID                                                    VARCHAR2(3)
FILTER_COLUMNS                                               VARCHAR2(3)
SEQUENCE                                                     VARCHAR2(3)
INCLUDE_NEW_VALUES                                           VARCHAR2(3)
PURGE_ASYNCHRONOUS                                           VARCHAR2(3)
PURGE_DEFERRED                                               VARCHAR2(3)
PURGE_START                                                  DATE
PURGE_INTERVAL                                               VARCHAR2(200)
LAST_PURGE_DATE                                              DATE
LAST_PURGE_STATUS                                            NUMBER
NUM_ROWS_PURGED                                              NUMBER
COMMIT_SCN_BASED                                             VARCHAR2(3)

SQL > select log_owner,log_table from dba_mview_logs;

LOG_OWNER                              LOG_TABLE
------------------------------------ ------------------------------
-----
SCOTT                                  MLOG$_EMP
```

```
SCOTT                                   MLOG$_EMP1

SQL> desc MLOG $_emp1;
名称                                                    是否为空? 类型
--------------------------------------------------------- -------- ---------------
M_ROW$$                                                          VARCHAR2(255)
SNAPTIME$$                                                       DATE
DMLTYPE$$                                                        VARCHAR2(1)
OLD_NEW$$                                                        VARCHAR2(1)
CHANGE_VECTOR$$                                                  RAW(255)
XID$$                                                            NUMBER

SQL>
```

物化视图日志的名称为 MLOG$_后面加基表的名称,如果表名的长度超过 20 位,则只取前 20 位,当截短后出现名称重复时,Oracle 会自动在物化视图日志名称后面加上数字作为序号。

物化视图日志在建立时有多种选项:可以指定为 ROWID、PRIMARY KEY 和 OBJECT ID 几种类型,同时还可以指定 sequence 或明确指定列名。上面这些情况产生的物化视图日志的结构都不相同。

任何物化视图都会包括的列:

SNAPTIME$$:用于表示刷新时间。

DMLTYPE$$:用于表示 DML 操作类型,I 表示 INSERT,D 表示 DELETE,U 表示 UPDATE。

OLD_NEW$$:用于表示这个值是新值还是旧值。N(EW)表示新值,O(LD)表示旧值,U 表示 UPDATE 操作。

CHANGE_VECTOR$$:表示修改矢量,用来表示被修改的是哪个或哪几个字段。

如果 WITH 后面加了 ROWID,则物化视图日志中会包含:

M_ROW$$:用来存储发生变化的记录的 ROWID。

如果 WITH 后面加了 PRIMARY KEY,则物化视图日志中会包含主键列。

如果 WITH 后面加了 OBJECT ID,则物化视图日志中会包含:

SYS_NC_OID$:用来记录每个变化对象的对象 ID。

如果 WITH 后面加了 SEQUENCE,则物化视图日志中会包含:

SEQUENCE$$:给每个操作一个 SEQUENCE 号,从而保证刷新时按照顺序进行刷新。

如果 with 后面跟了一个或多个 COLUMN 名称,则物化视图日志中会包含这些列。

```
SQL> drop materialized view log on emp1;

实体化视图日志已删除。
```

```
SQL > create materialized view log on emp1 with rowid(empno,ename);

实体化视图日志已创建。

SQL > desc MLOG $ _emp1;
名称                                                    是否为空? 类型
---------------------------------------------------------- --
------ ---------------
EMPNO                                                           NUMBER(4)
ENAME                                                           VARCHAR2(10)
M_ROW $ $                                                       VARCHAR2(255)
SNAPTIME $ $                                                    DATE
DMLTYPE $ $                                                     VARCHAR2(1)
OLD_NEW $ $                                                     VARCHAR2(1)
CHANGE_VECTOR $ $                                               RAW(255)
XID $ $                                                         NUMBER

SQL >
```

任务8.5 Oracle 的系统视图

Oracle 中数据字典视图分为4大类,用前缀区别,分别为 USER、ALL、DBA 与 V $,许多数据字典视图包含相似的信息。

①USER_ * :有关用户所拥有的对象信息,即用户自己创建的对象信息。

②ALL_ * :有关用户可以访问的对象信息,即用户自己创建的对象信息加上其他用户创建的对象,但该用户有权访问的信息。

③DBA_ * :有关整个数据库中对象的信息。这里的 * 可以为 TABLES、INDEXES、OBJECTS、USERS 等。

④V $ * :一般是动态视图,随着客户端或参数值设定的不同而不同。

一般情况下,V $ * 后面都是单数形式,如:v $ tablespace;而 USER_ * ,All_ * ,DBA_ * 后面一般都是复数形式,如 user_tables,user_indexes。

(1)**查看所有用户**

```
select * from dba_user;
select * from all_users;
select * from user_users;
```

(2)查看用户系统权限

```
select * from dba_sys_privs;
select * from all_sys_privs;
select * from user_sys_privs;
```

(3)查看用户对象权限

```
select * from dba_tab_privs;
select * from all_tab_privs;
select * from user_tab_privs;
```

(4)查看所有角色

```
select * from dba_roles;
```

(5)查看用户所拥有的角色

```
select * from dba_role_privs;
select * from user_role_privs;
```

(6)查看当前用户的缺省表空间

```
select username,default_tablespace from user_users;
```

(7)查看某个角色的具体权限

如 grant connect,resource,create session,create view to TEST;查看 resource 具有哪些权限,用 select * from dab_sys_privs where grantee='resource'。

思考练习

一、选择题

1. 对视图的 SQL 查询要作适当的修改,可以使用(　　)。

A. alter view 命令　　B. create view 命令中使用 or replacce 选项

C. alter view 命令加 rebuild 选项　　D. 只能先删除后再创建

2. 带有错误的视图可使用(　　)选项来创建。

A. force　　B. with check option

C. create view with error　　D. create error view

3. 在连接视图中,当(　　)时,表被称为键保留表。

A. 基表的主键不是结果集中的主键　　B. 基表的主键不是结果集中的外键

C. 基表的主键是结果集中的主键　　D. 基表的主键是结果集中的外键

4. 在创建视图时,在视图的查询语句之前要带(　　)关键字,表示之后为查询语句。

A. is　　B. as　　C. for　　D. be

5. 下面(　　)不属于视图的类型。

A. 关系视图　　B. 内嵌视图

C. 物化视图

D. 对象视图

6. 内嵌视图又称为嵌套查询,它可用在( )。

A. 在任何可以使用表名称的地方

B. 仅在 select 语句中

C. 仅在 update 语句中

D. 仅在 delete 语句中

7. 以下( )不是物化视图的特点。

A. 物化视图实际上是一种段对象,物化视图中的数据是实际存在的

B. 物化视图可能会点用大量的磁盘空间

C. 对于一个统计的视图,物化视图相比关系视图的查询速度更优

D. 物化视图与关系视图一样,可以实时地反映出对应基表的数据

8. 物化视图日志信息可以从视图( )中查询。

A. dba_logs

B. dba_views

C. dba_mview_logs

D. dba_mviews

9. 关系视图信息可以从视图( )中查询。

A. dba_logs

B. dba_views

C. dba_mview_logs

D. dba_mviews

二、简答题

1. 简述视图的特点。

2. 简述在什么情况下应该选择使用物化视图。

三、代码题

为员工表 EMP 与部门表 DEPT 创建组合视图,以方便查询“工号、姓名、职位、部门号、部门名称”。

项目9
索　引

【学习目标】

1. 索引工作方式。
2. 索引分类。
3. 索引维护。

【必备知识】

正确地使用索引可以将缓慢而顽固的应用调整为响应迅速而产生效率高的业务系统。在应用系统中使用没有经过仔细考虑的不恰当的索引,可以将应用高速为对任何人都没有太多用处的行动缓慢的庞然大物。因此如何在数据库中正确地使用索引,让业务系统运行得更轻快些,就需要对 Oracle 中各种索引作深刻地理解,最大限度地利用好索引的特性。

任务9.1　索引工作方式

(1)检索数据行

当用户急于在本书中找到一些有关 Oracle 特定内容的信息时,可以使用多种方法。用户可以按照次序翻阅各页,也许可以碰到正确的主题。或者用户也可以每隔几页翻阅,找到大致相关的主题时再一页一页地翻。或者,如果用户有一些常识的话,也可以使用本书中由印刷商提供的目录,然后根据目录中提供的页码去查找对应的内容,这办法比较快。或者,用户要是知道特定的内容在一页,那用户可以直接去找对应的页码(相当于按物理地址查找),这是最快的办法。这里提及的目录实际上就是所谓的索引。当然,索引本身不会告诉用户任何有关主题的详细内容,但它可以为用户提供主题标题以及可以在书中的主体部分找到有关主题完整细节的页面引用。

采用这种方式,利用索引定位特定信息通常要比顺序翻阅快得多。在最初的时候,由于索引只包含了主题标题,所有各个主题的细节都没有呈现,用户只要扫描主题中的一两个关键字,不需要整个段落进行扫描,因此在搜索速度上会非常快。而且,主题目录一般都按字母顺序罗列，如果用户需要搜索“Cont”主题，用户就可以直接在字母 C 附近搜索，而不需要浏览 A 与 B 的主题。因此，索引可以让用户执行快速、目标明确，智能化的指针检索，在定位之后，就可以在那里实际获取完整的信息。

(2) Oracle **中的索引**

存储在常规数据表中的行没有采用特定的次序存储，因此可以满足关系数据为理论的根本原则。当第一次插入行的时候，用户不会控制 Oracle 选择放置它们的物理位置。这意味着从表中获取特定的行需要 Oracle 顺序扫描所有可能的行，直到遇到正确的行为止。即使 Oracle 十分幸运，非常早地找到了与搜索条件相匹配的行，其也只能够在到达了表的逻辑末尾之后才可以停止搜索。这是因为尽管它找到了匹配行，但这也不意味着这是唯一的匹配，因为后面可能还有匹配的行，因此必须搜索到末尾才可以结束。这样的搜索信息方式称为全表扫描(Full Table Scan)。全表扫描要求用户加载和读取高水标记(High Water Mark)以下的所有表数据块，这个标记是指定给表的逻辑末尾的名称。对于大规模的表，这意味着要读取成千上万数据块才可以获取一行，这显然不是一种获取单独行的有效方式。

然而，如果 Oracle 知道在表的一部分(或多个部分)上有索引，那么搜索就不必要按照顺序或者实际没有效率的方式进行。现在来看 SCOTT 用户下的 EMP 表的数据：

ROWID	NO	EMPNO	ENAME	JOB	SAL	DEPTNO
AAAR3sAAEAAAACXAAA	1	7369	SMITH	CLERK	800	20
AAAR3sAAEAAAACXAAB	2	7499	ALLEN	SALESMAN	1600	30
AAAR3sAAEAAAACXAAC	3	7521	WARD	SALESMAN	1250	30
AAAR3sAAEAAAACXAAD	4	7566	JONES	MANAGER	2975	20
AAAR3sAAEAAAACXAAE	5	7654	MARTIN	SALESMAN	1250	30
AAAR3sAAEAAAACXAAF	6	7698	BLAKE	MANAGER	2850	30
AAAR3sAAEAAAACXAAG	7	7782	CLARK	MANAGER	2450	10
AAAR3sAAEAAAACXAAH	8	7788	scott	ANALYST	3000	10
AAAR3sAAEAAAACXAAI	9	7839	KING	PRESIDENT	5000	10
AAAR3sAAEAAAACXAAJ	10	7844	TURNER	SALESMAN	1500	30
AAAR3sAAEAAAACXAAK	11	7876	ADAMS	CLERK	1100	20
AAAR3sAAEAAAACXAAL	12	7900	JAMES	CLERK	950	30
AAAR3sAAEAAAACXAAM	13	7902	FORD	ANALYST	3000	20
AAAR3sAAEAAAACXAAN	14	7934	MILLER	CLERK	1300	10
AAAR3sAAEAAAACXAAO	15	1001	johnson		4500	10
AAAR3sAAEAAAACXAAP	16	1002	mike	engineer	5600	40

上面是常规表 EMP 的数据行的情况(其中 ROWID 是行的物理地址，NO 是行号，其他列是数据表中查出来的数据，只列出了其中的 5 列，其他列值未列出来)，在这里用户可以看到存储在表中的员工没有特定的次序。假如用户希望找到员工名为 JONES 的工资，在没有索引的情况下，就必须搜索所有 16 行，然后进行处理，因为用户即使在第 4 行找到了 JONES，也不

能够保证在表中后面有没有 JONES 的员工了。只有将表中的数据搜索完后,才可以确定没有其他名为 JONES 的行了。

然而这时,如果为 EMP 表创建了索引,假设是按照员工姓名 ename 字段进行了索引,那么,在数据库中就会多了个 EMP 表的索引表(注意:每增加一个索引就会增加一张索引表,索引表的行数与常规表行数相同,列数就是被索引字段列再加一列常规行的物理地址——ROWID)。索引表会存储下列信息:

```
ROWID        ROWNUM ROW_ID                   ENAME
--------  --------  ------------------  ----------
XXXXXXXX         1 AAAR3sAAEAAAACXAAK ADAMS
XXXXXXXX         2 AAAR3sAAEAAAACXAAB ALLEN
XXXXXXXX         3 AAAR3sAAEAAAACXAAF BLAKE
XXXXXXXX         4 AAAR3sAAEAAAACXAAG CLARK
XXXXXXXX         5 AAAR3sAAEAAAACXAAM FORD
XXXXXXXX         6 AAAR3sAAEAAAACXAAL JAMES
XXXXXXXX         7 AAAR3sAAEAAAACXAAD JONES
XXXXXXXX         8 AAAR3sAAEAAAACXAAI KING
XXXXXXXX         9 AAAR3sAAEAAAACXAAE MARTIN
XXXXXXXX        10 AAAR3sAAEAAAACXAAN MILLER
XXXXXXXX        11 AAAR3sAAEAAAACXAAA SMITH
XXXXXXXX        12 AAAR3sAAEAAAACXAAJ TURNER
XXXXXXXX        13 AAAR3sAAEAAAACXAAC WARD
XXXXXXXX        14 AAAR3sAAEAAAACXAAO johnson
XXXXXXXX        15 AAAR3sAAEAAAACXAAP mike
XXXXXXXX        16 AAAR3sAAEAAAACXAAH scott
```

其中第一列是索引表的数据行对应的物理地址,第二列是序号,第三列是原来常规数据表中的物理地址,第四列就是索引列(ename)。这里的第一列与第二列是伪列,第三列与第四列才是真正存在索引表中的数据。

假如我们希望找到员工名为 JONES 的工资,因为这时候 EMP 表中已经为 ename 字段建立了索引,Oracle 就会找到这个索引表,在索引表中去查找员工名为 JONES 的员工。很显然,由于员工姓名已经排序过了,Oracle 会采用内部的算法(一般是采用 B 树索引算法)可以很快地定位到第 7 行的 JONES,因为数据是有序的,这时,只要继续往下查找,第 8 行、第 9 行……直到后面有一行不是名为 JONES 的,那么之后的行都不会有名为 JONES 的记录了(这个很容易理解,因为已经排序了,名为 JONES 的肯定都排在一起)。这里第 8 行就不再是 JONES 了,那么后面的行就不用再扫描了。

当索引表中搜索到第 7 行是 JONES 后,在索引表中并没有员工工资的字段,那它是如何找到工资的呢?这时候就要用到索引表中的“常规表的物理地址行”这一列了,通过其对应的物理地址行去找出常规表中的物理地址对应的行的数据,把其中需要的字段值导出即可。在本例中，索引表中 JONES 对应的 ROW_ID 的值为 AAAR3sAAEAAAACXAAD，而 AAAR3sAAEAAAACXAAD 地址对应存储的是 EMP 表的数据行：

```
AAAR3sAAEAAAACXAAD    4    7566 JONES    MANAGER    2975    20
```

因此，很容易就把 JONES 这个员工的其他所有列值找出来。由于从索引到转向常规数据表中的查找是通过物理地址来查找的，因此，速度相当快。

这时，假如再为 EMP 表的工资字段创建一个索引，那在数据库中会再增加一个索引表，这个索引表的数据则会如下所示：

```
ROWID              NO ROW_ID                       SAL
--------- --------- ------------------ ----------
XXXXXXXX            1 AAAR3sAAEAAAACXAAA          800
XXXXXXXX            2 AAAR3sAAEAAAACXAAL          950
XXXXXXXX            3 AAAR3sAAEAAAACXAAK         1100
XXXXXXXX            4 AAAR3sAAEAAAACXAAC         1250
XXXXXXXX            5 AAAR3sAAEAAAACXAAE         1250
XXXXXXXX            6 AAAR3sAAEAAAACXAAN         1300
XXXXXXXX            7 AAAR3sAAEAAAACXAAJ         1500
XXXXXXXX            8 AAAR3sAAEAAAACXAAB         1600
XXXXXXXX            9 AAAR3sAAEAAAACXAAG         2450
XXXXXXXX           10 AAAR3sAAEAAAACXAAF         2850
XXXXXXXX           11 AAAR3sAAEAAAACXAAD         2975
XXXXXXXX           12 AAAR3sAAEAAAACXAAH         3000
XXXXXXXX           13 AAAR3sAAEAAAACXAAM         3000
XXXXXXXX           14 AAAR3sAAEAAAACXAAO         4500
XXXXXXXX           15 AAAR3sAAEAAAACXAAI         5000
XXXXXXXX           16 AAAR3sAAEAAAACXAAP         5600
```

其中第一列是索引表的数据行对应的物理地址，第二列是序号，第三列是原来常规数据表中的物理地址，第四列就是索引列(sal)。这里的第一列与第二列是伪列，第三列与第四列才是真正存在索引表中的数据。

任务9.2 索引类型

索引有很多种类型，包括唯一索引、组合索引、函数索引、反向键索引、位图索引等，本书主要讲述这几种常用的索引。但用户在使用索引时必须明白，每一种索引适合的场景是不一样的，用户在创建索引时必须考虑应用程序或客户端的使用方式与场景，根据使用方式与场景来创建适当的索引。

(1)**唯一索引**

索引可以是唯一的,也可以是非唯一的。唯一索引可以确保在定义索引的列中,表的任意两行的值都不相同。非唯一的索引没有在列值上规定此限制。Oracle 自动为表的主键列创建唯一索引。创建唯一索引的语法:

create nuique INDEX index_name ON table_name(column_name1 [,column_name2 [⋯]]);

说明:

index_name:索引名

table_name:待创建索引的表名

column_name1⋯column_nameN:对索引表的指定列创建索引,唯一索引的列值可以是多列组合唯一,多列之前用逗号分隔。注意:在创建组合唯一索引时,列的顺序很重要。

下面的例子为学员表的身份证创建唯一索引:

```
SQL > create unique index ind_stu_cardid on student(cardid);

索引已创建。

SQL >
```

(2)**组合索引**

组合索引是在表中的多个列上创建的索引。组合索引中列的顺序是任意的,不必是表中顺序的列。如果 SELECT 语句中的 where 子句引用了组合索引中的所有列或大多数列,则组合索引可以提高数据检索的速度。创建索引时,应注意定义中使用的列的顺序。通常,最频繁访问的列应该放置在列表的最前面。组合索引的语法如下:

create index index_name ON table_name(column_name1 [,column_name2 [⋯]]);

说明:

index_name:索引名

table_name:待创建索引的表名

column_name1⋯column_nameN:对索引表的指定列创建索引,多列之前用逗号分隔。注意:在创建组合唯一索引时,列的顺序很重要,最频繁访问的列应该放置在列表的最前面。

下面的例子为员工表的部门号与工资创建组合索引:

```
SQL > create unique index ind_emp_deptno_sal on emp(deptno,sal);

索引已创建。

SQL >
```

创建组合索引后,索引表的数据如下所示:

```
ROWID              ROWNUM ROW_ID                        DEPTNO        SAL
-------- ---------- ------------------ ---------- ----------
XXXXXXXX          1 AAAR3sAAEAAAACXAAN          10       1300
XXXXXXXX          2 AAAR3sAAEAAAACXAAG          10       2450
XXXXXXXX          3 AAAR3sAAEAAAACXAAH          10       3000
XXXXXXXX          4 AAAR3sAAEAAAACXAAO          10       4500
XXXXXXXX          5 AAAR3sAAEAAAACXAAI          10       5000
XXXXXXXX          6 AAAR3sAAEAAAACXAAA          20        800
XXXXXXXX          7 AAAR3sAAEAAAACXAAK          20       1100
XXXXXXXX          8 AAAR3sAAEAAAACXAAD          20       2975
XXXXXXXX          9 AAAR3sAAEAAAACXAAM          20       3000
XXXXXXXX         10 AAAR3sAAEAAAACXAAL          30        950
XXXXXXXX         11 AAAR3sAAEAAAACXAAE          30       1250
XXXXXXXX         12 AAAR3sAAEAAAACXAAC          30       1251
XXXXXXXX         13 AAAR3sAAEAAAACXAAJ          30       1500
XXXXXXXX         14 AAAR3sAAEAAAACXAAB          30       1600
XXXXXXXX         15 AAAR3sAAEAAAACXAAF          30       2850
XXXXXXXX         16 AAAR3sAAEAAAACXAAP          40       5600
```

组合键索引在查询时注意使用合适的条件才能自动按索引进行查询，否则使用不到索引。下面两个查询中，前面两个语句会使用索引，后面一个语句不会使用索引。代码如下：

```
SQL > select * from emp where deptno = 10 and sal > 2500;

    EMPNO ENAME      JOB              MGR HIREDATE          SAL    DEPTNO
---------- ---------- --------- ---------- -------------
- ------ --------
     7788 scott      ANALYST         7566 19 -4 月 -87      3000        10
     7839 KING       PRESIDENT            17 -11 月 -81     5000        10
     1001 johnson                         24 -5 月 -01      4500        10

SQL > select * from emp where deptno = 20;

    EMPNO ENAME      JOB              MGR HIREDATE          SAL    DEPTNO
---------- ---------- --------- ---------- -------------
- ------ --------
     7369 SMITH      CLERK           7902 17 -12 月 -80      800        20
     7566 JONES      MANAGER         7839 02 -4 月 -81      2975        20
     7876 ADAMS      CLERK           7788 23 -5 月 -87      1100        20
```

```
        7902 FORD        ANALYST        7566 03 -12 月 -81        3000        20

SQL > select * from emp where sal > 2500;

     EMPNO ENAME        JOB            MGR HIREDATE            SAL    DEPTNO
   ---------- ---------- --------- ---------- --------------
- ------ --------
        7566 JONES       MANAGER        7839 02 -4 月 -81         2975        20
        7698 BLAKE       MANAGER        7839 01 -5 月 -81         2850        30
        7788 scott       ANALYST        7566 19 -4 月 -87         3000        10
        7839 KING        PRESIDENT           17 -11 月 -81        5000        10
        7902 FORD        ANALYST        7566 03 -12 月 -81        3000        20
        1001 johnson                         24 -5 月 -01         4500        10
        1002 mike        engineer       7788 13 -9 月 -12         5600        40

已选择 7 行。

SQL >
```

最后一个不能使用索引的原因就是在索引表中,工资列是无序的,所以无法使用索引。所以,组合索引创建与查询使用都要十分仔细!尽量不要创建了索引又使用不上,这样就大大地浪费了 DML 的处理时间与存储空间。

(3)反向键索引

反向键索引是一种特殊类型的索引,在索引基于含有序数的列,并且这些有序数的列反过来会差别很多,这种情况下使用反向键方式创建索引非常有用。如果一个标准索引基于一个含有这种数据的列,往往会因为数据过于密集而降低读取性能,但反向键索引通过简单的反向被索引的列中的数据来解决问题,首先反向每个列键值的字节,然后在反向后的新数据上进行索引,而新数据在值的范围上的分布通常比原来的有序更均匀。因此,反向键索引通常建立在一些值连续增长的列上,例如列中的值是由序列产生的情况。反向键索引的语法如下:

create index index_name ON table_name(Column_name1,...,column_nameN) reverse;

说明:

index_name:索引名

table_name:待创建索引的表名

column_name1...column_nameN:对索引表的指定列创建索引,多列之前用逗号分隔。注意:在创建反向键索引时,一般不用多列,如果用多列,则每列的列值进行反向存储在索引表中。

例如,假设某系统的订单编号列值是由 YYYYMMxxxxxx 共十二位组成,其中 YYYY 表示年,MM 表示月 xxxxx 表示当月的流水序号。这个编号值基本都是有序增值的,并且大数列值的前面部分基本相同，这时可以采用反向键索引（假设表名为 orders，列名为 order_id）。创建索引的代码如下：

```
SQL > create index ind_order_orderid on orders(order_id) reverse;

索引已创建。

SQL >
```

可以使用关键字 NOREVERSE 将反向键索引重建为标准索引。

```
SQL > alter index ind_order_orderid rebuild noreverse;

索引已更改。

SQL >
```

也可以将已经建好的标准索引改为反向键索引。

```
SQL > drop index ind_order_orderid;

索引已删除。

SQL > create index ind_order_orderid on orders(order_id);

索引已创建。

SQL > alter index ind_order_orderid rebuild reverse;

索引已更改。

SQL >
```

（4）**函数索引**

有时，可能要在 where 子句的条件中使用表达式。如果在 where 子句的算术表达式函数中已经包含了某个列，则不会使用该列上的索引。为了方便此类操作，Oracle 提供了一个选项，可以基于一个或多个列上的函数或表达式创建索引。当 where 子句中包含函数或表达式以计算查询时，基于函数的索引十分有用。用于创建索引的函数可以是算术表达式，也可以是包含 PL/SQL 函数、程序包函数或 SQL 函数的表达式。该表达式不能包含任何聚合函数、分组函数等，不能在 LOB 列、REF 列或包含 LOB 或 REF 的对象类型上创建基于函数的索引。

例如，EMP 表中 ename 表示的是员工姓名，该列值的员工姓名都是以混合大小写的形式存储(如 Allen、Johnson、Mike 等),同时,假定用户经常需要根据员工姓名来查询表中的数据,由于这些姓名是以混合大小写的形式存储的,因此可能很难给出员工姓名正确的大小写。所以,每次在查询时,用户必须将查询条件值一律变为大写,而表中存储的员工姓名也临时通过 upper()函数变为大写,统一转换为大写(当然,统一转换为小写也可以)后再进行查询,这样的查询速度当然会变得很慢。假定用户为 ename 创建一个索引,这个索引是把员工姓名的值全部变为大写后再重新排序,这样在查询时既可以使用到索引进行快速地检索,又没有增加更多的存储空间,这就是函数索引的应用。

下面是创建函数索引的语法:

```
create index index_name ON
table_name(function_name1(column_name1),...,function_nameN(column_nameN));
```

说明:

index_name:索引名。

table_name:待创建索引的表名。

column_name1...column_nameN:对索引表的指定列创建索引,多列之前用逗号分隔。

function_name1...function_nameN:对索引表的指定列所采用的函数名。每个列可以是相同的函数名,也可以是不同的函数名。

例如:

```
SQL > create index ind_emp_ename on emp(upper(ename));

索引已创建。

SQL >
```

创建函数索引后,索引表中的数据如下所示:

```
ROWID              ROWNUM ROW_ID                  UPPER(ENAME)
--------  ----------  ------------------  ------------
xxxxxxxx                1 AAAR3sAAEAAAACXAAK ADAMS
xxxxxxxx                2 AAAR3sAAEAAAACXAAB ALLEN
xxxxxxxx                3 AAAR3sAAEAAAACXAAF BLAKE
xxxxxxxx                4 AAAR3sAAEAAAACXAAG CLARK
xxxxxxxx                5 AAAR3sAAEAAAACXAAM FORD
xxxxxxxx                6 AAAR3sAAEAAAACXAAL JAMES
xxxxxxxx                7 AAAR3sAAEAAAACXAAO JOHNSON
xxxxxxxx                8 AAAR3sAAEAAAACXAAD JONES
xxxxxxxx                9 AAAR3sAAEAAAACXAAI KING
xxxxxxxx               10 AAAR3sAAEAAAACXAAE MARTIN
xxxxxxxx               11 AAAR3sAAEAAAACXAAP MIKE
xxxxxxxx               12 AAAR3sAAEAAAACXAAN MILLER
xxxxxxxx               13 AAAR3sAAEAAAACXAAH SCOTT
```

```
xxxxxxxx                 14 AAAR3sAAEAAAACXAAA SMITH
xxxxxxxx                 15 AAAR3sAAEAAAACXAAJ TURNER
xxxxxxxx                 16 AAAR3sAAEAAAACXAAC WARD
```

函数索引在查询时一定要使用该函数作为查询条件才有使用索引,否则都用不上。下面例子中只有第一个查询语句能自动使用函数的索引,其他语句都不会使用函数索引。

```
SQL > select * from emp where upper(ename) = 'JOHNSON';

     EMPNO ENAME      JOB       HIREDATE           SAL  DEPTNO
---------- ---------- --------- ------------ ------ -------
      1001 johnson              24-5月 -01         4500      10

SQL > select * from emp where ename = 'johnson';

     EMPNO ENAME      JOB       HIREDATE           SAL  DEPTNO
---------- ---------- --------- ------------ ------ -------
      1001 johnson              24-5月 -01         4500      10

SQL > select * from emp where lower(ename) = 'johnson';

     EMPNO ENAME      JOB       HIREDATE           SAL  DEPTNO
---------- ---------- --------- ------------ ------ -------
      1001 johnson              24-5月 -01         4500      10

SQL > select * from emp where ename = upper('king');

   EMPNO ENAME      JOB       HIREDATE       SAL  DEPTNO
---------- ---------- --------- ------------ ------ -------
      7839 KING       PRESIDENT 17-11月-81         5000      10

SQL >
```

注意:要合建基于函数或带有表达式的索引,必须具有 QUERY REWRITE 系统权限。

(5)位图索引

位图索引(bitmap index)是从 Oracle 7.3 版本开始引入的。目前 Oracle 企业版和个人版都支持位图索引，但标准版不支持。位图索引是为数据仓库/即时查询环境设计的，在此所有查询要求的数据在系统实现时根本不知道。位图索引特别不适用于 OLTP 系统，如果系统中的数据会由多个并发会话频繁地更新，这种系统也不适用位图索引。

位图索引是这样一种结构，其中用一个索引键条目存储指向多行的指针；这与前面所讲的索引结构不同，在一般的索引结构中，索引键和表中的行存在着一一对应关系。在位图索引中，可能只有很少的索引条目（即索引表的数据行），每个索引条目指向多行。而在传统的索引中，一个索引条目就指向一行。

创建位图索引的语法如下：

create bitmap index index_name ON table_name(column_name);

下面假设要在 EMP 表的 JOB 列上创建一个位图索引，如下所示：

```
SQL > create BITMAP index job_idx on emp(job);
索引已创建。

SQL >
```

Oracle 在索引中存储的内容见表 9.1。

表 9.1　Oracle 如何存储 JOB-IDX 位图索引

值＼行	1	2	3	4	5	6	7	8	9	10	11	12	13	14	15	16
ANALYST	0	0	0	0	0	0	0	1	0	1	0	0	1	0	0	0
CLERK	1	0	0	0	0	0	0	0	0	0	1	1	0	1	0	0
MANAGER	0	0	0	1	0	1	1	0	0	0	0	0	0	0	0	0
PRESIDENT	0	0	0	0	0	0	0	0	1	0	0	0	0	0	0	0
SALESMAN	0	1	1	0	1	0	0	0	0	0	0	0	0	0	0	0
engineer	0	0	0	0	0	0	0	0	0	0	0	0	0	0	0	1
NULL	0	0	0	0	0	0	0	0	0	0	0	0	0	0	1	0

表 9.1 显示了第 8、10 和 13 行的值为 ANALYST，而第 4、6 和 7 行的值为 MANAGER。在此还显示了还有一行为 null（位图索引可以存储 null 条目；如果索引中没有 null 条目，这说明表中没有 null 行）。如果用户想统计值为 MANAGER 的行数，位图索引就能很快地完成这个任务。如果用户想找出 JOB 为 CLERK 或 MANAGER 的所有行，只需根据索引合并它们的位图，见表 9.2。

表9.2　位OR的表示

值＼行	1	2	3	4	5	6	7	8	9	10	11	12	13	14	15	16
ANALYST	0	0	0	0	0	0	0	1	0	1	0	0	1	0	0	0
CLERK 或 MANAGER	1	0	0	1	0	1	1	0	0	0	1	1	0	1	0	0
PRESIDENT	0	0	0	0	0	0	0	0	1	0	0	0	0	0	0	0
SALESMAN	0	1	1	0	1	0	0	0	0	0	0	0	0	0	0	0
engineer	0	0	0	0	0	0	0	0	0	0	0	0	0	0	0	1
NULL	0	0	0	0	0	0	0	0	0	0	0	0	0	0	1	0

表9.2清楚地显示出,第1、4、6、7、11、12还有14行满足用户的要求。Oracle为每个键值存储位图,使得每个位置表示底层表中的一个rowid,以后如果确实需要访问行时,可以利用这个rowid进行处理。对于以下查询:

```
select count( * ) from emp where job = 'CLERK' or job = 'MANAGER';
```

用位图索引就能直接得出答案。另一方面,对于以下查询:

```
select * from emp where job = 'CLERK' or job = 'MANAGER'
```

则需要访问表。在此Oracle会应用一个函数把位图中的第i位转换为一个rowid,从而可用于访问表。

那么,在什么情况下应该使用位图索引呢?

位图索引对于相异基数(distinctcard inality)低的数据最为合适(也就是说,与整个数据集的基数相比,这个数据只有很少几个不同的值)。对此作出量化是不太可能的——换句话说,很难定义低相异基数到底是多大。在一个有几千条记录的数据集中,2就是一个低相异基数,但是在一个只有两行的表中,2就不能算是低相异基数了。而在一个有上千万或上亿条记录的表中,甚至10万条都能作为一个低相异基数。所以,多大才算是低相异基数,这要相对于结果集的大小来说。这是指,行集中不同项的个数除以行数应该是一个很小的数(接近于0)。例如,GENDER列可能取值为M、F和NULL。如果一个表中有2万条员工记录,那么3/20 000=0.000 15。类似地,如果有10万个不同的值,与1 100万条结果相比,比值为0.01,同样这也很小(可算是低相异基数)。这些列就可以建立位图索引。它们可能不适合建立普通索引(B*树索引),因为每个值可能会获取表中的大量数据(占很大百分比)。如前所述,普通索引(B*树索引)一般来说应当是选择性的。与之相反,位图索引不应是选择性的,一般来说它们应该"没有选择性"。

不过,在某些情况下,位图并不合适。位图索引在读密集的环境中能很好地工作,但是对于写密集的环境则极不适用。原因在于,一个位图索引键条目指向多行。如果一个会话修改了所索引的数据,那么在大多数情况下,这个索引条目指向的所有行都会被锁定。Oracle无法锁定一个位图索引条目中的单独一位;而是会锁定这个位图索引条目。倘若其他修改也需要更新同样的这个位图索引条目,就会被"关在门外"。这样将大大影响并发性,因为每个更新都有可能锁定数百行,不允许并发地更新它们的位图列。在此不是像你所想的那样锁定每一行,而是会锁定很多行。位图存储在块(chunk)中,所以,使用前面的 EMP 例子就可以看到,索引键 ANALYST 在索引中出现了多次,每一次都指向数百行。更新一行时,如果修改了 JOB 列,则需要独占地访问其中两个索引键条目:对应老值的索引键条目和对应新值的索引键条目。这两个条目指向的数百行就不允许其他会话修改,直到 UPDATE 提交。

因此,如果用户查询的列的基数非常小,只是有限的几个固定值,如性别、民族、行政区等。要为这些基数值比较小的列建立索引时,就需要建立位图索引。如果一定要说一个具体标准的话,那么我们认为如果基数值在整个表记录的 1% 以内或者字段内容的重复值在百次以上,则通过位图索引可以起到不错的效果。

大部分情况下都是通过基数值来确定是否需要使用位图索引。但是还有一种比较特殊的情况,可能这个列的基数值非常大,也就是说这个列中的值重复性不是很高。但是只要起满足一定的条件,那么在这个字段上创建位图索引,也可以起到不错的效果。一般来说,如果字段往往在 where 查询条件语句中被用到,并且采用的运算符为 AND 或者 OR 的逻辑运算符号的话,那么采用位图索引的效果也比其他的索引要好得多。

从位图索引的效果上来看,则最好把建立位图索引的列设置为固定长度的数据类型。因为位图索引使用固定长度的数据类型要比可变长度的数据类型在性能上要更加的优越。也就是说,如果要在某个字符类型的列上建立位图索引,那么最好把这个列的数据类型设置为 char(即使其实际存储的长度不同),而不是设置额外 varchar2。因为相对于性能提升来说,这点空间的损失仍然是值得的。

位图索引具有下述优点。

①对于大批即时查询,可以减少响应时间。

②相比其他索引技术,占用空间明显减少。

③即使在配置很低的终端硬件上,也能获得显著的性能。

除上前面我们讲到的 5 种索引之外,Oracle 还支持其他索引类型,例如,索引组织表、B * Tree 索引、HASH 索引、降序索引等。此外,索引对象也与表对象一样,对于巨大表的索引也可以进行分区。

任务 9.3 索引维护

索引是需要维护的,一般情况下,对数据表进行了增加、删除、修改等 DML 操作后,Oracle 会自动维护数据表所创建的所有索引。这就带来了一个新的问题,对于数据表创建大量的索引后,会对增加、删除、修改的操作带来大量的维护工作。

假设 EMP 表创建了 10 个不同的索引,当对 EMP 表增加一条记录后,不仅需要对 EMP 表中的数据进行增加,还要对 10 个索引表进行维护。可见,索引不是创建得越多越好,而是要适当。当然,对于 EMP 表的查询,可能就会更快速一些,但也要在查询时能使用上索引才有效,否则创建了一大堆索引都是无用的索引,那就只会对表的 DML 操作带来负担,增加空间的开销,却并未对查询带来好处。

（1）**重建索引**

有时需要手工重建索引时，可用下列语法来实现索引的重建：

alter index index_name rebuild;

例如，把上面的索引 ind_emp_deptno_sal 进行重建，代码如下：

```
SQL > alter index ind_emp_deptno_sal rebuild;

索引已更改。

SQL >
```

（2）**查看索引**

用 user_indexes 和 user_ind_columns 系统表查看已经存在的索引。

对于系统中已经存在的索引可以通过以下的两个系统视图（user_indexes 和 user_ind_columns）来查看其具体内容，例如是属于哪个表、哪个列及具体有些什么参数等。

user_indexes：系统视图存放是索引的名称以及该索引是否是唯一索引等信息。

user_ind_column：系统视图存放的是索引名称，对应的表和列等。

例如，查看 EMP 表有哪些索引，代码如下：

```
SQL > select index_name,index_type,table_name from user_indexes
  2   where table_name = 'EMP';

INDEX_NAME                   INDEX_TYPE                  TABLE_NAME
---------------------------  -------------------------  -----
---------------
INDEX_NAME                   NORMAL/REV                  EMP
IND_EMP_DEPTNO_SAL           NORMAL                      EMP
IND_EMP_ENAME                FUNCTION - BASED NORMAL     EMP
JOB_IDX                      BITMAP                      EMP
PK_EMP                       NORMAL                      EMP

SQL >
```

下面的例子是查看各个索引表中哪些列进行了索引，代码如下：

```
SQL > select index_name,table_name,column_name from user_ind_columns where table_
name = 'EMP';

INDEX_NAME                   TABLE_NAME                  COLUMN_NAME
```

```
------------------------- ------------------------- ---
-----------------
INDEX_NAME                    EMP                    ENAME
INDEX_NAME                    EMP                    JOB
IND_EMP_DEPTNO_SAL            EMP                    DEPTNO
IND_EMP_DEPTNO_SAL            EMP                    SAL
IND_EMP_ENAME                 EMP                    SYS_NC00009 $
JOB_IDX                       EMP                    JOB
PK_EMP                        EMP                    EMPNO

已选择 7 行。

SQL >
```

另外,如果索引分区后,则可以通过 user_ind_partitions 来获取有关用户已经创建分区索引的详细信息。

思考练习

一、选择题

1. 在列的聚会重复率比较高的列上,适合创建(　　)索引。

A. 标准　　B. 唯一　　C. 位图　　D. 组合

2. (　　)索引在表中的多个列上创建。

A. 标准　　B. 唯一　　C. 位图　　D. 组合

3. 下面(　　)与需要建立索引的因素无关。(选择两项)

A. 对表的查询相对较多,增加、删除、修改的操作相对较少

B. 表的数据量较大

C. 表中列值的重复率高

D. 表中列值是字符串类型

4. 如果列中不同值的数目比表中行的数目少,则此列适合创建(　　)索引。

A. 标准　　B. 唯一　　C. 分区　　D. 位图

5. 下面语句会自动创建(　　)索引。

create table orders(order_no int primary key,order_date date,prod_id int)

A. 标准　　B. 唯一　　C. 位图　　D. 不会创建索引

6. 查询表创建了哪些索引可在(　　)视图中查找。

A. user_indexes　　B. user_views

C. user_ind_columns　　D. user_ind_partitions

7. 查询表中哪些列上创建了索引可在(　　)视图中查找。

A. user_indexes　　B. user_views

C. user_ind_columns　　D. user_ind_partitions

8. 索引最有用的是(　　)。

A. 索引列被声明为 not null

B. 在查询语句的 where 子句中使用了索引列

C. 索引包含许多不同的值

D. 在 insert 语句中显示指定了索引列名以及列值

9. 下面关于索引说法正确的是(　　)。(选择两项)

A. 索引创建得越多越好　　B. 索引越多,增加、删除、修改操作的开销越大

C. 索引越多,查询越快　　D. 索引会自动维护

二、简答题

1. 简述索引的优缺点。

2. 简述位图索引与标准索引相比的优点。

3. 简述什么情况下应该使用反向键索引。

三、代码题

创建一张职称表(包括职称编号、职称名、职称描述),然后为职称编号建立一个主键,为职称名称建一个唯一索引。

项目 10
PL/SQL 编程

【学习目标】

1. 掌握 PL/SQL 的语法。
2. 掌握数据类型及其用法。
3. 掌握逻辑运算符。
4. 掌握控制结构。
5. 了解动态 SQL。
6. 了解异常处理。

【必备知识】

PL/SQL(Procedural Language/SQL)是 Oracle 对标准数据库语言的扩展,其结合了 Oracle 过程语言和结构化查询语言(SQL)。PL/SQL 支持多种数据类型,可以使用条件语句和循环语句等控制结构。PL/SQL 可用于创建存储过程、触发器和程序包等,也用来处理业务规则、数据库事件或给 SQL 命令的执行添加程序逻辑。Oracle 公司已经将 PL/SQL 整合到 Oracle 服务器和其他工具中,近几年中更多的开发人员和 DBA 开始使用 PL/SQL,本章将讲述 PL/SQL 基础语法,结构和组件以及如何设计并执行一个 PL/SQL 程序。

任务 10.1　PL/SQL 块

PL/SQL 语言具有结构化、易读和易于理解的特点。如果是刚开始进行程序开发工作,那么选择 PL/SQL 是一个适当的开始。PL/SQL 语言包含了大量的关键字、结构,这使得 PL/SQL 写成的程序非常易于理解,也容易学习,是一种标准化、轻便式的 Oracle 开发模式。PL/SQL 就是 SQL 语句的超集,也可称为“可程序化”的 SQL 语言,是一种容易学习上手的语言。先来了解一下 PL/SQL 的优点,如下所述。

(1)PL/SQL 的优点

PL/SQL 是一种可以移植的高性能事务处理语言,其支持 SQL 和面向对象编程,提供了良

好的性能和高效的处理能力。PL/SQL的优点包括:

1)支持SQL

SQL是访问数据库的标准语言,通过使用SQL命令,用户可以轻松地操纵存储在关系数据库中的数据。PL/SQL允许使用所有的SQL数据操纵命令、游标控制命令、事务控制命令、SQL函数、运算符与伪列,因此,可以更加灵活而有效地操纵表中的数据。

PL/SQL还支持动态SQL,这种高级的编程技术使应用程序更加灵活和通用,可以在程序运行过程中动态构造和运行各种SQL命令。

2)支持面向对象编程

面向对象编程以对象为中心,对象是构建面向对象应用程序的基本部分。使用OOP开发应用程序大大减少了建立复杂应用程序所需要的成本和时间。对象类型是面向对象的理想建模工具,允许属于不同组的开发人员同时开发软件组件。PL/SQL全面支持面向对象的编程。

3)更好的性能

SQL是一种非过程语言,在此语文中一次只能执行一条语句,因此在连续的语句之间没有关联。使用PL/SQL可以一次处理整个语句块。这样减少了在应用程序和Oracle服务器之间进行通信所花费的时间,从而提高了性能。过程调用是快速而高效的,因为PL/SQL存储过程编译一次后,是以可执行的形式存储的。

4)可移植性

使用PL/SQL编写的应用程序可移植到安装在任何操作系统或平台的Oracle服务器上,还可以编写可移植程序库,在不同的环境中重用。

5)与SQL集成

PL/SQL和SQL语文紧密集成。PL/SQL支持所有的SQL数据类型和NULL值,简化了对Oracle数据的操纵。%TYPE和%ROWTYPE属性更加强了这种集成。

6)安全性

可以通过PL/SQL存储过程对客户机和服务器之间的应用程序逻辑进行分隔,这样就可以阻止客户机应用程序操纵敏感的Oracle数据。可以限制对Oracle数据的访问,其方法是仅允许用户通过存储过程操纵它。

(2)PL/SQL**的体系结构**

PL/SQL引擎用来编译和执行PL/SQL块或子程序,该引擎驻留在Oracle服务器中,PL/SQL引擎仅执行过程语句,而将SQL语句发送给Oracle服务器上的SQL语句执行器,由SQL语句执行器执行这些SQL语句。PL/SQL体系结构如图10.1所示。

(3)PL/SQL**块**

PL/SQL是一种块结构的语言,组成PL/SQL程序的单元是逻辑块。PL/SQL块将逻辑上相关的声明和语句组合在一起。这些块放在数据库中未命名,所以称为匿名块,在运行时被传递到PL/SQL引擎以便执行。本章只讲解PL/SQL匿名块,而命名的PL/SQL块(如过程、函数、触发器、程序包等)将在后面的章节中一一讲解。

在PL/SQL块中可以使用select、update、insert、delette等DML语句、事务控制语句以及SQL函数等。PL/SQL块中不允许直接使用DDL语句(如create、drop、alter、truncate table),不过DDL语句可以通过动态SQL来执行。

一个PL/SQL程序包含了一个或多个逻辑块,每个块都可以划分为3个部分,即声明部分

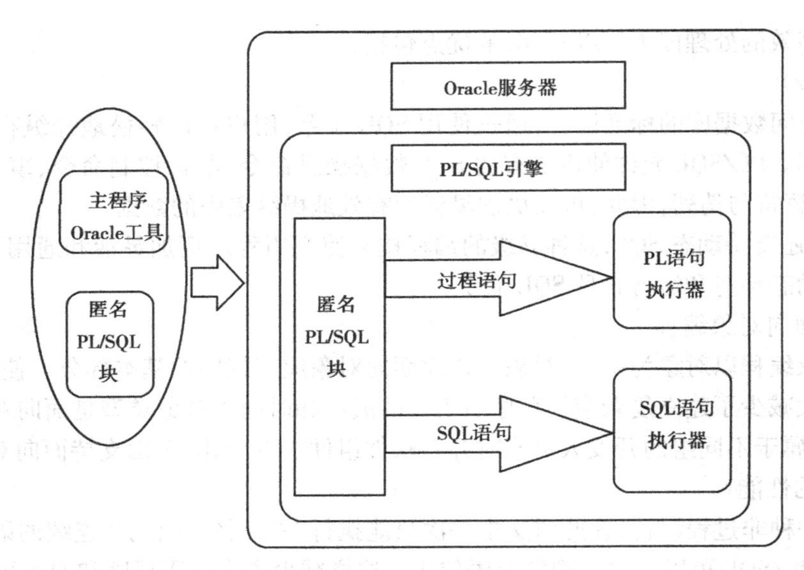

图 10.1　PL/SQL 体系结构

(Declaration section)、可执行部分(Executable section)、异常处理部分(Exception section)。下面进行简单介绍:

1)声明部分

声明部分(Declaration section)包含了变量和常量的数据类型和初始值。这个部分是由关键字 DECLARE 开始,如果不需要声明变量或常量,那么可以忽略这一部分;需要说明的是游标的声明也在这一部分。

2)执行部分

执行部分(Executable section)是 PL/SQL 块中的指令部分,由关键字 BEGIN 开始,所有的可执行语句都放在这一部分,其他的 PL/SQL 块也可以嵌套放在这一部分。PL/SQL 块的可执行部分是必选项。

3)异常处理部分

异常处理部分(Exception section)是可选的,在这一部分中处理可执行部分引发的异常或错误,对异常处理的详细讨论将在后面进行。

PL/SQL 块语法如下:

```
[declare]
--declaration statements
begin
--executable statements
[exception]
--exception statements
end;
```

PL/SQL 是一种编程语言,因此与其他编程语言(如 java、C#等)大同小异。下面是 PL/SQL 中的一些特殊的语言特征:

①PL/SQL 块中的每一条语句都必须以分号结束,SQL 语句可以是多行的,但分号表示该语句的结束。

②一行中可以有多条 SQL 语句,它们之间以分号分隔。
③每一个 PL/SQL 块由 BEGIN 或 DECLARE 开始,以 END 结束。
④注释由“ -- ”(两个减号)表示,多行注释可以用“/ * ”开始,用“ * /”结束。
⑤PL/SQL 对大小写不敏感。
PL/SQL 中的复合符号的含义如下:
①: =　赋值操作符。
②||　连接操作符。
③-　单行注释。
④/ * , * /　多行注释。
⑤<<, >>　标签分隔符。
⑥..　范围操作符。
⑦**　求幂操作符。

任务10.2 PL/SQL 的数据

在 PL/SQL 块的可执行部分引用变量和常量前,必须先对其进行声明。变量和常量在 PL/SQL 块的声明部分声明,在 PL/SQL 块的可执行部分使用它们。

(1)变量

变量存放在内存中以获得值,能被 PL/SQL 块引用。用户可以将变量想象成一个可储藏东西的容器,容器内的东西是可以改变的。

1)声明变量

变量一般都在 PL/SQL 块的声明部分声明,PL/SQL 是一种强壮的类型语言,这就是说在引用变量前必须首先声明,要在执行或异常处理部分使用变量,那么变量必须首先在声明部分进行声明。

声明变量的语法如下:

variable_name [CONSTANT] datatype [(size)][not null][{: = |default} expression]

注意:

variable_name:表示变量名称。
constant:表示该变量为常量。
datatype:表示变量的 SQL 或 PL/SQL 数据类型。
size:指定变量的范围。
not null:指变量的值不允许为空。
: = :是给变量赋予 expression 的值。
default:指给变量赋予默认值为 expression 的值。

可以在声明变量的同时给变量强制性地加上 NOT NULL(非空)约束条件,此时变量在初始化时必须赋值。

2)给变量赋值

给变量赋值有两种方式,如下所述。

①直接给变量赋值:这种赋值一般都是在 PL/SQL 代码中计算出来的值赋给变量。

```
SQL > declare
  2     x int := 10;
  3     y int not null default 20;
  4     z int default 30;
  5  begin
  6     x := y + z;
  7     x := 100;
  8  end;
  9  /

PL/SQL 过程已成功完成。

SQL >
```

②通过 SQL SELECT INTO 或 FETCH INTO 给变量赋值,这种赋值一般都是把数据库表中查询出来的值赋给变量。

```
SQL > declare
  2     v_sal float;
  3  begin
  4     select sum(sal) into v_sal from emp where deptno = 10;
  5     dbms_output.put_line('v_sal ='||v_sal); -- 在屏幕上输出结果
  6  end;
  7  /

PL/SQL 过程已成功完成。

SQL >
```

上面的例子是将 10 部门员工的工资总和赋给 v_sal 变量,然后在屏幕上输出结果,不过可以发现屏幕上除了提示“PL/SQL 过程已成功完成”之外,并没有任何的结果输出。原来,在 PL/SQL 中的“dbms_output.put_line()”语句类似于 java 代码中的“System.out.println()”语句,都是用于在控制台上输出结果的,而 Oracle 的 SQLPLUS 环境中,有一个开关“serveroutput”是用来控制是否在 SQLPLUS 环境下输出结果,如果“serveroutput”的值为 on,则表示需要在控制台中输出结果,如果“serveroutput”的值为 off,则表示不需要在控制台中输出结果。而 SQLPLUS 环境下“serveroutput”的默认值为 off,所以就没有输出结果。现在只要把这个开关打到 on 状态就可以了。看下面代码:

```
SQL > set serveroutput on
SQL > declare
  2     v_sal float;
  3   begin
  4     select sum(sal) into v_sal from emp where deptno = 10;
  5     dbms_output.put_line('v_sal ='||v_sal);
  6   end;
  7   /
v_sal = 16250

PL/SQL 过程已成功完成。

SQL >
```

一旦“serveroutput”开关打开后，这个客户端以后的输出语句都能在控制台输出结果了，直到执行“set serveroutput off”命令为止。

(2)常量

常量与变量相似，但常量的值在程序内部不能改变，常量的值在定义时赋予，它的声明方式与变量相似，但必须包括关键字 CONSTANT。常量和变量都可被定义为 SQL 和用户定义的数据类型。

```
SQL > declare
  2     zero constant number := 0;
  3   begin
  4     --处理程序
  5     dbms_output.put_line('zero ='||zero); --相当于使用常量
  6     --处理业务
  7   end;
  8   /
zero =0

PL/SQL 过程已成功完成。

SQL >
```

这个语句定义了一个名为 ZERO、数据类型是 NUMBER、值为 0 的常量。另外，在初始化变量和常量时，也可以用保留字 DEFAULT 替换赋值操作符(:=)。例如：

```
SQL > declare
  2     v_name varchar(16) default 'johnson';
  3     v_sex char(1) default 'F';
  4   begin
  5     dbms_output.put_line('name ='||v_name);
  6   end;
  7   /
name = johnson

PL/SQL 过程已成功完成。

SQL >
```

任务 10.3　PL/SQL 的数据类型

每个 PL/SQL 变量都具有一个指定存储格式、值的有效范围和约束条件的数据类型。PL/SQL提供了各种内置数据类型。变量类型可以是 VARCHAR2、INTEGER、FLOAT、CHAR、LONG、LONG RAW、RECORD、引用类型以及 LOB 类型等。PL/SQL 提供的 4 种内置数据类型是：

①标量数据类型。

②LOB 类型。

③组合数据类型。

④引用数据类型。

除允许使用内置数据类型之外，PL/SQL 还允许用户定义自己的子类型和使用属性类型。本书只讲解标量数据类型与 LOB 类型，对于组合数据类型、引用数据类型以及自定义数据类型，本书不作讲解。各种数据类型如图 10.2 所示。

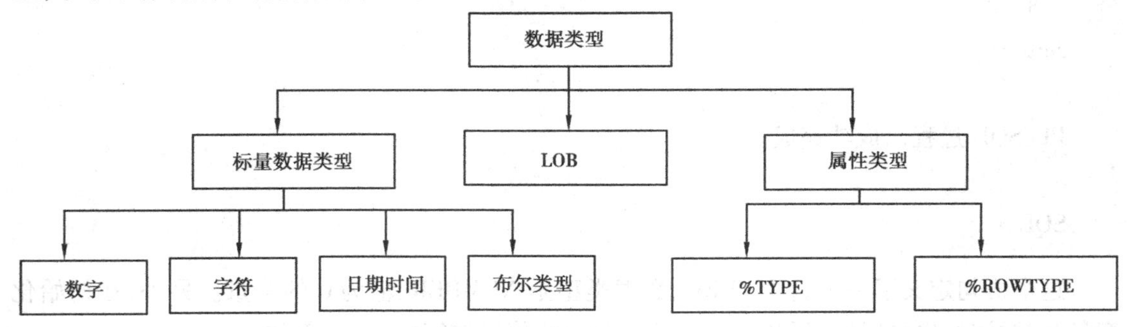

图 10.2　PL/SQL 数据类型

(1)标量(scalar)数据类型

标量(scalar)数据类型没有内部组件,仅包含单个值。它们大致可分为以下4类:number、character、date/time、boolean。

1)数字型

数字类型数据存储的是数字,用此数据类型存储的数据可用于计算。其类似于 SQL 的 NUMBER 数据类型。数字类型包括子类型:BINARY_INTEGER、NUMBER、PLS_INTEGER。

①BINARY_INTEGER 主要用于存储带符号的整数。BINARY_INTEGER 值的大小范围为 $-2^{31}-1 \sim 2^{31}-1$。PL/SQL 又为 BINARY_INTEGER 定义了5种子类型。

②NUMBER 主要用于存储整数、定点数与浮点数。number 数据类型的大小范围为 10E-130 至 10E125。存储范围之外的值会导致 Oracle 出现数值溢出错误。还可以指定精度(即总位数)和小数位数(即小数点右侧的位数)。语法如下:

number[(precision,scale)]

其中:precision 是精度,scale 是小数位数。

当希望声明不指定其精度或小数位数的浮点数时,可以直接使用 NUMBER,不需要指定 precision 与 scale。

可以不指定精度,则其默认为38或系统支持的最大值。

小数位数用于确定出现四舍五入的位置,其范围为 -84 ~ 127。例如,如果小数位数为2,则四舍五入到百分位。值2.456将变为2.46。负小数位数四舍五入到小数点的左侧。例如,如果小数位为 -2,则四舍五入到百位(2 455 变为 2 500)。如果小数位数为0,则四舍五入为最接近的整数。如果没有指定小数位数的值,则其默认为0。

③PLS_INTEGER 用于存储带符号的整数。PLS_INTEGER 的大小范围为 $-2^{31} \sim 2^{31}$。与 NUMBER 和 BINARY_INTEGER 类型相比,其执行运算的速度更快。PLS_INTEGER 运行以机器算术运算为基础,而 NUMBER 和 BINARY_INTEGER 运行以库算术运算为基础。此外,与 NUMBER 数据类型相比,PLS_INTEGER 需要的存储空间更小。通常建议在执行处于 PLS_INTEGER 数值范围内的所有计算时使用此数据类型以提高效率。

数字类型的子类型及其描述见表10.1。

表10.1　数值类型的子类型及其描述

数值类型	数值子类型	描　述
BINARY_INTEGER	NAURAL	可以限制变量存储非负整数值
	NATURALN	可以限制变量存储自然数,且非空
	POSITIVE	可以限制变量存储正整数
	POSITIVEN	可以限制变量存储正整数,且非空
	SIGNTYPE	可以限制变量只存储 -1、0、1 三个值
PLS_INTEGER	PLS_INTEGER	用于存储带符号的整数,范围为 $-2^{31} \sim 2^{31}$

续表

数值类型	数值子类型	描　述
NUMBER	DECIMAL	用于声明最高精度为 38 位的十进制数字的定点数
	FLOAT	用于声明最高精度为 38 位的十进制数字的浮点数
	INTEGER	用于声明最高精度为 38 位的十进制数字的整数
	REAL	用于声明最高精度为 18 位的十进制数字的浮点数

举个例子，声明一个每月工资变量，该变量整数部分是 6，小数部分是 2，如下所述：

```
month_salary number(8,2);
```

可以看到，括号里面的第一个数字表示整个变量的长度，而第二个数字就表示小数部分的长度。

2)字符数据类型

字符数据类型用于存储字符串或字符数据。字符数据类型包括下述种类。

①CHAR。此类型变量与 SQL 的 Char 类型一致，都是存储固定长度的字符数据类型。语法如下所示：

CHAR [(maximum_size [CHAR|BYTE])]

其中，maximum_size 是最大长度。

CHAR 数据类型带一个可选参数，此参数用于指定不超过 32 767 字节的最大长度。可以用字符数或字节数指定长度。如果未指定长度，则它默认为 1。如果以字节(而不是字符)为单位指定最大长度，则 CHAR(n)变量可能太小而无法容纳 *n* 个多字节字符。为避免这一可能性，请使用表示法 CHAR(n CHAR)，以使变量可以容纳数据库字符集的 *n* 个字符，即使其中的某些字符包含多个字节也能容纳。在 Oracle 中，CHAR 类型的数据库表的列值最多可以容纳 2 000 个字节。因此，向 CHAR 类型的数据库表的列中插入长度大于 2 000 个字节的 CHAR 值是不可能的。可以向 LONG 数据库列中插入任何 CHAR(n)值，因为 LONG 列的最大是 2^{31} 个字节或 2 GB。但是，不能将 LONG 列中长度 32 767 大于个字节的值检索到 CHAR(n)变量中。

②RAW。此类型用于存储二进制数据或字节串。字符变量是由 Oracle 在字符集之间自动转换的(如果有必要)。它们类似于 CHAR 变量，不同之处是它们不在字符集之间进行转换。该类型用于存储固定长度的二进制数据。语法如下所示：

RAW(maximum_size)

其中，maximum_size 是最大长度。

RAW 数据类型带一个参数，此参数用于指定最大长度。RAW 变量的最大长度是 32 767 个字节，但是，数据库 RAW 列的最大长度是 2 000 个字节，因此不能向 RAW 列中插入长度超过 2 000 个字节的 RAW 值。但是，可以向 LONG RAW 列中长度大于 32 767 个字节的值检索到 RAW 变量中是不可能的。

③LONG 与 LONG RAW。LONG 类型是可变长度的字符串，其最大长度为 32 760 个字节。LONG 类型类似于 VARCHAR2 类型，只是长度不一样。与数据库表中列的 LONG 类型有所不同，数据库表中列的 LONG 类型有很多的限制，这里不会受限。

LONG RAW 类型类似于 RAW 数据类型，不同之处就在于 PL/SQL 不在字符集之间进行转换。此类型用于存储二进制数据或字节串,LONG RAW 变量的最大长度是 32760,而数据库表中列的这个类型最大长度是 2 GB。

④VARCHAR2。此类型变量可以容纳可变长度字符串,与数据库表的列类型基本一样。但最大长度不一样,数据库表中列类型的最大长度是 4 000,而 PL/SQL 的最大长度是 32 767 个字节。语法如下:

VARCHAR2(maximum_size [CHAR|BYTE])

其中,maximun_size 是最大长度。

VARCHAR2 数据类型带一个参数用来指定变量的长度,最大长度为 32 767 字节。可以用字符数或字节数来指定长度,在数据库表中列中,VARCHAR2 数据类型可以容纳 4 000 个字节。VARCHAR2 数据类型包括两种子类型。即 STRING、VARCHAR。这两种子类型与 VARCHAR2是完全一样的,只是名字不同而已。

字符数据类型的所有类型见表 10.2。

表 10.2 字符数据类型

数据类型	PL/SQL 范围	SQL 范围	说 明
CHAR	最大长度 32 767 字节	2 000 字节	存储定长字符串,如果长度没有确定,缺省是 1
LONG	最大长度 32 760 字节	2 GB	存储可变长度字符串
RAW	最大长度 32 767 字节	2 000 字节	用于存储二进制数据和字节字符串,当在两个数据库之间进行传递时,RAW 数据不在字符集之间进行转换
LONG RAW	最大长度 32 760 字节	2 GB	与 LONG 数据类型相似,同样其也不能在字符集之间进行转换
ROWID	18 个字节		与数据库 ROWID 伪列类型相同,能够存储一个行标示符,可以将行标示符看作数据库中每一行的唯一键值
VARCHAR2	最大长度 32 767 字节	4 000 字节	存储可变长度的字符串。声明变量时需要附带变量的长度

字符类型变量使用得最多的就是 VARCAHR2 类型,同时也是 PL/SQL 程序中使用得最频繁的数据类型,下面是两个变量的声明例子:

```
remark    varchar2(400); --备注
accNo      varchar2(18); --18 位账号
```

3)日期

日期时间数据类型主要用于存储日期与时间的数据,主要包括 DATE 与 TIMESTAMP,与 SQL 数据类型完全一样。

①DATE。此数据类型用于存储固定长度的日期和时间数据。其支持的日期范围为:从公元前(B. C. E)4712 年 1 月 1 日到公元(C. E.)9999 年 12 月 31 日。DATE 数据类型包括时间(时分秒)。日期函数 SYSDATE 用于返回当前日期和时间。

②TIMESTAMP。此数据类型用于存储日期和时间。如果使用 TIMESTAMP 数据类型，则其存储日期及时间(包括小数秒)。此数据类型从 7 ~ 11 个字节不等。TIMESTAMP 数据是 DATE 数据类型的扩展，它存储年、月、日、小时、分钟与秒。日期函数 SYSTIMESTAMP 返回当前的日期时间信息。语法如下所示：

TIMESTAMP [(precision)]

其中 precision 是精度。

precision 参数是可选的。在指定精度参数时，它代表秒字段小数部分中的位数。指定的精度不能是符号常量或变量。必须使用范围为 0 ~ 9 的整数文字，默认值是 6。

4)布尔类型

布尔数据类型(BOOLEAN)只能用于存储逻辑值 TRUE、FALSE、NULL，此类别只有一种数据类型。SQL 无此数据类型。因此，BOOLEAN 数据类型在 PL/SQL 中使用有较多限制：

①不能将 BOOLEAN 数据插入到数据库列中。

②不能将列值提取或选择到 BOOLEAN 变量中。

③只允许对 BOOLEAN 变量执行逻辑操作。

(2)LOB 类型

Oracle 提供了 LOB (Large OBject)类型，用于存储非结构化数据的数据对象的类型。非结构化数据包括文本、图形图像、视频音频等。LOB 数据类型的存储大小最大不超过 4 GB。LOB 数据类型允许快速、高效和随机地访问数据。Oracle 目前主要支持 BFILE、BLOB、CLOB 及 NCLOB 类型 4 种在对象类型。

LOB 数据类型的数据库列用于存储定位器，而该定位器指向大型对象的存储位置。这些大型对象可以存储在数据库中，也可以存储在文件中。PL/SQL 通过这些定位器对 LOB 数据类型进行操作。DBMS_LOB 程序包就是用于操纵 LOB 数据的定位器。

1)BFILE (Movie)

存放大的二进制数据对象，这些数据文件不放在数据库里，而是放在操作系统的某个目录里，数据库的表里只存放文件的目录。

2)BLOB(Photo)

存储大的二进制数据类型。变量存储大的二进制对象的位置。大二进制对象的大小≤4 GB。

3)CLOB(Book)

存储大的字符数据类型。每个变量存储大字符对象的位置，该位置指到大字符数据块。大字符对象的大小≤4 GB。

4)NCLOB

存储大的 NCHAR 字符数据类型。每个变量存储大字符对象的位置，该位置指到大字符数据块。大字符对象的大小≤4 GB。

因 BFILE 与 BLOB 使用较少，因此，这里只简单地为 CLOB 举个例子。

例如创建一张表，包含 CLOB 列的类型，并将这张表中插入值，然后再读出 CLOB 的值。代码如下：

```
SQL > create table book_resume (bookid int,bookdesc varchar(32),booktext CLOB);

表已创建。

SQL > insert into book_resume values(8,'第八章 PL/SQL 编程',  2   'ORACLE 提供了LOB (Large OBject)类型,用于存储非结构化数据的数据对象的类型。非结构化数据包括文本、图形图像、视频音频等。LOB 数据类型的存储大小最大不超过 4 GB。LOB 数据类型允许快速、高效和随机访问数据。ORACLE 目前主要支持 BFILE、BLOB、CLOB 及 NCLOB 类型 4 种在对象类型。');

已创建 1 行。

SQL > insert into book_resume values(9,'第九章 触发器',EMPTY_CLOB());

已创建 1 行。

SQL >declare
  2     v_bookid int;
  3     v_bookDesc varchar2(1000);
  4     v_bookText clob;
  5     amount integer default 1000;  --要读取的字符数
  6     offset int default 1; --起始位置
  7     v_output varchar2(1000);
  8   begin
  9     select bookid,bookdesc,booktext into
 10        v_bookid,v_bookDesc,v_bookText
 11     from book_resume
 12     where bookid =8;
 13     dbms_lob.read(v_bookText,amount,offset,v_output);
 14     dbms_output.put_line('书号:'||v_bookid);
 15     dbms_output.put_line('书章节:'||v_bookDesc);
 16     dbms_output.put_line('书简介 1:'||v_bookText);
 17     dbms_output.put_line('书简介 2:'||v_output);
 18 end;
 19 /

书号:8
书章节:第八章 PL/SQL 编程
```

```
书简介1:Oracle提供了LOB (Large OBject)类型,用于存储非结构化数据的数据对象的类型。非结构化数据包括文本、图形图像、视频音频等。LOB数据类型的存储大小最大不超过4 GB。LOB数据类型允许快速、高效和随机地访问数据。Oracle目前主要支持BFILE、BLOB、CLOB及NCLOB类型4种在对象类型。
书简介2:Oracle提供了LOB (Large OBject)类型,用于存储非结构化数据的数据对象的类型。非结构化数据包括文本、图形图像、视频音频等。LOB数据类型的存储大小最大不超过4 GB。LOB数据类型允许快速、高效和随机地访问数据。Oracle目前主要支持BFILE、BLOB、CLOB及NCLOB类型4种在对象类型。

PL/SQL 过程已成功完成。

SQL >
```

从上面的例子中可以看出,对于CLOB类型的值,可以直接输出,也可以通过DBMS_LOB程序包来输出。显然,如果LOB列中存储的值很大,只能通过DBMS_LOB程序包来输出才可以按照用户的程序要求出输出需要的部分,而直接控制数据却难以实现。关于DBMS_LOB程序包如何来操作LOB类型的数据,后面章节会详细讲解。

(3)**属性类型**

属性用于引用变量或数据库列的数据类型,以及表示表中一行的记录类型。PL/SQL支持两种属性类型。

1)%TYPE

定义一个变量,其数据类型与已经定义的某个数据变量(尤其是表的某一列)的数据类型相一致,这时可以使用%TYPE。

使用%TYPE特性的优点在于:

①所引用的数据库列的数据类型可以不必知道。

②所引用的数据库列的数据类型可以实时改变,容易保持一致,也不用修改PL/SQL程序。

例如下面的代码:

```
SQL >DECLARE
  2      -- 用%TYPE 类型定义与表相配的字段
  3     v_no emp.empno%TYPE; --引用 EMP 表的 empno 字段类型
  4     v_name emp.ename%TYPE; --引用 EMP 表的 ename 字段类型
  5     v_sal emp.sal%TYPE; --引用 EMP 表的 sal 字段类型
  6  begin
  7     select empno, ename, sal INTO v_no,v_name,v_sal
  8     from emp WHERE empno =7788;
  9     dbms_OUTPUT.PUT_LINE(v_no||' '||v_name||' '||v_sal);
```

```
 10  end;
 11  /

7788 scott  3000

PL/SQL 过程已成功完成。

SQL >
```

2)%ROWTYPE

PL/SQL 提供%ROWTYPE 操作符，返回一个记录类型，其数据类型和数据库表的数据结构相一致。

使用%ROWTYPE 特性的优点在于：

①所引用的数据库中列的个数和数据类型可不必知道。

②所引用的数据库中列的个数和数据类型可以实时改变，容易保持一致，也不用修改PL/SQL程序。

```
SQL > DECLARE
  2       v_empno emp.empno%TYPE := &no;
  3       rec emp%ROWTYPE;
  4   begin
  5       select * INTO rec FROM emp WHERE empno = v_empno;
  6       dbms_OUTPUT.PUT_LINE('姓名:'||rec.ename||',工资:'||rec.sal||',工作时
间:'||rec.hiredate);
  7   end;
  8   /
输入 no 的值:  7788
原值    2:      v_empno emp.empno%TYPE := &no;
新值    2:      v_empno emp.empno%TYPE := 7788;
姓名:scott,工资:3000,工作时间:19 -4 月 -87

PL/SQL 过程已成功完成。

SQL >
```

(4)**记录类型**

记录类型类似于 C 语言中的结构数据类型，它将逻辑相关的、分离的、基本数据类型的变量组成一个整体存储起来，其必须包括至少一个标量型或 RECORD 数据类型的成员，称为 PL/SQL RECORD 的域(FIELD)，其作用是存放互不相同但逻辑相关的信息。在使用记录数据类型变量时，需要先在声明部分定义记录的组成、记录的变量，然后在执行部分引用该记录

变量本身或其中的成员。

定义记录类型语法如下：

```
type record_name is record(
    v1 data_type1  [not null]  [:= default_value ],
    v2 data_type2  [not null]  [:= default_value ],
    …
    vn data_typen  [not null]  [:= default_value ]);
```

看下面的例子：

```
SQL > declare
  2      type test_rec is record(
  3              name varchar2(30) not null := '刘先斌',
  4              info varchar2(100));
  5      rec_book test_rec;
  6   begin
  7      rec_book. name := '刘先斌';
  8      rec_book. info := '细谈 PL/SQL 编程;';
  9      dbms_output. put_line(rec_book. Name||'  '||rec_book. Info);
 10   end;
 11   /

刘先斌  细谈 PL/SQL 编程;

PL/SQL 过程已成功完成。

SQL >
```

可以用 select 语句对记录变量进行赋值，只要保证记录字段与查询结果列表中的字段相配即可。例如：

```
SQL > declare
  2      -- 用%TYPE 类型定义与表相配的字段
  3      type T_Record is record(
  4              T_no emp. empno%TYPE,
  5              T_name emp. ename%TYPE,
  6              T_sal emp. sal%TYPE );
  7      -- 声明接收数据的变量
  8      v_emp T_Record;
  9   begin
```

```
10      select empno, ename, sal into v_emp from emp where empno =7788;
11      dbms_output.put_line
12        (v_emp.t_no||''||v_emp.t_name||'' || to_char(v_emp.t_sal));
13    end;
14    /

7788 scott   3000

PL/SQL 过程已成功完成。

SQL >
```

一个记录类型的变量只能保存从数据库中查询出的一行记录,若查询出多行记录,就会出现错误。

记录类型(RECORD)与行类型(%ROWTYPE)相比,如果要引用数据库中表中所有的列值,则使用%ROWTYPE,如果只需要引用部分列值或除部分数据库表中的部分列值外还要增加其他标量值,则应该用 RECORD 类型,而仅采用数据库表中某一两列的值时,则直接定义标量的变量数据类型,而其数据类型则尽量采用%TYPE 来引用。

(5)数组类型

数组是具有相同数据类型的一组成员的集合。每个成员都有一个唯一的下标,其取决于成员在数组中的位置。在 PL/SQL 中,数组数据类型是 VARRAY。

定义 VARRAY 数据类型语法如下:

type varray_name IS varray(size) OF element_type [not null];

其中:varray_name 是 VARRAY 数据类型的名称,size 是下整数,表示可容纳的成员的最大数量,每个成员的数据类型是 element_type。默认成员可以取空值,否则需要使用 NOT NULL 加以限制。对于 VARRAY 数据类型来说,必须经过 3 个步骤,分别是定义、声明、初始化。

看下面的例子:

```
SQL > declare
  2   --定义一个最多保存 5 个 VARCHAR(25)数据类型成员的 VARRAY 数据类型
  3     type reg_varray_type is varray(5) of varchar(25);
  4   --声明一个该 VARRAY 数据类型的变量
  5     v_reg_varray reg_varray_type;
  6
  7   begin
  8   --用构造函数语法赋予初值
  9     v_reg_varray := reg_varray_type
 10           ('中国', '美国', '英国', '日本', '法国');
 11
```

```
 12      dbms_output.put_line('地区名称:'||v_reg_varray(1)||'、'
 13                                        ||v_reg_varray(2)||'、'
 14                                        ||v_reg_varray(3)||'、'
 15                                        ||v_reg_varray(4));
 16      dbms_output.put_line('赋予初值 NULL 的第 5 个成员的值:'||v_reg_varray(5));
 17   --用构造函数语法赋予初值后就可以这样对成员赋值
 18      v_reg_varray(5) := '法国';
 19      dbms_output.put_line('第 5 个成员的值:'||v_reg_varray(5));
 20   end;
 21   /
地区名称:中国、美国、英国、日本
赋予初值 null 的第 5 个成员的值:法国
第 5 个成员的值:法国

PL/SQL 过程已成功完成。

SQL>
```

(6)**RETURING 数据类型**

在 PL/SQL 中,还有一种特殊的数据类型(姑且认为其为数据类型)是在进行 DML 操作时,把正在操作的那些值可以获取并返回给用户的程序使用。现在来看几个案例(实际应用中经常会遇到这种情况)

例 10.1 插入一条记录并显示。

```
SQL> declare
  2      row_id ROWID;
  3      info     VARCHAR2(40);
  4   begin
  5     insert into scott.dept values (90, '财务室', '海口')
  6     returning rowid, dname||':'||to_char(deptno)||':'||loc
  7     into row_id, info;
  8     dbms_output.put_line('rowid:'||row_id);
  9     dbms_output.put_line(info);
 10   end;
 11   /
ROWID:AAAR3qAAEAAAACDAAA
财务室:90:海口
PL/SQL 过程已成功完成。

SQL>
```

其中,returning 子句用于检索 insert 语句中所影响的数据行数,当 insert 语句使用 values 子句插入数据时,returning 子句还可将列表达式、rowid 和 ref 值返回到输出变量中。在使用 returning 子句时应注意以下几点限制:

①不能与 DML 语句和远程对象一起使用。

②不能检索 LONG 类型信息。

③当通过视图向基表中插入数据时,只能与单基表视图一起使用。

例 10.2　修改一条记录并显示。

```
SQL > declare
  2      row_id rowid;
  3      info    varchar2(40);
  4   begin
  5     update dept set deptno =91 where dname ='财务室'
  6     returning rowid, dname||':'||to_char(deptno)||':'||loc
  7     into row_id, info;
  8     dbms_output.put_line('ROWID:'||row_id);
  9     dbms_output.put_line(info);
 10   end;
 11   /
ROWID:AAAR3qAAEAAAACDAAA
财务室:91:海口

PL/SQL 过程已成功完成。

SQL >
```

其中:returning 子句用于检索被修改行的信息。当 update 语句修改单行数据时,returning 子句可以检索被修改行的 rowid 和 ref 值,以及行中被修改列的列表达式,并可将它们存储到 PL/SQL 变量或复合变量中;当 update 语句修改多行数据时,returning 子句可以将被修改行的 ROWID 和 REF 值,以及列表达式值返回到复合变量数组中。在 UPDATE 中使用 returning 子句的限制与 insert 语句中对 returning 子句的限制相同。

例 10.3　删除一条记录并显示。

```
SQL > declare
  2      row_id rowid;
  3      info    varchar2(40);
  4   begin
  5     delete dept where dname ='财务室'
  6     returning rowid, dname||':'||to_char(deptno)||':'||loc
  7     into row_id, info;
```

```
  8     dbms_output.put_line('ROWID:'||row_id);
  9     dbms_output.put_line(info);
 10   end;
 11   /
ROWID:AAAR3qAAEAAAACDAAA
财务室:91:海口

PL/SQL 过程已成功完成。

SQL>
```

其中:returning 子句用于检索被删除行的信息:当 delete 语句删除单行数据时,returning 子句可以检索被删除行的 ROWID 和 REF 值,以及被删除列的列表达式,并可将它们存储到 PL/SQL变量或复合变量中;当 delete 语句删除多行数据时,returning 子句可以将被删除行的 ROWID 和 REF 值,以及列表达式值返回到复合变量数组中。在 delete 中使用 returning 子句的限制与 insert 语句中对 returning 子句的限制相同。

PL/SQL 中还有其他数据类型,包括 table 类型、嵌套表类型等,甚至还可以自定义数据类型。不过有些数据类型(包括前面已讲到的)也许一直都不会使用,只需要了解 Oracle 为用户提供了强大的数据类型而已。

任务 10.4 PL/SQL 的操作符

与其他程序设计语言相同,PL/SQL 有一系列操作符。操作符分为:算术操作符、关系操作符、比较操作符、逻辑操作符等。

(1)**算术操作符**

算术操作符是用来对表达式进行算术运算的,算术操作符的符号见表 10.3。

表 10.3 算术操作符

操作符	操 作
+	加
-	减
/	除
*	乘
**	乘方

(2)**关系操作符**

关系操作符主要用于条件判断语句或用于 where 子句中,关系操作符检查条件和结果是否为 true 或 false,表 10.4 是 PL/SQL 中的关系操作符。

表 10.4　关系操作符

操作符	操　作
<	小于操作符
<=	小于或等于操作符
>	大于操作符
>=	大于或等于操作符
=	等于操作符
! =	不等于操作符
< >	不等于操作符
: =	赋值操作符

(3)**比较操作符**

比较操作符是用来进行比较运算的,比较操作符的符号见表 10.5。

表 10.5　比较操作符

操作符	操　作
IS NULL	如果操作数为 NULL 返回 TRUE
LIKE	比较字符串值,% 表示任意多个字符,_表示单个字符
BETWEEN	验证值是否在范围之内
IN	验证操作数在设定的一系列值中

(4)**逻辑操作符**

逻辑操作符是用来进行对表达式的值进行逻辑运算的,逻辑操作符见表 10.6。

表 10.6　逻辑操作符

操作符	操　作
AND	两个条件都必须满足
OR	只要满足两个条件中的一个
NOT	取反

任务 10.5　PL/SQL 流程控制

PL/SQL 程序可通过控制结构来控制命令执行的流程。标准的 SQL 没有流程控制的概念。PL/SQL 支持条件控制和循环控制以及顺序控制结构。

(1)条件控制

条件控制用于根据条件执行一系列语句。条件控制包括 IF 语句与 CASE 语句,IF 语句的形式有 3 种,即 if…then、if…then…else、if…then…elsif。

1)if…then 语句

if…then 语句将条件和一系列语句结合在一起。if…then 条件中的语句包含在关键字 then 和 end if 之间。if 语句先测试条件,当条件为 true 时执行 then 部分的语句。语法如下:

```
if condition then
    Statements 1;
    Statements 2;
    …
end if;
```

if 语句判断条件 condition 是否为 true,如果为 true,则执行 then 后面的语句,如果 condition 为 false 或 NULL 则跳过 then 到 end if 之间的语句,执行 end if 后面的语句。

下例是对工资不足 2 000 元的员工输出“该员工的工资较低,达到调薪的要求”。代码如下:

```
SQL > declare
  2     v_sal emp.sal%type;
  3   begin
  4     select sal into v_sal from emp where empno =7788;
  5     if v_sal <2000 then
  6        dbms_output.put_line('该员工的工资较低,达到调薪的要求');
  7     end if;
  8   end;
  9   /

PL/SQL 过程已成功完成。

SQL >
```

2)if…then…else 语句

if…then 语句将条件和一系列语句结合在一起。if…then 条件中的语句包含在关键字 then 和 end if 之间。if 语句先测试条件,当条件为 true 时执行 then 部分的语句。语法如下:

```
if condition then
```

```
   Statements 1;
   Statements 2;
   …
else
   Statements 1;
   Statements 2;
   …
end if;
```

如果条件 condition 为 true,则执行 then 到 else 之间的语句,否则执行 else 到 end if 之间的语句。

上面的例子发现并未输出结果,那是因为工号为7788的员工的工资超过了2 000元,不满足加薪的要求,因此未输出结果,下面对不满足加薪要求的员工输出“该员工的工资未达到调薪的最低标准”。代码如下:

```
SQL> ed
已写入 file afiedt.buf

  1  declare
  2    v_sal emp.sal%type;
  3  begin
  4    select sal into v_sal from emp where empno =7788;
  5    if v_sal <2000 then
  6      dbms_output.put_line('该员工的工资较低,达到调薪的要求');
  7    else
  8      dbms_output.put_line('该员工的工资未达到调薪的最低标准');
  9    end if;
 10* end;
SQL> /
该员工的工资未达到调薪的最低标准

PL/SQL 过程已成功完成。

SQL>
```

if 可以嵌套,可以在 if 或 if…else 语句中使用 if 或 if…else 语句。

```
if (a>b) and (a>c) then
   g:=a;
else
   g:=b;
```

```
    if c > g then
      g: = c;
    end if;
end if;
```

3) if…elsif…else…then 语句

语法:

```
if condition1 then
   statement1;
elsif condition2 then
   statement2;
elsif condition3 then
   statement3;
else
   statement4;
end if;
statement5;
```

如果条件 condition1 为 true 则执行 statement1,然后执行 statement5,否则判断 condition2 是否为 true,若为 true 则执行 statement2,然后执行 statement5,对于 condition3 也是相同的,如果 condition1,condition2,condition3 都不成立,那么将执行 statement4,然后执行 statement5。

接上面的例子,如果在低于 2 000 元的工资中,低于 1 200 元的加 40%,否则就加 30%,代码如下:

```
SQL > ed
已写入 file afiedt. buf

  1  declare
  2     v_sal emp. sal% type;
  3  begin
  4     select sal into v_sal from emp where empno = 7788;
  5     dbms_output. put_line('该员工的工资为'||v_sal);
  6     if(v_sal < 1200) then
  7           dbms_output. put_line('该员工的工资涨幅为 40%');
  8           update emp set sal  =  sal * 1.4 where empno = 7788;
  9     elsif v_sal < 2000 then
 10           dbms_output. put_line('该员工的工资涨幅为 30%');
 11           update emp set sal  =  sal * 1.3 where empno = 7788;
 12     else
 13        dbms_output. put_line('该员工的工资未达到调薪的最低标准');
```

```
14      end if;
15      --处理其他业务
16* end;
SQL> /
该员工的工资为 3 000
该员工的工资未达到调薪的最低标准

PL/SQL 过程已成功完成。

SQL>
```

4)case 语句

case 语句用于根据条件将单个变量或表达式与多个值进行比较。其不接受 when 子句中的比较运算符。case 语句类似于一个 if 语句配多个 elsif 语句。在执行 case 语句前,该语句先计算选择器的值,case 语句使用选择器与 when 子句中的表达式匹配,而不是与多个布尔表达式匹配。语法如下:

```
    case selector
    when expression1 then sequence_of_statements1;
    when expression2 then sequence_of_statements2;
      …
    when expressionN then sequence_of_statementsN;
    [else   sequence_of_statementsN+1;]
end case;
```

例如:

```
SQL> ED
已写入 file afiedt.buf

  1  declare
  2     v_job emp.job%type;
  3  begin
  4     select job into v_job from emp where empno=&员工号;
  5     case v_job
  6        when 'CLERK' then
  7           dbms_output.put_line('该员工的工种是办事员');
  8        when 'SALESMAN' then
  9           dbms_output.put_line('该员工的工种是售货员');
 10        when 'PRESIDENT' then
 11           dbms_output.put_line('该员工的工种是董事长');
 12        when 'engineer' then
```

```
 13          dbms_output.put_line('该员工的工种是工程师');
 14        when 'MANAGER' then
 15          dbms_output.put_line('该员工的工种是管理员');
 16        when 'ANALYST' then
 17          dbms_output.put_line('该员工的工种是化验员');
 18        else
 19          dbms_output.put_line('该员工的工种暂时未知');
 20      end case;
 21* end;
SQL> /
输入 员工号 的值:  7788
原值    4:   select job into v_job from emp where empno = &员工号;
新值    4:   select job into v_job from emp where empno = 7788;
该员工的工种是化验员

PL/SQL 过程已成功完成。

SQL>
```

case 语句还有另一种形式,这种形式不使用选择器,而是计算 WHEN 子句中的各个比较表达式,找到第一个为 TRUE 的表达式,然后执行对应的语句序列。语法如下:

```
case
  when search_condition1 then sequence_of_statements1;
  when search_condition2 then sequence_of_statements2;
   …
  when search_conditionN then sequence_of_statementsN;
  [else   sequence_of_statementsN+1;]
end case;
```

例如:

```
SQL> ed
已写入 file afiedt.buf

  1   declare
  2     v_sal emp.sal%type;
  3   begin
  4     select sal into v_sal from emp where empno = &员工号;
  5     case
  6       when v_sal < 1000 then
```

```
 7           dbms_output.put_line('该员工的工资是'||v_sal||'元,是 0 级工资! ');
 8       when v_sal <2000 then
 9           dbms_output.put_line('该员工的工资是'||v_sal||'元,是 1 级工资! ');
10       when v_sal <3000 then
11           dbms_output.put_line('该员工的工资是'||v_sal||'元,是 2 级工资! ');
12       when v_sal <4000 then
13           dbms_output.put_line('该员工的工资是'||v_sal||'元,是 3 级工资! ');
14       when v_sal <5000 then
15           dbms_output.put_line('该员工的工资是'||v_sal||'元,是 4 级工资! ');
16       else
17           dbms_output.put_line('该员工的工资是'||v_sal||'元,是高级工资! ');
18     end case;
19* end;
SQL > /
输入 员工号 的值:  7788
原值    4:   select sal into v_sal from emp where empno = & 员工号;
新值    4:   select sal into v_sal from emp where empno =7788;
该员工的工资是 3000 元,是 3 级工资!

PL/SQL 过程已成功完成。

SQL >
```

(2)循环控制

循环控制是用于重复执行一系列语句的。PL/SQL 的循环语句主要包含了 loop、while 和 for 3 种循环。在这 3 种循环中,只要遇到 exit when 语句就会立即退出循环。

1)loop 语句

循环控制的基本形式是 loop 语句,loop 和 end loop 之间的语句将无限次的执行。loop 语句的语法如下:

```
loop
    statements;
end loop;
```

loop 和 end loop 之间的语句无限次的执行显然是不行的,那么在使用 loop 语句时必须使用 exit 语句,强制循环结束,例如:

```
SQL > ed
已写入 file afiedt.buf

  1  declare
```

```
  2     i int default 10; --循环最多次数
  3     v_count int := 0; -- 循环计数器
  4   begin
  5     dbms_output.put_line('循环开始……');
  6     loop
  7        dbms_output.put_line('共循环了'||v_count||'次');
  8        v_count := v_count +1;
  9        --exit when v_count > i; --相当于 if 语句
 10        if v_count > i then
 11           exit;
 12        end if;
 13     end loop;
 14     dbms_output.put_line('循环结束……');
 15*  end;
SQL> /
循环开始……
共循环了 0 次
共循环了 1 次
共循环了 2 次
共循环了 3 次
共循环了 4 次
共循环了 5 次
共循环了 6 次
共循环了 7 次
共循环了 8 次
共循环了 9 次
共循环了 10 次
循环结束……

PL/SQL 过程已成功完成。

SQL>
```

如果不使用 if…then 语句的话,也可以使用 exit when condition 语句,同样结束循环,如果条件 condition 为 true,则结束循环。

2)for 循环

for 循环一般是迭代次数在执行循环之前是已经知道的情况下使用的,其一般要指定一个整数范围,对每个整数执行一次语句序列。语法如下:

for counter IN [REVERSE] min_value .. max_value loop

Sequence_of_statements;
end loop;

其中,counter 是计数器,可以不需要预先定义。Min_value 是下界,max_value 是上界,Sequence_of_statements 是语句序列。在默认情况下,从下界到上界进行迭代。如果使用关键字 REVERSE,则从上界到下界进行迭代。

例如,连接为 10 部门的员工工资增长 10%5 次。代码如下:

```
SQL > ed
已写入 file afiedt. buf

  1  declare
  2     v_rate float := 0.1;
  3     v_sum_sal float := 0;
  4  begin
  5     select sum(sal) into v_sum_sal from emp where deptno = 10;
  6     dbms_output. put_line('10 部门员工的总工资是:'||v_sum_sal);
  7     for i in 1…10 loop
  8        update emp set sal = sal + sal * v_rate where deptno = 10;
  9     end loop;
 10     select sum(sal) into v_sum_sal from emp where deptno = 10;
 11     dbms_output. put_line('10 部门员工的工资连续涨 10 次,每次涨 10% 后的总和
是:'||v_sum_sal);
 12* end;
SQL > /
10 部门员工的总工资是:22695.28
10 部门员工的工资连续涨 10 次,每次涨 10% 后的总和是:58865.76

PL/SQL 过程已成功完成。

SQL >
```

3) while 循环

while 循环语句包括与语句序列关联的条件。如果条件计算为 true,则将执行该语句序列,控制权再次回到循环开始处。如果条件为 false,则绕过循环,将控制权传递给下一条语句。一般情况下,while 循环是迭代次数在循环终止之前未知的,而 for 循环是迭代次数已知的。语法如下:

```
while <condition> loop
    Sequence_of_statements;
end loop;
```

其中,condition 是条件,Sequence_of_statements 是语句序列。

例如，如果工号为 7788 的员工的工资小于 5 000 则给他涨 10%，直到不小于 5 000。代码如下：

```
SQL > ed
已写入 file afiedt. buf

  1  declare
  2    v_rate float := 0.1;
  3    v_sal float := 0;
  4  begin
  5    select sal into v_sal from emp where empno =7788;
  6    dbms_output. put_line('工号为 7788 的员工的原来的工资是:'||v_sal);
  7    while v_sal <5000 loop
  8      update emp set sal = sal + sal * v_rate where empno =7788;
  9      select sal into v_sal from emp where empno =7788;
 10      dbms_output. put_line('工号为 7788 的员工的工资是:'||v_sal);
 11    end loop;
 12    dbms_output. put_line('工号为 7788 的员工的最终工资是:'||v_sal||'已经超过
5000');
 13* end;
SQL > /
工号为 7788 的员工的原来的工资是:3001
工号为 7788 的员工的工资是:3301.1
工号为 7788 的员工的工资是:3631.21
工号为 7788 的员工的工资是:3994.33
工号为 7788 的员工的工资是:4393.76
工号为 7788 的员工的工资是:4833.14
工号为 7788 的员工的工资是:5316.45
工号为 7788 的员工的最终工资是:5316.45 已经超过 5000

PL/SQL 过程已成功完成。

SQL >
```

(3)顺序控制语句

顺序控制语句包括 goto 语句与 null 语句，goto 语句用于无条件地转移到一个标签。用双尖括号括起来的标签必须位于可执行 SQL 语句或 PL/SQL 块之前。在执行时，goto 语句将控制权传递给带标签的语句块。null 语句用于通过使条件语句的含义和操作变得清晰以提高程序的可读性。与其他控制语句不同，goto 和 null 对于 PL/SQL 编程不是很重要。尤其是 goto 语句，尽量不要在程序中使用，因为它会改变程序运行的顺序，可能会导致一些预想不到的结果。

任务 10.6　动态 SQL

一般的 PL/SQL 程序设计中，在 DML 和事务控制的语句中可以直接使用 SQL，但是 DDL 语句及数据控制语句却不能在 PL/SQL 中直接使用，要想实现在 PL/SQL 中使用 DDL 语句及系统控制语句，可以通过使用动态 SQL 来实现。

Oracle 编译 PL/SQL 程序块分为两种：一种是前期联编（early binding），即 SQL 语句在程序编译期间就已经确定，大多数的编译情况属于这种类型，人们将这种 SQL 语句称为静态 SQL 语句。显然，这种静态 SQL 在 PL/SQL 块中使用的 SQL 语句在编译时是明确的，执行的是确定对象；另一种是后期联编（late binding），即 SQL 语句只有在运行阶段才能建立，人们把这种 SQL 语句称为是动态的 SQL 语句。显然，动态 SQL 是指在 PL/SQL 块编译时 SQL 语句是不确定的，可能会根据用户输入参数的不同而执行不同的操作。编译程序对动态语句部分不进行处理，只是在程序运行时动态地创建语句、对语句进行语法分析并执行该语句。例如当查询条件为用户输入时，那么 Oracle 的 SQL 引擎就无法在编译期对该程序语句进行确定，只能在用户输入一定的查询条件后才能提交给 SQL 引擎进行处理。通常，程序者是静态 SQL，但有些情况下难免会遇到无法确定的 SQL 语句，这时，只好采用动态 SQL 来进行处理。

Oracle 中动态 SQL 可以通过本地动态 SQL 来执行，也可以通过 DBMS_SQL 包来执行。

（1）**本地动态** SQL

本地动态 SQL 是使用 EXECUTE IMMEDIATE 语句来实现的。语法如下：

```
execute immediate dynamic_sql_string
[into define_variable_list]
[using bind_argument_list];
```

其中：

dynamic_sql_string 是动态 SQL 语句字符串。

into 子句用于接受 select 语句选择的记录值。

using 子句用于绑定输入参数变量。

1）本地动态 SQL 执行 DDL 语句

下面的例子是根据用户输入的表名及字段名等参数动态建表。代码如下：

```
SQL > ed
已写入 file afiedt. buf

  1   declare
  2         table_name varchar2(18) default 'dinya_test';         --表名
  3         field1 varchar2(18) default 'id';                     --字段名
  4         datatype1 varchar2(18) default 'number(8)';           --字段类型
```

```
  5        field2 varchar2(18) default 'name';                --字段名
  6        datatype2 varchar2(18) default 'varchar2(100)';    --字段类型
  7        str_sql varchar2(500) default '';                  --动态 SQL 语句
  8   begin
  9        --根据业务处理可改变表名、字段名、字段类型等
  10       str_sql:= 'create table '||table_name||'('||field1||' '||datatype1||','||field2||' '
||datatype2||')';
  11       execute immediate str_sql;     --动态执行 DDL 语句
  12       --其他业务处理
  13* end;
SQL> /

PL/SQL 过程已成功完成。

SQL>
```

以上是编译通过的含有动态 SQL 的 PL/SQL 块。从上面的例子可以看出,使用本地动态 SQL 根据用户输入的表名及字段名、字段类型等参数来实现动态执行 DDL 语句。

2)本地动态 SQL 执行 DML 语句

下面的例子是将用户输入的值插入上例建好的 dinya_test 表中。

```
SQL> declare
  2        id number := 1;                          --输入序号
  3        name varchar2(100) := 'jane';            --输入姓名
  4        str_sql varchar2(500);
  5   begin
  6        str_sql:='insert into dinya_test values(:1,:2)';
  7        execute immediate str_sql using id,name;         --动态执行插入操作
  8   end;
  9   /

PL/SQL 过程已成功完成。

SQL> select * from dinya_test;

        ID NAME
---------- --------------------
         1 jane

SQL>
```

执行上面的程序,插入数据到表中,查询表中数据,发现确实存在。

注意:上面的本地动态 SQL 执行 DML 语句时使用了 using 子句,按顺序将输入的值绑定到变量。动态 SQL 语句使用了占位符":1"与":2",其实它相当于函数的形式参数,使用":"作为前缀,然后使用 using 语句按顺序将 id 代替:1 变量,name 代表:2 变量。这里 id 与 name 相当于函数里的实参。其实占位符也可以用更有意思的符号来表示,例如这里用":id"来代替":1",用":name"来代替":2",这样看起来感觉更有意义一些。

再看一个查询的例子,查询出员工表中特定工号的员工的工资与姓名。代码如下:

```
SQL > ed
已写入 file afiedt. buf

  1  declare
  2     v_name emp. ename% type;
  3     v_empno emp. empno% type : = 7788;
  4     v_sal emp. sal% type;
  5     v_sql varchar2(100);
  6  begin
  7        v_sql: ='select ename,sal from emp where empno = :empno';
  8        execute immediate v_sql into v_name,v_sal using v_empno;
  9        dbms_output. put_line('工号为'||v_empno||'的员工的姓名是'||v_name||',工
资是'||v_sal);
 10* end;
SQL > /
工号为 7788 的员工的姓名是 scott,工资是 3 000

PL/SQL 过程已成功完成。

SQL >
```

在上例中,本地动态 SQL 执行 DML 语句时使用了 using 子句,按顺序将输入的值绑定到变量,如果需要输出参数,可以在执行动态 SQL 时,使用 into 子句将查询返回的值传回到指定的变量中。

(2)**使用 DBMS_SQL 包**

使用 DBMS_SQL 包实现动态 SQL 的执行。其执行步骤如下:

①先将要执行的 SQL 语句或一个语句块放到一个字符串变量中。

②使用 DBMS_SQL 包的 parse 过程来分析该字符串。

③使用 DBMS_SQL 包的 bind_variable 过程来绑定变量。

④使用 DBMS_SQL 包的 execute 函数来执行语句。

下面来看几个例子:

①使用 DBMS_SQL 包执行 DDL 语句。根据用户输入的表名、字段名及字段类型建表。代

码如下：

```
SQL > ed
已写入 file afiedt. buf

  1  declare
  2        table_name varchar2(18) default 'dinya_test2';          --表名
  3        field1 varchar2(18) default 'id';                       --字段名
  4        datatype1 varchar2(18) default 'number(8)';             --字段类型
  5        field2 varchar2(18) default 'name';                     --字段名
  6        datatype2 varchar2(18) default 'varchar2(100)';         --字段类型
  7        v_cursor number;                                        --定义光标
  8        v_row number;                                           --行数
  9        v_sql varchar2(500) default '';                         --动态 SQL 语句
 10  begin
 11        --根据业务处理可改变表名、字段名、字段类型等
 12        v_sql: = 'create table '||table_name||'('||field1||' '||datatype1||','||field2||
' '||datatype2||')';
 13        v_cursor: = dbms_sql. open_cursor;          --为处理打开光标
 14        dbms_sql. parse(v_cursor,v_sql,dbms_sql. native);      --分析语句
 15        v_row: = dbms_sql. execute(v_cursor);      --执行语句,动态 SQL 执行 DDL
时可以不写
 16        dbms_sql. close_cursor(v_cursor);          --关闭光标
 17        dbms_output. put_line('影响的行数:'||v_row);
 18        --其他业务处理
 19* end;
SQL > /
影响的行数:0

PL/SQL 过程已成功完成。

SQL >
```

②使用 DBMS_SQL 包执行 DML 语句。根据表的结构输入相对应的记录。代码如下：

```
SQL > ed
已写入 file afiedt. buf

  1  declare
```

```
  2        id number := 1;                        --输入序号
  3        name varchar2(100) := 'jane';          --输入姓名
  4        v_sql varchar2(500);
  5        v_row number;                   --行数
  6        v_cursor number;                --定义光标
  7    begin
  8        v_sql:='insert into dinya_test2 values(:1,:2)';
  9        v_cursor:=dbms_sql.open_cursor;        --为处理打开光标
 10        dbms_sql.parse(v_cursor,v_sql,dbms_sql.native);   --分析语句
 11        dbms_sql.bind_variable(v_cursor,':1',id);          --绑定变量
 12        dbms_sql.bind_variable(v_cursor,':2',name);        --绑定变量
 13        v_row:=dbms_sql.execute(v_cursor);                 --执行动态 SQL
 14        dbms_sql.close_cursor(v_cursor);                   --关闭光标
 15        dbms_output.put_line('影响的行数:'||v_row);
 16*   end;
SQL> /
影响的行数:1

PL/SQL 过程已成功完成。

SQL> select * from dinya_test2;

        ID NAME
---------- --------------------
         1 jane

SQL>
```

使用 DBMS_SQL 中，如果要执行的动态语句不是查询语句，使用 DBMS_SQL. Execute 或 DBMS_SQL. Variable_Value 来执行，如果要执行动态语句是查询语句，则要使用 DBMS_SQL. define_column 定义输出变量，然后使用 DBMS_SQL. Execute，DBMS_SQL. Fetch_Rows，DBMS_SQL. Column_Value 及 DBMS_SQL. Variable_Value 来执行查询并得到结果。

在 Oracle 开发过程中，用户可以使用动态 SQL 来执行 DDL 语句、DML 语句、事务控制语句及系统控制语句。但需要注意的是，PL/SQL 块中使用动态 SQL 执行 DDL 语句的时候与别的不同，在 DDL 中使用绑定变量是非法的(bind_variable(v_cursor,':p_name',name))，分析后不需要执行 DBMS_SQL. Bind_Variable，直接将输入的变量加到字符串中即可。另外，DDL 是在调用 DBMS_SQL. PARSE 时执行的，所以 DBMS_SQL. EXECUTE 也可以不用，即在上例中的 v_row:=dbms_sql. execute(v_cursor)部分可以不要。

任务 10.7 异常处理

即使是写得最好的 PL/SQL 程序也会遇到错误或未预料到的事件。一个优秀的程序都应该能够正确处理各种出错情况,并尽可能从错误中恢复。任何 Oracle 错误(报告为 ORA-xxxxx 形式的 Oracle 错误号)、PL/SQL 运行错误或用户定义条件(不一写是错误)都可以称为 Oracle 异常。当然,PL/SQL 编译错误不能通过 PL/SQL 异常处理来处理,因为这些错误发生在 PL/SQL 程序执行之前。

异常情况处理(EXCEPTION)是用来处理正常执行过程中未预料的事件,程序块的异常处理预定义的错误和自定义错误,由于 PL/SQL 程序块一旦产生异常而没有指出如何处理时,程序就会自动终止整个程序运行。有 3 种类型的异常:预定义(Predefined)异常、非预定义(Predefined)异常、用户定义(User_define) 异常。

(1)**预定义 (Predefined)异常**

PL/SQL 程序违反了 Oracle 规则或超越系统限制时,将隐式引发内部异常。Oracle 将一些常见异常预先定义好,放在系统内部,并为每种预定义的异常定义一个编号,并为其命名。当程序在执行过程中遇到了这种异常,并在系统内部找到了这个名称的异常,就会捕获它并跳转到对应的异常处理部分去执行。否则它就向系统外面抛出异常。

对这种异常情况的处理,无须在程序中定义,由 Oracle 自动将其引发的,故将这种异常称为预定义异常。Oracle 常用的预定义的异常见表 10.7。

表 10.7 常用的预定义的异常

错误号	异常错误信息名称	说 明
ORA-0001	Dup_val_on_index	违反了唯一性限制
ORA-0051	Timeout-on-resource	在等待资源时发生超时
ORA-0061	Transaction-backed-out	由于发生死锁事务被撤销
ORA-1001	Invalid-CURSOR	试图使用一个无效的游标
ORA-1012	Not-logged-on	没有连接到 Oracle
ORA-1017	Login-denied	无效的用户名/口令
ORA-1403	No_data_found	select into 没有找到数据
ORA-1422	Too_many_rows	select into 返回多行
ORA-1476	Zero-divide	试图被零除
ORA-1722	Invalid-NUMBER	转换一个数字失败
ORA-6500	Storage-error	内存不够引发的内部错误
ORA-6501	Program-error	内部错误
ORA-6502	Value-error	转换或截断错误
ORA-6504	Rowtype-mismatch	宿主游标变量与 PL/SQL 变量有不兼容行类型

续表

错误号	异常错误信息名称	说 明
ORA-6511	CURSOR-already-OPEN	试图打开一个已处于打开状态的游标
ORA-6530	Access-INTO-null	试图为 null 对象的属性赋值
ORA-6531	Collection-is-null	试图将 Exists 以外的集合(collection)方法应用于一个 null pl/sql 表上或 varray 上
ORA-6532	Subscript-outside-limit	对嵌套或 varray 索引得引用超出声明范围以外
ORA-6533	Subscript-beyond-count	对嵌套或 varray 索引得引用大于集合中元素的个数

所有的预定义异常都在 oracle 的 STANDARD 程序包中声明。使用异常处理程序的语法如下:

```
declare
     Variable_defined;
begin
          Sequence_of_statements;
exception
     when <predefine_exception_name1> then
          Sequence_of_statements1;
     when <predefine_exception_name2> then
          Sequence_of_statements2;
     …
     when <predefine_exception_nameN> then
          Sequence_of_statementsN;
     when others then
          Sequence_of_statementsN+1;
end;
```

其中:

predefine_exception_name1…predefine_exception_nameN:代表异常名称。

Sequence_of_statements1…Sequence_of_statementsN+1:代表对应的异常捕获后如何处理异常的语句系列。

OTHERS 处理程序确保不会任何异常,如果没有在前面的异常处理部分显示获取命名异常,它就可以获取其余的异常。PL/SQL 块只能有一个 OTHERS 异常处理程序。

可以使用函数 SQLCODE 与 SQLERRM 来返回错误代码与错误文本信息。

例如,当用户查询记录时,查询的语句中如果未查到记录,就会引发"No_data_found"的异常。代码如下:

```
SQL> ed
已写入 file afiedt. buf
```

```
  1  declare
  2    v_ename emp.ename%type;
  3    v_sal emp.sal%type;
  4    v_empno emp.empno%type;
  5  begin
  6    v_empno := &员工号;
  7    select ename,sal into v_ename,v_sal from emp where empno = v_empno;
  8    dbms_output.put_line(v_ename||'员工的工资是'||v_sal);
  9* end;
SQL > /
输入 员工号 的值:  2001
原值    6:    v_empno := &员工号;
新值    6:    v_empno := 2001;
declare
*
第 1 行出现错误:
ORA-01403: 未找到任何数据
ORA-06512: 在 line 7


SQL >
```

这时用户输入的是工号为 2001 的员工，显然没有这个员工，这时查询出错，错误号是 ora-01403 号错误。为了解决这个问题，将这个异常捕获进行处理，修改后的代码如下：

```
SQL > ed
已写入 file afiedt.buf

  1  declare
  2    v_ename emp.ename%type;
  3    v_sal emp.sal%type;
  4    v_empno emp.empno%type;
  5  begin
  6    v_empno := &员工号;
  7    select ename,sal into v_ename,v_sal from emp where empno = v_empno;
  8    dbms_output.put_line(v_ename||'员工的工资是'||v_sal);
  9  exception
 10    when no_data_found then
 11      dbms_output.put_line('未发现工号为'||v_empno||'的员工');
 12      dbms_output.put_line('错误代码:'||sqlcode);
```

```
 13          dbms_output.put_line('错误信息:'||sqlerrm);
 14      when TOO_MANY_ROWS then
 15       DBMS_OUTPUT.PUT_LINE('该查询返回多行数据,请使用游标来处理多行数
据');
 16* end;
 17  /
输入 员工号 的值:  2001
原值    6:   v_empno := &员工号;
新值    6:   v_empno := 2001;
未发现工号为2001的员工
错误代码:100
错误信息:ORA-01403:未找到任何数据

PL/SQL 过程已成功完成。

SQL>
```

同样在控制台录入2001这个员工号,这时程序并没有出现异常,而是输出了我们预先设想的信息。

(2)**非预定义(Nodefined)异常**

通过预定义异常的学习,在处理EXCEPTION时,当有定义好了的EXCEPTION NAME可用时,尽量用定义好的异常名称;当没有已经定义好了的EXCEPTION NAME可用时,就使用OTHERS来处理未被捕捉的所有的EXCEPTION,PL/SQL设计者建议大家尽量使用已知的EXCEPTION NAME来捕捉,不到最后,尽量不用这个选项。这主要是期望知道具体的异常,针对不同的异常给予不同的异常处理方式,如果都采用OTHERS来处理,那就只能任何异常都用同一异常处理办法。但如何对于在Oracle中对命名异常的处理呢?比如,用户要捕捉"删除一个被外键引用了的记录"这个EXCEPTION怎么办?系统没有预定义好的EXCEPTION NAME可用。这时就可以用非预定义异常来处理了。

如果要处理未命名的内部异常,可以采用PRAGMA EXCEPTION_INIT指令 。PRAGMA指令由编译器控制,或者是对于编译器的注释。PRAGMA在编译时处理,而不是在运行时处理。EXCEPTION_INIT告诉编译器将异常名与Oracle错误码结合起来,这样可以通过名字引用任意的内部异常,并且可以通过名字为异常编写一适当的异常处理器。

在子程序中使用EXCEPTION_INIT的语法如下:

pragma exception_init(exception_name, -Oracle_error_number);

其中:

exception_name:是在PL/SQL块的声明部分定义的异常变量名(异常变量的定义见下面示例)。

oracle_error_number:是Oracle内部定义的错误号,并且是未命名的错误号,不是自己随意编写的(注意前面有一个"-"号)。

在该语法中，异常名与异常的绑定都在声明部分进行的。下面是其用法：

```
declare
    nested_detected exceptioin;
pragma exception_init(nested_detected, -2292);
begin
    -- 包括会引发 ORA-02292 异常的语句
exception
    when nested_detected then
        -- 异常处理语句
end;
```

众所周知，ORA-02292 错误是代表"记录被外键引用"的意思，那用户就可以为这个错误号取一个 EXCEPTION NAME，比如 nested_detected，语法如下：

```
declare
    nested_detected exception;
pragma exception_init(nested_detected, -2292);
```

声明了异常名称并绑定异常名称对应的异常编号后，用户就可以捕捉处理这个"记录被外键引用"的 EXCEPTION 了，如下所述。

```
exception
    when deadlock_detected then
...
```

这样就避免了用 when others then 来捕捉处理这个异常了。这个编译指令几乎可以用在所有的程序的声明项中，但要注意作用范围，另外要注意的是记住只为一个错误号起一个 EXCEPTION NAME。代码如下：

```
SQL> ed
已写入 file afiedt. buf

  1  declare
  2    nested_deleted exception;
  3    PRAGMA EXCEPTION_INIT(nested_deleted, -2292);
  4  begin
  5    delete from dept where deptno = 10;
  6  exception
  7    when nested_deleted then
  8      dbms_output. put_line('错误代码:'||sqlcode);
  9      dbms_output. put_line('错误信息:'||sqlerrm);
 10      dbms_output. put_line('被外键引用,不能删除本记录！');
 11    when others then
```

```
 12        dbms_output.put_line('未知异常,错误代码:'||sqlcode||',错误信息:'||sqler-
rm);
 13* end;
SQL > /
错误代码:-2292
错误信息:ORA-02292:违反完整约束条件(SCOTT.FK_DEPTNO)--已找到子记录
被外键引用,不能删除本记录!

PL/SQL 过程已成功完成。

SQL >
```

(3)**用户定义**(User define)**异常**

除了 Oracle 定义的两种异常外,在 PL/SQL 中还可以自定义异常。程序员可以将一些特定的状态定义为异常。这样的异常一般由程序员自己决定,在一定的条件下抛出,然后利用 PL/SQL 的异常机制进行处理。

对于用户自定义的异常,有两种处理方法:第一种方法是先定义一个异常,并在适当时抛出,然后在 PL/SQL 块的异常处理部分进行处理。用户自定义的异常一般在一定的条件下抛出,于是这个条件就成为引发这个异常的原因;第二种方法是向调用者返回一个自定义的错误代码和一条错误信息。

这里先介绍第一种方法。异常的定义在 PL/SQL 块的声明部分进行,语法定义的格式为:

```
declare
    exception_name exception;
    …
```

exception_name 这时仅仅是一个符号,仅当在一定条件下抛出时,这个异常才有意义。抛出异常的命令是 RAISE,异常的抛出在 PL/SQL 块的可执行部分进行。RAISE 命令的语法格式为:

```
raise  exception_name;
```

异常一般在一定的条件下抛出,因此 RAISE 语句通常加在某个条件判断的后面,这样就将这个异常与这个条件关联起来了。抛出异常的原因可能是数据出错,也可能是满足了某个自定义的条件,处理自定义异常的方法与处理前两种异常的方法相同。

例如,编写一个 PL/SQL 程序,求 1+2+3+…+100 的值。在求和的过程中如果发现结果超出了 1 000,则抛出异常,并停止求和。这个块的代码如下:

```
SQL > ed
已写入 file afiedt.buf

  1  declare
```

```
  2    out_of_range exceptioin;  --定义异常
  3    result integer: =0;
  4  begin
  5    for i in 1…100 loop
  6      result: =result + i;
  7      if result >1000 then
  8        raise out_of_range;  --抛出异常
  9      end if;
 10    end loop;
 11  exception
 12    when out_of_range then  --处理异常
 13      dbms_output. put_line('当前的计算结果为'||result||',已超出范围');
 14*  END;
SQL > /
当前的计算结果为 1 035,已超出范围

PL/SQL 过程已成功完成。

SQL >
```

当前的计算结果为 1 035,已超出范围。

用 RAISE 命令不仅可以抛出一个自定义的异常,也可以抛出一个预定义异常和非预定义异常。例如,在上面求和的例子中,当计算结果超过 1 000 时可以抛出异常 VALUE_ERROR。修改后的 PL/SQL 块代码如下:

```
SQL > ed
已写入 file afiedt. buf

  1  declare
  2    result integer: =0;
  3  begin
  4    for i in 1…100 loop
  5      result: =result + i;
  6      if result >1000 then
  7        raise value_error;  --当条件满足时抛出一个预定义的异常
  8      end if;
  9    end loop;
 10  exception
 11    when value_error then
```

```
 12         dbms_output. put_line('当前的计算结果为'||result||',已超出范围');
 13* END;
SQL > /
当前的计算结果为 1 035,已超出范围

PL/SQL 过程已成功完成。

SQL >
```

当前的计算结果为 1 035,已超出范围。现在再来介绍自定义异常处理的第二种方法。当 PL/SQL 块的执行满足一定的条件时,可以向 PL/SQL 程序返回一个错误代码和一条错误信息。错误代码范围为 -20000 ~ -20999,这个范围的代码是 Oracle 保留的,本身没有任何意义。程序如果把一个错误代码与某个条件关联起来,那么在条件满足时系统将引发这样的错误。当然这是人为制造的一种错误,并不表示程序或数据真正出现了错误。

PL/SQL 提供了一个过程,用于向 PL/SQL 程序返回一个错误代码和一条错误信息。这个过程是 RAISE_APPLICATION_ERROR,过程的调用格式为:

raise_application_error(error_code,error_msg);

例如,对上面求和的例子加以修改,当计算结果大于 1 000 时,PL/SQL 程序便得到一个错误代码 -20001 和一条错误信息。修改后的代码如下:

```
SQL > ed
已写入 file afiedt. buf

  1  declare
  2    result integer: =0;
  3  begin
  4    for i in 1…100 loop
  5      result: = result + i;
  6      if result > 1000 then
  7        raise_application_error( -20001,'当前的计算结果为'||result||',已超出范
围');
  8      end if;
  9    end loop;
 10* end;
SQL > /
declare
*
第 1 行出现错误:
ORA -20001: 当前的计算结果为 1 035,已超出范围
```

```
ORA -06512: 在 line 7


SQL >
```

从程序运行的结果来看,程序的执行过程确实发生了错误,返回了指定的错误代码和错误信息。在这一点上用户自定义的异常与非预定义异常是相似的。只不过非预定义异常是由数据库服务器自动抛出的,并且错误代码和错误信息都是由数据库服务器指定的,而用户自定义的异常是由程序员抛出的,错误代码和错误信息都是由程序员指定的。

在处理非预定义异常时,用户为每个错误代码指定了一个异常名称,然后就可以根据这个名称进行异常处理。既然用户自定义的异常也可以向调用者返回错误代码和错误信息,那么用户也可以采用同样的方法处理这样的异常。

首先定义一个异常,然后将这个异常与某个错误代码关联起来。这两步都在 PL/SQL 块的声明部分进行。然后在 PL/SQL 程序的可执行部分根据一定的条件,抛出这个异常。最后在 PL/SQL 块的异常处理部分捕捉并处理这个命名的异常。例如,用这种方法重新处理上述求和的例子中的异常,代码如下:

```
SQL > ed
已写入 file afiedt. buf

  1  declare
  2    result integer: =0;
  3    out_of_range exception;
  4    pragma exception_init(out_of_range, -20001);
  5  begin
  6    for i in 1…100 loop
  7      result: = result + i;
  8      if result >1000 then
  9        raise_application_error( -20001,'当前的计算结果为'||result||',已超出范
围');
 10      end if;
 11    end loop;
 12  exception
 13    when out_of_range then
 14      dbms_output. put_line('错误代码:'||SQLCODE);
 15      dbms_output. put_line('错误信息:'||SQLERRM);
 16* end;
SQL > /
错误代码: -20001
```

```
错误信息:ORA -20001：当前的计算结果为 1 035,已超出范围

PL/SQL 过程已成功完成。

SQL >
```

从上述 PL/SQL 块可以看出,用户首先在声明部分定义了一个异常 out_of_range,然后将这个异常与错误代码 -20001 关联起来,一旦程序在运行过程中发生了这个错误,就是抛出了异常 out_of_range。在块的可执行部分,如果在累加的过程中变量 result 的值超过了 1 000,则返回错误代码 -20001 以及相应的错误信息。这样在异常处理部分就可以捕捉并处理异常 out_of_range 了,当然,也可以不在异常处理部分来捕捉它,而是由调用这段程序的人来处理也可以,这点像 Java 语言中的回避异常处理。

在处理用户自定义的异常时,也可以使用函数 SQLCODE 和 SQLERRM,这两个函数分别用于返回指定的错误代码和错误信息。从程序的运行结果可以看出,这两个函数确实返回了指定的错误代码和错误信息。这样的错误代码和错误信息是在可执行部分通过过程 RAISE_APPLICATION_ERROR 指定的。

思考练习

一、选择题

1. PLSQL 块中不能直接使用的 SQL 命令是(　　)。

A. select　　B. insert　　C. update　　D. drop

2. 以(　　)数据类型存储的数据可用于执行计算。

A. 标量　　B. 数字　　C. LOB　　D. 属性类型

3. (　　)表达式用于比较字符。

A. 逻辑　　B. 数字布尔型

C. 字符布尔型　　D. 日期布尔型

4. (　　)语句在执行语句前先计算选择器的值。

A. if…then　　B. if…then…else

C. for　　D. case

5. (　　)语句将控制权转到标号指定的语句或块中。

A. if　　B. goto　　C. null　　D. case

6. 在使用比较操作符 LIKE 操作时,为了匹配任意多个字符的值,可以采用(　　)通配符。

A. %　　B. _　　C. *　　D. &

7. 为了在 PLSQL 中定义一个与某表的某列类型相同的数据类型的变量,可采用(　　)。

A. %ROWTYPE　　B. %TYPE

C. %ROWID　　D. %SQL

8. 在 PLSQL 块中,(　　)是必需的,否则这个 PLSQL 块是不完成的。

A. 声明部分　　B. 可执行部分

C. 异常处理部分　　D. 3 个部分都必须同时存在

9. 使用 for 循环迭代 1 到 10(包括 1 和 10)的 10 次循环,下面语句正确的是(　　)。(选择两项)

A. for I in 1 … 10 loop …　　B. for I in 0 … 11 loop …

C. for I in reverse 1 … 10 loop …　　D. for I in reverse 0 … 11 loop …

10. (　　)不属于 PL/SQL 中的数据类型。

A. LOB 类型　　B. 记录类型

C. 数据类型　　D. 聚合类型

二、简答题

1. 简述 PL/SQL 的概念。

2. 举例说明使用属性类型的优点。

3. 请描述 while 循环与 for 循环的使用场景。

三、编程题

编写一个程序,用以接受用户输入的数字。将该数左右反转,然后显示反转后的数。

项目 11
游　标

【学习目标】

1. 隐式游标。
2. 显式游标。
3. REF 游标。

【必备知识】

通过对 PL/SQL 的学习,可以知道在编程时对数据表进行查询,并将查询出来的记录进行相应的业务数据处理。但在 PL/SQL 程序中,用 select 进行查询时,当查询结果返回值有且只有一条记录时才能正常运行。如果查询没有返回数据行,会抛出 NO_DATA_FOUND 的异常;如果查询返回大于一条记录,会抛出 TOO_MANY_ROWS 的异常。进行数据查询时不可能每次查询都只返回一条记录,那如何才能避免这两种异常发生呢?使用游标就可以解决这个问题了。

任务 11.1　游标的概念

游标是一种私有的工作区,或者说是一种集合数据类型。用于保存 SQL 语句的执行结果集。在执行一条 SQL 语句时,数据库服务器会打开一个工作区,将 SQL 语句的查询结果集保存在这里。游标有一个指针,指针指向里面的记录。用户可以不断地移动指针的方式来访问数据,让指针指向不同的记录从而完成需要分别在结果集中每个记录上执行的过程代码的任务。

在 Oracle 数据库中有两种形式的游标:静态游标与动态游标。

静态游标是在编译时知道其 select 语句的游标。静态游标又可分为两种类型,即隐式游标和显式游标。隐式游标是由数据库服务器定义的,显式游标是用户根据需要自定义的。

动态游标又称为 REF 游标或引用游标。当用户需要为游标使用的查询直到运行时才能确定,可以使用动态游标与游标变量满足这个要求。为了使用引用游标,必须声明游标变量。

有两种类型的 REF 游标，即强类型 REF 游标和弱类型 REF 游标。

任务 11.2　隐式游标

隐式游标是数据库服务器定义的一种游标。在执行一条 DML 语句或 select 语句时，数据库服务器将自动打开一个 Oracle 预先为其定义一个名为 SQL 的游标，用于存放该语句的查询结果集，可以将这种由 Oracle 服务器自动为 PL/SQL 程序中的查询语句命名的游标称为隐式游标。在一个 PL/SQL 块中可能有多条 DML 或 select 语句，隐式游标始终存放最近一条语句的执行结果集，其游标名为“SQL”。

隐式游标有几个很有用的属性，可以帮助用户了解游标的信息。表 11.1 列出了隐式游标的几个常用属性。

表 11.1　隐式游标的属性

属　性	类　型	描　述
%FOUND	BOOLEAN	对于 DML 语句，该属性表明表中是否有数据受到影响。如果 DML 语句没有影响任何数据则返回 false，否则为 true
%NOTFOUND	BOOLEAN	与%FOUND 正好相反
%ROWCOUNT	INT	对于 DML 语句，该属性值为受影响的数据行数。对于 select 语句，如果不发生异常，它的值即为 1
%ISOPEN	BOOLEAN	判断当前游标是否打开。如果打开，该属性值始终为 false，否则为 true

(1) %FOUND

只有在 DML 语句影响一行或多行时，%FOUND 属性才返回 true。看下面的示例：

```
SQL > ed
已写入 file afiedt. buf

  1  declare
  2    emp_row emp% rowtype;
  3  begin
  4     select * into emp_row from emp where empno =7369;
  5      --注意下面这行代码是错误的，boolean 类型的数据只能比较运算
  6      --dbms_output. put_line( sql% found);
  7     if( sql% found) then
  8         dbms_output. put_line('找到了数据行！');
  9     else
 10         dbms_output. put_line('未找到数据行！');
```

```
 11        end if;
 12*  end;
SQL > /
找到了数据行!

PL/SQL 过程已成功完成。

SQL >
```

EMMP 表中的确存在工号为 7369 的员工,因此能够找到这个数据,所以输出“找到了数据行!”。

(2)%NOTFOUND

与%NOTFOUND 正好相反,只有在 DML 语句没有影响任何行时,%NOTFOUND 属性才返回 TRUE。看下面的示例:

```
SQL > ed
已写入 file afiedt. buf

  1  declare
  2     emp_row emp%rowtype;
  3  begin
  4     select * into emp_row from emp where empno =7369;
  5      --注意下面这行代码是错误的,boolean 类型的数据只能比较运算
  6      --dbms_output. put_line(sql%found);
  7     if(sql%notfound) then
  8          dbms_output. put_line('未找到数据行!');
  9     else
 10          dbms_output. put_line('找到了数据行!');
 11     end if;
 12*  end;
SQL > /
找到了数据行!

PL/SQL 过程已成功完成。

SQL >
```

(3)%ROWCOUNT

%ROWCOUNT 属性对于增、删、改语句返回的是影响的行数。在隐式游标中,对于 select 语句,如果不发生异常,其值即为 1;在显式游标中,表示游标的查询结果集中被提取(fetch)的行数(注意:不是查询结果集的行数)。看下面的示例:

```
SQL> ed
已写入 file afiedt.buf

  1  declare
  2     emp_row emp%rowtype;
  3  begin
  4       update emp set sal = sal * 1.1 where deptno = 10;
  5       dbms_output.put_line('影响的数据行:'||sql%rowcount);
  6       select * into emp_row from emp where empno = 7369;
  7       --注意下面这行代码是错误的,boolean 类型的数据只能比较运算
  8       --dbms_output.put_line(sql%found);
  9       if(sql%notfound) then
 10            dbms_output.put_line('未找到数据行:'||sql%rowcount);
 11       else
 12            dbms_output.put_line('找到了数据行:'||sql%rowcount);
 13       end if;
 14* end;
SQL> /
影响的数据行:5
找到了数据行:1

PL/SQL 过程已成功完成。

SQL>
```

(4)%ISOPEN

%ISOPEN 属性返回游标是否已经打开。在执行 SQL 语句后,Oracle 自动打开 SQL 游标,提取数据到 into 后面的变量里,然后又自动关闭 SQL 游标,所以隐式游标始终为关闭状态,即隐式游标的%ISOPEN 属性一直为 FALSE。

```
SQL> ed
已写入 file afiedt.buf

  1  declare
```

```
2       emp_row emp%rowtype;
3   begin
4       select * into emp_row from emp where empno =7369;
5       if(sql%isopen) then
6           dbms_output.put_line('游标已经打开!');
7       else
8           dbms_output.put_line('游标已经关闭!');
9       end if;
10* end;
SQL> /
游标已经关闭!

PL/SQL 过程已成功完成。

SQL>
```

任务11.3 显式游标

显式游标是在PL/SQL程序中使用包含select语句来声明的游标。根据在游标中定义的查询,查询返回的行集可以包含零行或多行,这些行称为活动集,也就是定义的游标。游标的指针将指向活动集中的当前行。

(1)**游标的使用**

如果需要处理从数据库中检索的一组记录,则可以使用显示游标。使用显示游标处理数据需要4个步骤:声明游标、打开游标、检索数据、关闭游标。

1)声明游标

使用游标首先应声明。声明游标就是通过定义游标的名称、游标的特性来声明游标,以及打开游标后就可调用查询语句,声明的语法如下:

cursor cursor_name is select_statement;

例如:

```
declare
    cursor c1 is select * from emp where deptno =10;
    cursor emp_cursor is  select * from emp where empno =7788;
```

2)打开游标

游标声明之后要先打开才能使用。打开游标就是指执行声明游标时指定的查询语句。打开的方式只需使用open打开语法:

open cursor_name(参数);

如果没有指定参数就采用默认值执行 select 语句。

3）检索数据

打开游标后，可从游标中检索数据。检索数据就是从检索到的结果集中获取数据保存到变量中，以便变量进行处理。使用 fetch 语句找出结果集中的单行，并从中提取单个值传递给主变量。语法如下：

fetch cursor_name into [variable_list[record_variable]];

其中，variable_list 变量用于存储检索的数据。fetch 命令常写在循环内，用于从结果集中一次检索一行。结果集中每一行的值存储在一个变量中。在每次提取之后，结果集指针就向后移动一行。

4）关闭游标

在处理完游标中的所有行之后，必须关闭游标，以释放分配给游标的所有资源。用于关闭游标的语法如下：

close cursor_name;

可通过检查游标属性值来确定游标的当前状态。显式游标的属性与隐式游标的属性一样，见表 11.2。

表 11.2　显式游标的属性

属　性	类　型	描　述
%FOUND	BOOLEAN	对于 DML 语句，该属性表明表中是否有数据受到影响。如果 DML 语句没有影响任何数据则返回 false，否则为 true
%NOTFOUND	BOOLEAN	与%FOUND 正好相反
%ROWCOUNT	INT	对于 DML 语句，该属性值为受影响的数据行数。对于 select 语句，表示游标的查询结果集中被提取（fetch）的行数（注意：不是查询结果集的行数）
%ISOPEN	BOOLEAN	判断当前游标是否打开。如果打开，该属性值为 true，否则为 false

下面看一个例子：

```
SQL > declare
  2     cursor emp_cursor      --声明游标
  3       is select * from emp where empno =7934;
  4     emp_row emp%rowtype;    --声明变量
  5   begin
  6     open emp_cursor;    --打开游标
  7     fetch emp_cursor into emp_row; --检索数据  结果为一行
  8     dbms_output.put_line(emp_row.ename);    --输出检索结果
  9     close emp_cursor; --关闭游标
 10   end;
```

```
 11  /
MILLER

PL/SQL 过程已成功完成。

SQL >
```

(2)**迭代游标**

对于游标中包括多行的记录集,必须用循环才能将数据一条条取出来进行处理。有两种循环可处理游标:第一种是简单循环,第二种是 for 循环。

1)简单循环游标

采用 loop 循环游标的记录集时,要按游标的使用步骤来处理,只是用循环判断是否提取出游标中的全部数据。数据全部提取完后要记得关闭游标。下面是用游标输出 10 部门员工信息 PL/SQL 程序,代码如下:

```
SQL > ed
已写入 file afiedt. buf

  1  declare
  2    cursor c_emp  --声明游标
  3      is select * from emp where deptno = 10;
  4    v_emp emp% rowtype;   --声明变量
  5  begin
  6    open c_emp;   --打开游标
  7    dbms_output. put_line('游标已经提取的数据行:'||c_emp% rowcount);
  8    fetch c_emp into v_emp; --检索数据  结果为一行
  9    dbms_output. put_line('游标已经提取的数据行:'||c_emp% rowcount);
 10    loop
 11       --输出检索结果 v_emp 各属性的值
 12      dbms_output. put_line(v_emp. ename||'的工资是'||v_emp. sal);
 13      fetch c_emp into v_emp; --检索数据  结果为一行
 14      dbms_output. put_line('游标已经提取的数据行:'||c_emp% rowcount||'行');
 15      exit when c_emp% notfound;
 16    end loop;
 17    close c_emp; --关闭游标
 18* end;
SQL > /
游标已经提取的数据行:0
```

```
游标已经提取的数据行:1
CLARK 的工资是 2695
游标已经提取的数据行:2 行
KING 的工资是 5500
游标已经提取的数据行:3 行
MILLER 的工资是 1430
游标已经提取的数据行:4 行
johnson 的工资是 4950
游标已经提取的数据行:5 行
scott 的工资是 3300
游标已经提取的数据行:5 行

PL/SQL 过程已成功完成。

SQL >
```

从上面的代码的运行结果来看,“游标已经提取的数据行:5 行”输出了两次,原因就是当游标指针到了最后一次进行循环时,第 13 行的提取数据是不成功的(即游标指针后面没有数据行了),%NOTFOUND 返回 true,因此,%ROWCOUNT 的值没有再加 1,所以还是输出 5,然后就成功执行第 15 行,退出了循环。

上面的代码也可以改为如下:

```
SQL > ed
已写入 file afiedt. buf

  1  declare
  2    cursor c_emp  --声明游标
  3      is select * from emp where deptno =10;
  4    v_emp emp%rowtype;    --声明变量
  5  begin
  6    open c_emp;    --打开游标
  7    dbms_output. put_line('游标已经提取的数据行:'||c_emp%rowcount);
  8    fetch c_emp into v_emp;  --检索数据   结果为一行
  9    dbms_output. put_line('游标已经提取的数据行:'||c_emp%rowcount);
 10    while c_emp%found loop
 11      --输出检索结果 v_emp 各属性的值
 12      dbms_output. put_line(v_emp. ename||'的工资是'||v_emp. sal);
 13      fetch c_emp into v_emp;  --检索数据   结果为一行
 14      dbms_output. put_line('游标已经提取的数据行:'||c_emp%rowcount||'行');
```

```
 15      end loop;
 16      close c_emp;  --关闭游标
 17*  end;
SQL > /
游标已经提取的数据行:0
游标已经提取的数据行:1
CLARK 的工资是 2695
游标已经提取的数据行:2 行
KING 的工资是 5500
游标已经提取的数据行:3 行
MILLER 的工资是 1430
游标已经提取的数据行:4 行
johnson 的工资是 4950
游标已经提取的数据行:5 行
scott 的工资是 3300
游标已经提取的数据行:5 行

PL/SQL 过程已成功完成。

SQL >
```

可以看出效果是一样的,只是在循环迭代游标时略有不同。

2)FOR 循环游标

依次读取结果集中的行,当 for 循环开始时,游标会自动打开(不需要使用 open 方法开启),每循环读取一次,系统自动读取当前数据(不需要使用 fetch),在循环游标内自动创建%ROWTYPE 类型的变量并将此变量用作记录索引。当退出 for 循环时,游标也会自动关闭(不需要使用 close 方法)。for 循环游标的语法如下:

```
for record_index in cursor_name loop
    executable_statements;
end loop;
```

其中:

record_index 是 PL/SQL 声明的记录变量,此变量的属性类型自动声明游标的% ROWTYPE 类型,不需要在声明部分声明此变量。作用域在 for 循环之内,在 for 循环之外不能访问此变量。

for 循环游标的特性:

①使用游标之前不需要打开游标,使用游标之后也不需要关闭游标。

②在从游标中提取了所有记录之后自动终止。

③提取和处理游标中的每一条记录。

④如果在提取记录之后%NOTFOUND 属性返回 true,则终止循环。如果未返回行,则不进

入循环。

上面的例子也可以使用 for 循环游标来输出 10 部门员工的信息，代码如下：

```
SQL > ed
已写入 file afiedt. buf

  1  declare
  2    cursor c_emp  --声明游标
  3      is select * from emp where deptno =10;
  4  begin
  5    for v_emp in c_emp loop
  6       --输出检索结果 v_emp 各属性的值
  7      dbms_output. put_line(v_emp. ename||'的工资是'||v_emp. sal);
  8      dbms_output. put_line('游标已经提取的数据行:'||c_emp% rowcount||'行');
  9    end loop;
 10 * end;
SQL > /
CLARK 的工资是 2695
游标已经提取的数据行:1 行
KING 的工资是 5500
游标已经提取的数据行:2 行
MILLER 的工资是 1430
游标已经提取的数据行:3 行
johnson 的工资是 4950
游标已经提取的数据行:4 行
scott 的工资是 3300
游标已经提取的数据行:5 行

PL/SQL 过程已成功完成。

SQL >
```

（3）使用游标删除或更新

使用游标时，如果处理过程中需要删除或更新行，在定义游标时必须使用 select…for update 语句，而在执行 delete 和 update 时使用 where current of 子句指定游标的当前行。声明更新游标的语法如下：

cursor cursor_name is select_statement for update [of columns];

在使用 for update 子句声明游标之后，可以使用以下语法更新行。

update table_name set column_name = new_value

where current of cursor_name;

在声明游标时，update 命令中使用的列也必须出现在 for update of 子句中。在使用显式游标进行删除或更新表的数据行时，select 语句必须只包括一个表，而且 delete 和 update 语句只有在打开游标并提取特定行之后才能使用。

下面的例子是查询员工的工资如果低于 2 000 元，则工资提高 15%。代码如下：

```
SQL > select empno,ename,sal,hiredate,deptno,job from emp where sal <2500;

     EMPNO ENAME                  SAL HIREDATE                 DEPTNO JOB
---------- ---------- ---------- -------------- --------
      7369 SMITH                  800 17-12月-80                   20 CLERK
      7499 ALLEN                 1600 20-2月 -81                   30 SALESMAN
      7521 WARD                  1250 22-2月 -81                   30 SALESMAN
      7654 MARTIN                1250 28-9月 -81                   30 SALESMAN
      7782 CLARK                 2450 09-6月 -81                   10 MANAGER
      7844 TURNER                1500 08-9月 -81                   30 SALESMAN
      7876 ADAMS                 1100 23-5月 -87                   20 CLERK
      7900 JAMES                  950 03-12月-81                   30 CLERK
      7934 MILLER                1300 23-1月 -82                   10 CLERK

已选择 9 行。

SQL > declare
  2     cursor c_emp  --声明游标
  3       is select * from emp where sal <2000 for update;
  4   begin
  5     for v_emp in c_emp loop
  6       dbms_output.put(v_emp.ename||'的工资之前是'||v_emp.sal||',');
  7       update emp set sal = sal * 1.15 where current of c_emp;
  8       dbms_output.put_line(v_emp.ename||'的工资现在是'||(v_emp.sal * 1.15));
  9     end loop;
10* end;
SQL > /
SMITH 的工资之前是 800,SMITH 的工资现在是 920
ALLEN 的工资之前是 1600,ALLEN 的工资现在是 1840
WARD 的工资之前是 1250,WARD 的工资现在是 1437.5
MARTIN 的工资之前是 1250,MARTIN 的工资现在是 1437.5
TURNER 的工资之前是 1500,TURNER 的工资现在是 1725
```

```
ADAMS 的工资之前是 1100,ADAMS 的工资现在是 1265
JAMES 的工资之前是 950,JAMES 的工资现在是 1092.5
MILLER 的工资之前是 1300,MILLER 的工资现在是 1495

PL/SQL 过程已成功完成。

SQL > select empno,ename,sal,hiredate,deptno,job from emp where sal <2500;

     EMPNO ENAME                SAL HIREDATE               DEPTNO JOB
---------- ---------- ---------- -------------- --------
      7369 SMITH                920 17-12 月-80              20 CLERK
      7499 ALLEN               1840 20-2 月 -81              30 SALESMAN
      7521 WARD              1437.5 22-2 月 -81              30 SALESMAN
      7654 MARTIN            1437.5 28-9 月 -81              30 SALESMAN
      7782 CLARK               2450 09-6 月 -81              10 MANAGER
      7844 TURNER              1725 08-9 月 -81              30 SALESMAN
      7876 ADAMS               1265 23-5 月 -87              20 CLERK
      7900 JAMES             1092.5 03-12 月-81              30 CLERK
      7934 MILLER              1495 23-1 月 -82              10 CLERK

已选择 9 行。

SQL >
```

在上面的例子中,先查询哪些员工的工资为 2 500 元以下,通过执行 PL/SQL 程序块后,再次查询工资为 2 500 元以下的员工,发现确实已经低于 2 000 元工资的员工提升了 15%,而大于或等于 2 000 元工资的员工的工资并未有变化。

有兴趣的读者可以试试将第 7 行中的"where current of c_emp"条件去掉,看看结果会是什么样子(可能会远超过你的预期),然后再仔细分析一下原因何在。

(4)使用带参数的游标

PL/SQL 允许显式游标接受输入参数,从而增费显式游标的适应性。用于声明带参数的显式的语法如下:

cursor cursor_name[parameter[,parameter]…] [return return_type] is select_statement;

parameter 作为游标的输入参数,它可以让用户在打开游标式,向游标传递值;语法如下:

parameter_name [in] datatype[{:=|default} expression]。

下面例子是从控制台中输入一个员工工号,显示它的姓名。代码如下:

```
SQL > ed
已写入 file afiedt. buf

  1  declare
  2    cursor emp_cursor (pno in number default 7369)    --声明游标
  3      is select * from emp where empno = pno;
  4    emp_row emp%rowtype;    --声明变量
  5    v_empno emp. empno%type;
  6  begin
  7    v_empno := &员工号;
  8    open emp_cursor(v_empno);    --打开游标
  9    fetch emp_cursor into emp_row; --检索数据  结果为一行
 10    dbms_output. put_line('工号为'||emp_row. empno||'的员工姓名是'||emp_row.
ename);
 11    close emp_cursor; --关闭游标
 12* end;
SQL > /
输入 员工号 的值:  7788
原值    7:   v_empno := &员工号;
新值    7:   v_empno := 7788;
工号为7788 的员工姓名是 scott

PL/SQL 过程已成功完成。

SQL >
```

任务11.4 动态游标

隐式游标和显式游标都是静态定义的,当用户使用它们时查询语句已经确定。如果用户需要在运行时动态决定执行何种查询,可以使用 REF 游标和游标变量。

创建游标变量需要两个步骤,如下所述。

(1)**定义 REF 游标类型**

定义 REF 游标类型的语法如下:

type ref_cursor_name is ref cursor [return record_type];

其中:

return 语句为可选子句,用于指定游标提取结果集的返回类型。包括 return 子句表示强类型 REF 游标,不包括 return 子句则表示弱类型 REF 游标,该方法能够用于获取任何结果集。

(2)**声明一个游标类型的变量**

声明游标类型的变量的语法与声明其他标量类型的语法一样。

定义了游标变量之后,就可以在 PL/SQL 的执行部分打开游标变量。用于打开 REF 游标的语法如下:

open cursor_name for select_statement;

打开游标后,可以提取游标中的数据处理业务(一般用循环进行处理),处理完后需要关闭游标。

下面的例子是根据用户输入的值来决定是显示员工信息还是显示部门信息。代码如下:

```
SQL > ed
已写入 file afiedt. buf

  1  declare
  2    type cur_ref_info is ref cursor;
  3    cur_info cur_ref_info;
  4    v_id number;
  5    v_name varchar(100);
  6    v_type VARCHAR2(1) := upper(substr('&类型',1,1));
  7  begin
  8    if v_type = 'E' then
  9      open cur_info for select empno id,ename name from emp;
 10      dbms_output. put_line('----------输出员工信息--------------');
 11    elsif v_type = 'D' then
 12      open cur_info for select deptno id,dname name from dept;
 13      dbms_output. put_line('----------输出部门信息--------------');
 14    else
 15      dbms_output. put_line('请输入要显示的信息:员工信息(E)或部门信息(D)');
 16      RETURN;
 17    end if;
 18    fetch cur_info into v_id,v_name;
 19    loop
 20      dbms_output. put_line('#'||v_id||'的名称是'||v_name);
 21      fetch cur_info into v_id,v_name;
 22      exit when cur_info% notfound;
 23    end loop;
 24    dbms_output. put_line('------信息输出结束--------');
 25    close cur_info; --关闭游标
```

```
 26* end;
SQL > /
输入 类型 的值： D
原值    6：  v_type VARCHAR2(1) := upper(substr('&类型',1,1));
新值    6：  v_type VARCHAR2(1) := upper(substr('D',1,1));
----------------输出部门信息--------------
#10 的名称是 ACCOUNTING
#20 的名称是 RESEARCH
#30 的名称是 SALES
#40 的名称是 OPERATIONS
------信息输出结束---------

PL/SQL 过程已成功完成。

SQL > /
输入 类型 的值： E
原值    6：  v_type VARCHAR2(1) := upper(substr('&类型',1,1));
新值    6：  v_type VARCHAR2(1) := upper(substr('E',1,1));
----------------输出员工信息--------------
#7369 的名称是 SMITH
#7499 的名称是 ALLEN
#7521 的名称是 WARD
#7566 的名称是 JONES
#7654 的名称是 MARTIN
#7698 的名称是 BLAKE
#7782 的名称是 CLARK
#7788 的名称是 scott
#7839 的名称是 KING
#7844 的名称是 TURNER
#7876 的名称是 ADAMS
#7900 的名称是 JAMES
#7902 的名称是 FORD
#7934 的名称是 MILLER
#1001 的名称是 johnson
#1002 的名称是 mike
------信息输出结束---------

PL/SQL 过程已成功完成。
```

```
SQL > /
输入 类型 的值:  a
原值    6:    v_type VARCHAR2(1) := upper(substr('& 类型',1,1));
新值    6:    v_type VARCHAR2(1) := upper(substr('a',1,1));
请输入要显示的信息:员工信息(E)或部门信息(D)

PL/SQL 过程已成功完成。

SQL >
```

在上面的例子中,当控制台输入 D 时,游标 cur_info 赋予的查询语句为"select empno id, ename name from emp";当控制台输入 E 时,游标 cur_info 赋予的查询语句为"select deptno id, dname name from dept"。显然,这是程序在运行时才确定游标的查询语句的,而不是在编译时确定的。从程序的 3 次运行结果看来,从控制台输入相应的信息,程序运行的结果符合用户的预期目标。

在 PL/SQL 中可以执行动态构造的 SQL 语句,execute immediate 语句只能用于处理返回单行或没有返回的 SQL 语句,REF 游标则可以处理返回结果集的动态 SQL。实现动态 SQL 的 REF 游标声明方法与普通 REF 游标相同,只是在 OPEN 时指定了动态 SQL 字符串。打开 REF 游标的语法如下:

open cursor_name for dynamic_select_statement [using bind_argument_list];

下面的例子是使用动态 SQL 与 REF 游标在控制台输出工资大于 2500 元的员工信息。代码如下:

```
SQL > ed
已写入 file afiedt. buf

  1  declare
  2    v_sal emp. sal% type := 2500;
  3    v_emp emp% rowtype;
  4    type cur_ref_type is REF CURSOR;
  5    c_type cur_ref_type;
  6    v_sql varchar2(100);
  7  begin
  8    v_sql := 'select * from emp where sal >= :sal order by sal desc';
  9    open c_type for v_sql using v_sal;
 10    dbms_output. put_line('工资高于'||v_sal||'的员工有:');
 11    fetch c_type into v_emp;
 12    while c_type% found loop
```

```
 13        dbms_output.put_line('工号:'||v_emp.empno||',姓名:'||v_emp.ename||',工资:'||v_emp.sal);
 14        fetch c_type into v_emp;
 15      end loop;
 16      close c_type;
 17* end;
SQL > /
工资高于2500的员工有:
工号:1002,姓名:mike,工资:5 600
工号:7839,姓名:KING,工资:5000
工号:1001,姓名:johnson,工资:4500
工号:7788,姓名:scott,工资:3000
工号:7902,姓名:FORD,工资:3000
工号:7566,姓名:JONES,工资:2975
工号:7698,姓名:BLAKE,工资:2850

PL/SQL 过程已成功完成。

SQL >
```

游标变量功能强大,可以简化处理,因为允许将不同种类的数据返回到同一变量中。游标变量具有下述优点:

①游标变量可用于从不同的结果集中提取记录。

②游标变量可作为过程的参数进行传递。

③游标变量可以引用游标的所有属性。

④游标变量可用于赋值运算。

但是,存在许多与其使用有关的限制。包括:

①不能在程序包中声明游标变量。

②另一台服务器上的远程子程序不能接受游标变量的值。

③如果将宿主游标变量传递给 PL/SQL,则无法在服务器端通过其获取行,除非也在同一台服务器调用中打开它。

④不能使用比较操作符对游标变量进行相等或不相等测试。

⑤不能使用逻辑操作符对游标进行逻辑操作。

⑥不能将空值赋予游标变量。

⑦不能使用 REF CURSOR 类型在 create table 或 create view 语句中指定列类型。因为数据库列无法存储游标变量的值。

⑧不能使用 REF CURSOR 类型制定集合的元素类型,这意味着索引表、嵌套表或 varray 中的元素不能存储游标变量的值。

思考练习

一、选择题

1. 用于处理得到单行查询结果的游标称为（　　）。

A. 循环游标　　B. 隐式游标

C. REF 游标　　D. 显式游标

2. 隐式游标处理（　　）属性的方式与显式游标不同。

A. %ROWCOUNT　　B. %NOTFOUND

C. %ISOPEN　　D. %ISCLOSE

3. 游标变量不能使用（　　）运算符。

A. 赋值　　B. 比较

C. 逻辑　　D. 任何

4. 显式游标在 PL/SQL 程序的（　　）部分声明。

A. declare　　B. begin

C. loop　　D. exception

5. 要更新游标结果集中的当前行，应使用（　　）子句。

A. where current of　　B. for update

C. for delete　　D. for lock

6. 游标变量的类型是（　　）。

A. 隐式游标　　B. 显式游标

C. REF 游标　　D. 循环游标

7. 使用 for 循环迭代游标时，下面说法正确的是（　　）。

A. 使用 for 循环游标前需要先使用 open 命令把游标打开

B. for var_name in cursor_name loop…中的 var_name 不需要在声明部分预先定义

C. 使用 for 循环游标后不需要使用 clolse 命令把游标关闭

D. 使用 for 循环游标时要在循环内使用 fetch 命令提取游标指针所指向的数据

8. 下列关于显式游标属性%ROWCOUNT 的描述，正确的是（　　）。

A. 表示游标集中的记录条数　　B. 表示游标集中已经提取过的记录条数

C. 表示查询表的记录数　　D. 无此属性

二、简答题

1. 简述游标集合内的记录由哪些方法来迭代，并比较它们之间的异同。

2. 简述 REF 游标变量的优缺点。

三、代码题

编写一段程序并使用游标向控制台输出部门表的所有数据。

项目 12
子程序与程序包

【学习目标】

1. 函数的创建与调用。
2. 掌握过程的创建与调用。
3. 掌握程序包的创建与调用。

【必备知识】

从项目 8 起,已学习了 PL/SQL 程序块,在 PL/SQL 块中,可以发现对于查询返回多条记录时,用户只能通过游标来处理。可是,PL/SQL 程序块运行一次后,下次再登录到 Oracle 中,这个 PL/SQL 程序块就无法再运行了,只能重新录入 PL/SQL 程序块代码才能运行。对于需要经常重复运行的 PL/SQL 程序块,用户可以对它进行命名后保存在数据库中,下次需要再次运行时可以从数据库中通过名称找出对应的 PL/SQL 程序块再进行运行,这个命名的程序块就是本项目所要讲述的内容。

任务 12.1 子程序

子程序是已经命名的 PL/SQL 程序块,它们存储在数据库中,可以为它们指定参数,可以从任何数据库客户端和应用程序中调用它们。命名的 PL/SQL 程序块包括存储过程、函数。把类型功能或模块的存储过程与函数合并在一起可以形成程序包。

与未命名的 PL/SQL 程序块一样,子程序具有声明部分、可执行部分以及异常处理部分。声音部分包含类型、游标、常量、变量、异常与嵌套子程序的声明。这些项是局部的,在退出子程序时将不复存在。可执行部分包含赋值、控制执行过程以及操纵 Oracle 数据的语句。异常处理部分包含异常处理程序,负责处理过程中出现的异常。

子程序具有下述优点。

①模块化:通过子程序,可以将程序分解为可管理的、明确的逻辑模块。

②可重用性:子程序在创建并执行后,就可以在任意数目的应用程序中使用。

③可维护性：子程序可以简化维护操作，因为如果一个子程序受到影响，则只需要修改该子程序的定义。

④安全性：用户可以设置权限，使得访问数据的唯一方式就是通过用户提供的过程和函数。这不仅可以让数据更加安全，而且还可以保证其正确性。

子程序有两种类型，即存储过程与函数。通常，使用存储过程执行某些业务操作，以达到完成某业务功能为目的。而使用函数则是为了执行运算的操作后返回值，以达到运算结果得以返回为目的。有时候某一业务功能既可用过程来实现，也可用函数来实现，这时就要看用户的实现目标在哪里了。

（1）存储过程

如果应用程序中经常需要执行特定的操作，可以基于这些操作建立一个特定的过程。通过使用过程，不仅可以简化客户端应用程序的开发和维护，而且还可以提高应用程序的运行性能。

1）创建存储过程

用于建立存储过程语法如下：

```
create [or replace] procedure procedure_name [(parameter_list)] {is|as}
    [local_declarations]
begin
    executable_statements;
exception
    exception_handlers
end [prodedure_name];
```

其中：

procedure_name：是存储过程的名称，按 Oracle 的命名规则取有意义的名称即可。

parameter_list：是参数列表。参数列表的参数可以是多个，多个参数之间用逗号分隔。一个参数最多由 4 个部分组成，分别为参数名、参数模式、参数类型、缺省值。这 4 个部分中有些部分是可选的，后面再进行详细讨论。

local_declarations：是局部变量的声明部分。

executable_statements：是可执行部分。

exception_handlers：是异常处理部分。

创建存储过程的语法大部分与匿名 PL/SQL 程序块类似。声明部分置于关键字 is（或 as）与 begin 之间，而不使用在匿名 PL/SQL 程序块中引入声明的字 declare。存储过程最后的 end 关键字后可以使用可选的 procedure_name 结束，其他部分与 PL/SQL 程序块完全相同。

下面创建一下最简单的存储过程，只输出当前的时间，代码如下：

```
SQL > create or replace procedure p1 is
  2  begin
  3    dbms_output.put_line('当前的时间是：'||systimestamp);
  4  end;
```

```
5 /

过程已创建。

SQL >
```

由此可见,过程确实已经创建了,如果想要查询在数据库是否存在 p1 这个存储过程,可以查询 user_objects 视图,后面会详细讲解。

再创建一个存储过程,带一个部门参数,根据传入部门编号参数值,输出该部门的名称以及员工数量及其最高工资是多少,代码如下:

```
SQL > ed
已写入 file afiedt. buf

  1  create or replace procedure p2(v_deptno dept. deptno% type) is
  2     v_dname dept. dname% type;
  3     v_max_sal emp. sal% type;
  4     v_count int;
  5  begin
  6     select dname into v_dname from dept where deptno = v_deptno;
  7     select max(sal),count( * ) into v_max_sal,v_count
  8     from emp
  9     where deptno = v_deptno;
 10     dbms_output. put_line(v_deptno||'部门的名称是'||v_dname);
 11     dbms_output. put_line(v_deptno||'部门员工共'||v_count||'人');
 12     dbms_output. put_line(v_deptno||'部门员工最高工资是'||v_max_sal||'元');
 13* end;
SQL > /

过程已创建。

SQL >
```

从上面的程序看来,根据前几章 PL/SQL 程序块的编程经验,用户已知对于 PL/SQL 程序块中的查询返回记录数小于一条或大于一条都会出错,该程序必须要进行 NO_DATA_FOUND 与 TOO_MANY_ROWS 的异常处理。因此,需要对它进行改进,代码如下:

```
SQL > ed
已写入 file afiedt. buf

  1  create or replace procedure p2(v_deptno dept. deptno% type) is
```

```
  2    v_dname dept. dname% type;
  3    v_max_sal emp. sal% type;
  4    v_count int;
  5  begin
  6    select dname into v_dname from dept where deptno = v_deptno;
  7    select max(sal),count( * ) into v_max_sal,v_count
  8    from emp
  9    where deptno = v_deptno;
 10    dbms_output. put_line(v_deptno||'部门的名称是'||v_dname);
 11    dbms_output. put_line(v_deptno||'部门员工共'||v_count||'人');
 12    dbms_output. put_line(v_deptno||'部门员工最高工资是'||v_max_sal||'元');
 13  exception
 14    when no_data_found then
 15      dbms_output. put_line('未找到相应的部门记录! ');
 16    when too_many_rows then
 17      dbms_output. put_line('发现太多的记录,处理不了,请使用游标处理多条记
录! ');
 18* end;
SQL > /

过程已创建。

SQL >
```

2)执行存储过程

在 SQL 提示符下,要调用存储过程,使用 execute 语句(可简写为 exec)来执行或通过 PL/SQL 程序块来调用。

要执行上面的两个存储过程,代码如下:

```
SQL > execute p1(); --无参数时括号可以省略
当前的时间是:09 -10 月 -12 03.14.00.418000000 下午 +08:00

PL/SQL 过程已成功完成。

SQL > execute p2(10);
10 部门的名称是 ACCOUNTING
10 部门员工共 5 人
10 部门员工最高工资是 5000 元
```

```
PL/SQL 过程已成功完成。

SQL > exec p1( ); --无参数时括号可以省略
当前的时间是:09 -10 月 -12 03.14.28.170000000 下午 +08:00

PL/SQL 过程已成功完成。

SQL > exec p2(10);
10 部门的名称是 ACCOUNTING
10 部门员工共 5 人
10 部门员工最高工资是 5000 元

PL/SQL 过程已成功完成。

SQL > begin
2      p2(10);
3    end;
4  /
10 部门的名称是 ACCOUNTING
10 部门员工共 5 人
10 部门员工最高工资是 5000 元

PL/SQL 过程已成功完成。

SQL >
```

在 SQL 提示符下,要调用存储过程,还可以使用 call 语句来执行。

因此,在 SQL 提示符下调用上面两个存储过程的代码如下:

```
SQL > exec p1( );
当前的时间是:09 -10 月 -12 03.15.39.124000000 下午 +08:00

PL/SQL 过程已成功完成。

SQL > call p2(10);
10 部门的名称是 ACCOUNTING
10 部门员工共 5 人
10 部门员工最高工资是 5000 元
```

```
调用完成。

SQL >
```

两种方法调用都是一样的执行结果,采用 call 语句执行带参数的存储过程后提示为“调用完成”,而不是“PL/SQL 过程已成功完成”。这个主要是由 Oracle 内部处理结果后的提示信息不同造成的,对程序的调用者来说没有任何的区别也没有任何的影响。

3)参数模式

在前面创建存储过程的语法中提到了参数列表中每个参数最多由 4 个部分组成:参数名、参数模式、参数类型、缺省值。这 4 个部分的参数模式与缺省值是可选的。定义参数的语法如下:

parameter_name [IN|OUT|IN OUT] data_type [{:= | DEFAULT} expression]

现在主要来看参数模式:

①IN:这里的参数模式是默认模式,如果无参数模式,则相当于隐式指定了 IN 模式。IN 模式表示参数值只能从存储过程的外面传入存储过程中使用,在存储过程里不能对这个参数变量的值进行修改。

②OUT:表示参数值只能从存储过程的里面传出到存储过程外面使用。因此,在存储过程中可以对这个参数变量的值进行改变,也可以对这个参数变量进行使用。

③IN OUT:表示参数变量的值既可以从存储过程的外面传入存储过程中使用,也可以从存储过程的里面传出到存储过程外面使用。因此,在存储过程中可以对这个参数变量的值进行改变,也可以对这个参数变量进行使用。

对于缺省值,是指如果在定义存储过程时指定了缺省值,则在调用存储过程时如果不给该参数赋值,则在存储过程里面将采用缺省值。若未给缺省值,则在存储过程时该参数值为空。缺省值只能在 IN 模式中使用,在其他模式下都不可以使用。

现在来看例子。在刚才 p2 这个存储过程里,参数 v_deptno 是希望调用该过程的使用者传入参数给存储过程使用,如果调用者不传入参数,则将视为 10 部门(即默认值为 10),则代码如下:

```
SQL > ed
已写入 file afiedt. buf

  1  create or replace procedure p2(v_deptno dept. deptno% type default 10) is
  2    v_dname dept. dname% type;
  3    v_max_sal emp. sal% type;
  4    v_count int;
  5  begin
  6    select dname into v_dname from dept where deptno = v_deptno;
  7    select max(sal),count(*) into v_max_sal,v_count
  8    from emp
  9    where deptno = v_deptno;
```

```
  10    dbms_output.put_line(v_deptno||'部门的名称是'||v_dname);
  11    dbms_output.put_line(v_deptno||'部门员工共'||v_count||'人');
  12    dbms_output.put_line(v_deptno||'部门员工最高工资是'||v_max_sal||'元');
  13  exception
  14    when no_data_found then
  15      dbms_output.put_line('未找到相应的记录！');
  16    when too_many_rows then
  17      dbms_output.put_line('发现太多的记录,处理不了,请使用游标处理多条记
录！');
  18* end;
SQL > /
```

参数 v_deptno 中没有指定模式,显然是 IN 模式,因此,在存储过程中,代码第 9 行引用了这个变量值,但不能改变参数变量 v_deptno 的值。例如在第 12 行与第 13 行之间上一行代码"V_deptno := 20",则编译就通过不了,代码如下:

```
SQL > ed
已写入 file afiedt.buf

  1  create or replace procedure p2(v_deptno dept.deptno%type default 10) is
  2    v_dname dept.dname%type;
  3    v_max_sal emp.sal%type;
  4    v_count int;
  5  begin
  6    select dname into v_dname from dept where deptno = v_deptno;
  7    select max(sal),count(*) into v_max_sal,v_count
  8    from emp
  9    where deptno = v_deptno;
  10   dbms_output.put_line(v_deptno||'部门的名称是'||v_dname);
  11   dbms_output.put_line(v_deptno||'部门员工共'||v_count||'人');
  12   dbms_output.put_line(v_deptno||'部门员工最高工资是'||v_max_sal||'元');
  13   V_deptno := 20; --加这行代码的目的是想测试 IN 模式的参数是否在存储过
程中被赋值。
  14  exception
  15    when no_data_found then
  16      dbms_output.put_line('未找到相应的记录！');
  17    when too_many_rows then
  18      dbms_output.put_line('发现太多的记录,处理不了,请使用游标处理多条记
录！');
```

```
 19 *  end;
SQL > /

警告: 创建的过程带有编译错误。

SQL > show err
procedure p2 出现错误:

line/col error
-------- -----------------------------------------------
13/3     PL/SQL: Statement ignored
13/3     PLS - 00363: 表达式 'V_DEPTNO' 不能用作赋值目标
SQL >
```

用户将第 13 行去掉再编译运行,试图传入一个参数,代码如下:

```
SQL > execute p2(20);
20 部门的名称是 research
20 部门员工共 4 人
20 部门员工最高工资是 3000 元

PL/SQL 过程已成功完成。

SQL >
```

在这个例子中,如果传入参数后,还需要返回一个参数值给这个存储过程的调用者,用来返回这个部门的平均工资,这时需要将平均工资这个参数设置为 OUT 模式。代码如下:

```
SQL > ed
已写入 file afiedt. buf

  1  create or replace procedure p2(
  2      v_deptno dept. deptno% type default 10,
  3      avg_sal out float
  4    ) is
  5    v_dname dept. dname% type;
  6    v_max_sal emp. sal% type;
  7    v_avg_sal emp. sal% type;
  8    v_count int;
```

```
  9  begin
  10    select dname into v_dname from dept where deptno = v_deptno;
  11    select max(sal),count( * ),avg(sal) into v_max_sal,v_count,v_avg_sal
  12    from emp
  13    where deptno = v_deptno;
  14    dbms_output. put_line(v_deptno||'部门传入的平均工资是'||avg_sal);
  15    avg_sal := v_avg_sal;
  16    dbms_output. put_line(v_deptno||'部门的名称是'||v_dname);
  17    dbms_output. put_line(v_deptno||'部门员工共'||v_count||'人');
  18    dbms_output. put_line(v_deptno||'部门员工最高工资是'||v_max_sal||'元');
  19    dbms_output. put_line(v_deptno||'部门员工平均工资是'||avg_sal||'元');
  20  exception
  21    when no_data_found then
  22      dbms_output. put_line('未找到相应的记录！');
  23    when too_many_rows then
  24      dbms_output. put_line('发现太多的记录,处理不了,请使用游标处理多条记
录！');
  25* end;
SQL > /

过程已创建。

SQL >
```

现在来执行这个存储过程,代码如下:

```
SQL > execute p2(20,100);
begin p2(20,100); END;

                    *
第 1 行出现错误:
ORA -06550: 第 1 行, 第 13 列:
PLS -00363: 表达式 '100' 不能用作赋值目标
ORA -06550: 第 1 行, 第 7 列:
PL/SQL: Statement ignored


SQL >
```

本意是给第一个参数 v_deptno 赋值为 20,第二个参数 avg_sal 赋值为 100。显然,这是一个错误的执行,原因是第二个参数为 OUT 模式,它在存储过程的内部是可能会改变参数的值的,因此,它不允许在这里赋值为常量值,必须是一个变量值才可以,变量在存储过程里面才可以再次赋值,以便传出到存储过程的外面,给这个存储过程的调用者使用。执行这个存储过程的代码要修改为一个 PL/SQL 块来执行,代码如下:

```
SQL > declare
  2     var_avg_sal float;
  3   begin
  4     var_avg_sal := 100;
  5     p2(20,var_avg_sal);
  6   end;
  7   /
20 部门传入的平均工资是
20 部门的名称是 RESEARCH
20 部门员工共 4 人
20 部门员工最高工资是 3000 元
20 部门员工平均工资是 1968.75 元

PL/SQL 过程已成功完成。

SQL >
```

通过这个 PL/SQL 程序块来执行 p2 这个存储过程后,从执行的结果来看,会发现虽然成功地执行,但 var_avg_sal 的变量值并未传入存储过程里面,因为第 14 行的输出结果为"20 部门传入的平均工资是"。var_avg_sal 的变量值并未传入存储过程里面原因就是 var_avg_sal 的参数模式为 OUT 模式,而 OUT 模式是不接受存储过程外面传入参数值。然而,到底 OUT 模式的值有没有传出到存储过程的外面呢?现在再来执行 p2 这个存储过程,看能不能获得重新赋值后的 var_avg_sal 值,代码如下:

```
SQL > declare
  2     var_avg_sal float;
  3   begin
  4     var_avg_sal := 100;
  5     dbms_output.put_line('执行存储过程前 var_avg_sal 的值是'||var_avg_sal);
  6     p2(20,var_avg_sal);
  7     dbms_output.put_line('执行存储过程后 var_avg_sal 的值是'||var_avg_sal);
  8   end;
  9   /
执行存储过程前 var_avg_sal 的值是 100
```

```
20 部门传入的平均工资是
20 部门的名称是 RESEARCH
20 部门员工共 4 人
20 部门员工最高工资是 3000 元
20 部门员工平均工资是 1968.75 元
执行存储过程后 var_avg_sal 的值是 1968.75

PL/SQL 过程已成功完成。

SQL >
```

从执行的情况看来，p2 存储过程的第 15 行对 OUT 模式参数进行了赋值运算后，不仅在存储过程里面能使用(第 19 行)赋值运算后的值，在程序外面也可以使用赋值运算后的值(从上面代码的第 7 行输出的结果值可以看出)。

如果希望在对 OUT 模式参数进行了赋值运算之前也能使用从存储过程外面传进来的值，如 p2 存储过程中的第 14 行处也能使用到传入的 100 这个值，那用户就要将 OUT 模式变为 IN OUT 模式。故将 p2 存储过程的第 3 行变为：

```
3        avg_sal in out float
```

这时候再去执行这个存储过程，执行如下：

```
SQL > /
执行存储过程前 var_avg_sal 的值是 100
20 部门传入的平均工资是 100
20 部门的名称是 RESEARCH
20 部门员工共 4 人
20 部门员工最高工资是 3000 元
20 部门员工平均工资是 1968.75 元
执行存储过程后 var_avg_sal 的值是 1968.75

PL/SQL 过程已成功完成。

SQL >
```

从这个运行结果看来，第 14 行的输出结果为“20 部门传入的平均工资是 100”，说明 IN OUT 模式参数在对参数赋值运算之前已经使用到了存储过程外面传入的参数的值。

4)为参数传递变量与数据

为参数传递变量和数据可以采用位置传递、名称传递和组合传递 3 种方法。

①位置传递。是指在调用子程序时按照参数定义的顺序依次为参数指定相应变量或者数值。

```
1  declare
2     var_avg_sal float;
3  begin
4     var_avg_sal := 100;
5     dbms_output.put_line('执行存储过程前 var_avg_sal 的值是'||var_avg_sal);
6     p2(20,var_avg_sal);
7     dbms_output.put_line('执行存储过程后 var_avg_sal 的值是'||var_avg_sal);
8  end;
9  /
```

在这种方式下，Oracle 与 MS SQLServer 不一样，IN 模式中有缺省值，也不能缺少这个变量值。如上面的第 6 行变为“p2(var_avg_sal);”将会出错。

这种方式是我们最常用的子程序调用方式，尤其是在程序不复杂的情况下更为常见。

②名称传递。是指在调用子程序时指定参数名，并使用关联符号'=>'为其提供相应的数值或变量。

```
1  declare
2     var_avg_sal float;
3  begin
4     var_avg_sal := 100;
5     dbms_output.put_line('执行存储过程前 var_avg_sal 的值是'||var_avg_sal);
6     p2(v_deptno=>20,avg_sal=>var_avg_sal);
7     dbms_output.put_line('执行存储过程后 var_avg_sal 的值是'||var_avg_sal);
8  end;
9  /
```

这种方式是对于复杂的子程序的调用更常见一些，尤其是在不明白所有子程序参数的用法或子程序参数个数与顺序的情况下尤其适合。但缺点也明显，就是要记得子程序的参数名。

这种方式也可以改变参数传递的调用顺序，而第一种方式却不可以。因此，上面的代码可变为：

```
1  declare
2     var_avg_sal float;
3  begin
4     var_avg_sal := 100;
5     dbms_output.put_line('执行存储过程前 var_avg_sal 的值是'||var_avg_sal);
6     p2(avg_sal=>var_avg_sal,v_deptno=>20);
7     dbms_output.put_line('执行存储过程后 var_avg_sal 的值是'||var_avg_sal);
8  end;
9  /
```

这种方式的参数的缺省值也起作用了,下面的代码不传入指定的部门,将会采用缺省的参数值10。代码如下:

```
SQL > declare
  2     var_avg_sal float;
  3   begin
  4     var_avg_sal := 100;
  5     dbms_output.put_line('执行存储过程前 var_avg_sal 的值是'||var_avg_sal);
  6     p2(avg_sal => var_avg_sal);
  7     dbms_output.put_line('执行存储过程后 var_avg_sal 的值是'||var_avg_sal);
  8   end;
  9   /
执行存储过程前 var_avg_sal 的值是 100
10 部门传入的平均工资是 100
10 部门的名称是 ACCOUNTING
10 部门员工共 5 人
10 部门员工最高工资是 5000 元
10 部门员工平均工资是 3250 元
执行存储过程后 var_avg_sal 的值是 3250

PL/SQL 过程已成功完成。

SQL >
```

③组合传递。是指在调用子程序时同时使用位置传递和名称传递。

```
1  declare
2     var_avg_sal float;
3  begin
4     var_avg_sal := 100;
5     dbms_output.put_line('执行存储过程前 var_avg_sal 的值是'||var_avg_sal);
6     p2(20,avg_sal => var_avg_sal);
7     dbms_output.put_line('执行存储过程后 var_avg_sal 的值是'||var_avg_sal);
8  end;
9  /
```

5)为用户授予执行存储过程的权限

存储过程创建之后,其他用户需要执行这个存储过程,必须授予 execute 的权限才可以执行,因此,必须通过存储过程的所有者或 DBA 将 execute 的权限授给特定用户。

例如,要将 p2 的执行权限授予给 user 01,代码如下:

```
SQL > conn user 01/abc123
已连接。
SQL > ed
已写入 file afiedt. buf

  1  declare
  2     var_avg_sal float;
  3  begin
  4     var_avg_sal : = 100;
  5     dbms_output. put_line('执行存储过程前 var_avg_sal 的值是'||var_avg_sal);
  6     scott. p2(20,avg_sal = >var_avg_sal);
  7     dbms_output. put_line('执行存储过程后 var_avg_sal 的值是'||var_avg_sal);
  8* end;
SQL > /
  scott. p2(20,avg_sal = >var_avg_sal);
  *
第 6 行出现错误:
ORA -06550: 第 6 行, 第 3 列:
PLS -00201: 必须声明标识符 'SCOTT. P2'
ORA -06550: 第 6 行, 第 3 列:
PL/SQL: Statement ignored


SQL > conn scott/tiger
已连接。
SQL > grant execute on p2 to user 01;

授权成功。

SQL > conn user 01/abc123
已连接。
SQL > set serveroutput on
SQL > declare
  2     var_avg_sal float;
  3  begin
  4     var_avg_sal : = 100;
  5     dbms_output. put_line('执行存储过程前 var_avg_sal 的值是'||var_avg_sal);
  6     scott. p2(20,avg_sal = >var_avg_sal);
```

```
 7      dbms_output. put_line('执行存储过程后 var_avg_sal 的值是'||var_avg_sal);
 8   end;
 9   /

执行存储过程前 var_avg_sal 的值是 100
20 部门传入的平均工资是 100
20 部门的名称是 RESEARCH
20 部门员工共 4 人
20 部门员工最高工资是 3000 元
20 部门员工平均工资是 1968.75 元
执行存储过程后 var_avg_sal 的值是 1968.75

PL/SQL 过程已成功完成。

SQL >
```

在上面的代码中,刚开始用户 user 01 是无法执行 scott 用户的 p2 存储过程的,但给 user 01 授予 execute 权限后,用户 user 01 便可以执行 scott 用户的 p2 存储过程了。

6)删除存储过程

存储过程确定不需要使用后是可以删除的,删除存储过程的语法:

drop procedure procedure_name;

例如:删除存储过程 p1,代码如下:

```
SQL > drop procedure p1;

过程已删除。

SQL >
```

(2)**函数**

函数与存储过程很相似,也是存储在数据库中命名的 PL/SQL 程序块。它与存储过程最主要的语法区别就是其必须声明一个返回类型,而且在函数体这里最少有一个返回语句。

在创建函数时,通过 return 子句指定函数返回值的数据类型,在函数体的任何地方用户都可以通过 return expression 语句从函数中返回,这里的表达式的数据类型要与 return 子句指定的类型相同。

1)创建函数

创建函数的语法格式如下:

```
create [or replace] function function_name [(parameter_list)]
return data_type {IS|AS}
    [local_declare]
```

```
begin
    Executeable_statements;
[exceptioin
    Exception_handlers;]
end [function_name];
```

其中:

function_name:是函数的名称,按 Oracle 的命名规则取有意义的名称即可。

parameter_list:是参数列表。参数列表的参数可以是多个,多个参数之间用逗号分隔。一个参数最多由 4 个部分组成,分别是:参数名、参数模式、参数类型、缺省值。这 4 个部分中有些是部分是可选的,但在函数中,参数模式一般情况下只允许使用 IN 模式,至于 OUT 以及 IN OUT 模式的使用有很多限制。

local_declarations:是局部变量的声明部分。

executable_statements:是可执行部分。

exception_handlers:是异常处理部分。

创建函数与创建存储过程的语法大部分类似。只是创建函数时在关键字 is(或 as)前面多了一个 return 子句,函数体中必须有返回(return)语句,其他部分与存储过程完全相同。

下面创建一下最简单的函数,输出两个数相加返回相加后的结果,代码如下:

```
SQL> ed
已写入 file afiedt. buf

  1  create or replace function add1(n1 float,n2 float) return float as
  2     n float;
  3  begin
  4     n := n1 + n2;
  5     return n;
  6* end;
SQL> /

函数已创建。

SQL>
```

2)函数的执行

函数的执行与存储过程的执行不同,函数不能单独采用 execute 来执行,只能通过 SQL 语句或 PL/SQL 程序块来调用。要调用此函数可采用以下两种办法来实现,代码如下:

```
SQL> select add1(15,30) from dual;

ADD1(15,30)
```

```
------------
        45

SQL > ed
已写入 file afiedt. buf

  1  declare
  2     sum1 float;
  3  begin
  4     sum1 := add1(15,30);
  5     dbms_output. put_line('sum1 ='||sum1);
  6* end;
SQL > /
sum1 =45

PL/SQL 过程已成功完成。

SQL >
```

3)函数的授权

函数的授权与存储过程的授权基本一致。也必须授予 execute 的权限才可以执行,因此,也需要通函数的所有者或 DBA 将 execute 的权限授给特定用户。

```
SQL > grant execute on add1 to user 01;

授权成功。

SQL >
```

4)函数的删除

函数的删除可使用 drop function 语句来实现,以下是删除函数的语法:

drop function function_name;

例如,把 add1 这个函数删除,代码如下:

```
SQL > drop function add1;

函数已删除。

SQL >
```

5)函数的限制

在定义函数时,受下列条件限制:

①函数只能带有 IN 模式,不能带有 IN OUT 或 OUT 模式(即在函数中不需要使用模式,因为 IN 模式可以省略)。

②形式参数必须只使用数据库类型,不得使用 PL/SQL 数据类型。

③函数中声明的返回类型也必须是数据库类型。

④函数中声明的返回类型与函数体中返回语句所带表达式的数据类型必须一致。

在 SQL 表达式中调用函数时,受下列条件限制:

①从 select 语句调用的任何函数均不能修改数据库表。

②当远程执行或并行执行时,函数不得读取或写入程序包中变量的值。

③从 select、values 或 set 子句调用的函数可以写入程序包中变量,所有其他子句中的函数均不能写入程序包变量。

④如果函数调用执行 UPDATE 的存储过程,则该函数不能在 SQL 语句内使用。

函数的语法大部分与存储过程一到,包括模式、传参等,所以在函数中没有介绍模式与传参。虽然前面提到函数的参数模式中只能使用 IN 模式,但实际上如果用户能确保你定义的函数只在 PL/SQL 块中调用的话,仍然可能使用 OUT 与 IN OUT 模式。有兴趣的读者可以试一试,不过不建议这么使用。

(3)查看子程序

不管是函数还是存储过程,都是命名后保存在数据库中的,其子程序的源代码与名称都是可查询的。

查看当前用户有哪些存储过程或函数可以使用 user_objects 视图,下面代码是查看当前用户下有哪些存储过程,代码如下:

```
SQL> select object_name,object_type from user_objects WHERE object_type = 'PROCEDURE';

OBJECT_NAME            OBJECT_TYPE
----------------- --------------------
P2                     PROCEDURE

SQL>
```

查看当前用户存储过程或函数的源代码可以使用 user_source 视图,下面代码是查看当前用户下所有的过程与函数的源代码,代码如下:

```
SQL> select name,line,text from user_source;

NAME LINE TEXT
---- ---- ------------------------------------------
```

```
ADD1        1 function add1(n1 float,n2 float) return float as
ADD1        2       n float;
ADD1        3 begin
ADD1        4      n := n1 + n2;
ADD1        5      return n;
ADD1        6 end;
P2          1 procedure p2(
P2          2      v_deptno dept.deptno%type default 10,
P2          3      avg_sal in out float
P2          4   ) is
P2          5   v_dname dept.dname%type;
P2          6   v_max_sal emp.sal%type;
P2          7   v_avg_sal emp.sal%type;
P2          8   v_count int;
P2          9 begin
P2         10   select dname into v_dname from dept where deptno = v_deptno;
P2         11   select max(sal),count(*),avg(sal) into v_max_sal,v_count,…
P2         12   from emp
P2         13   where deptno = v_deptno;
P2         14   dbms_output.put_line(v_deptno||'部门传入的平均工资是'||avg_sal);
P2         15   avg_sal := v_avg_sal;
P2         16   dbms_output.put_line(v_deptno||'部门的名称是'||v_dname);
P2         17   dbms_output.put_line(v_deptno||'部门员工共'||v_count||'人');
P2         18   dbms_output.put_line(v_deptno||'部门员工最高工资是'||v_max_sal||…
P2         19   dbms_output.put_line(v_deptno||'部门员工平均工资是'||avg_sal||…
P2         20 exception
P2         21   when no_data_found then
P2         22      dbms_output.put_line('未找到相应的记录! ');
P2         23   when too_many_rows then
P2         24      dbms_output.put_line('发现太多的记录,处理不了,请使用游标处理多…');
P2         25 end;

已选择 31 行。

SQL >
```

(4)**存储过程与函数的比较**

存储过程不论在语法上还是在功能上都有很多相似的地方,对于存储过程与函数还有一些区别:存储过程作为 PL/SQL 程序中的语句来执行,而函数一般情况下是作为 SQL 语句中的表达式来执行；在规范的存储过程的声明中不包含 return 子句，而在函数的声明中却必须包含 return 子句；存储过程不返回任何值，而函数必须返回单个值；在存储过程体中可以包含 return 语句，但它不能用于返回值，而函数体中却必须包含至少一条 return 语句。

任务 12.2　程序包

程序包是一种数据库对象，是继存储过程和函数之后的第三种类型的带名 PL/SQL 块。它们是 PL/SQL 中非常有用的特性，它们提供了扩展语言的机制。

使用程序包有以下一些优点：

1）更易于升级和维护应用

对于一个 PL/SQL 应用来说，衡量其质量的一个重要指标就是维护费用。通过对数据进行封装，对功能性相近的逻辑进行组合，以及使用“包驱动”设计，从而减少了一个应用中的缺陷。

2）提高整个应用的性能

通过使用包能够提高代码的性能。通过缓存静态数据，持续性包数据能够极大地增强查询的反应时间，并且避免了对相同信息的重复性查询。Oracle 的内存管理同样对代码的调用进行了优化，而这一切都可以写在包里。

3）减少代码的重编译

如果往下看，用户会发现程序包一般包含两个部分：声明和主体。外部程序（不是定义在包里面）只能够调用在包声明中列举的程序。如果用户改变或重编译了包主体，那些外部程序并不会失效。对于复杂逻辑的庞大程序来说，减少代码重编译的数量是非常重要的。

假设需要根据员工的工号读取一个员工的姓名时需要在姓名后面加上他的工种，简单来说就是把一个员工的 ename 和 job 拼接起来（相同的应用还有拼接地区号、客户号、地址等）。

如果按以前所学知识，可能会这样写，代码如下：

```
SQL > ed
已写入 file afiedt. buf

  1  create or replace procedure process_employee (
  2     v_empno IN emp. empno%TYPE)
  3  IS
  4     v_name varchar2(100);
  5  begin
  6     select ename|| '(' || job||')'
  7        into v_name
  8     from emp
  9     where empno = v_empno;
```

```
 10        --如果有需要可以进行其他业务的处理……
 11* END;
SQL > /

过程已创建。

SQL >
```

现在来看看这段代码的隐患：

在过程中，定义了一个变量 v_name，类型为 carchar2(100)，这是一个定长的变量(没有用到% type 方式来声明)，如果以后字段的长度发生变化，就有可能出现长度不够的情况。

其次，这里使用了“硬代码”来设置组成完整名称的方法。但是，如果下个星期老板对你说，我希望完整名字组成形式为：ename + 空格 + job，你就只得老老实实将整个过程浏览一遍，然后在正确的地方修改原代码。假如这个名字的组成形式是通过更复杂的业务运算得出来的，那你工作量可想而知了！

最后，这是一个看起来经常使用的查询，这样的 SQL 冗余会使应用程序的性能下降，而且妨碍进行下一步的优化。

如果采用程序包来实现，在复杂业务处理程序中，将来的维护就会变得更简单。

程序包是对相关 PL/SQL 类型、子程序、游标、异常、变量和常量的封装。其包含两部分内容，即程序包声明和程序包主体。在程序包规范中，可以声明类型、变量、常量、异常、游标和子程序。程序包主体用于实现在程序包声明中定义的游标、子程序。程序包的组成如图 12.1 所示。

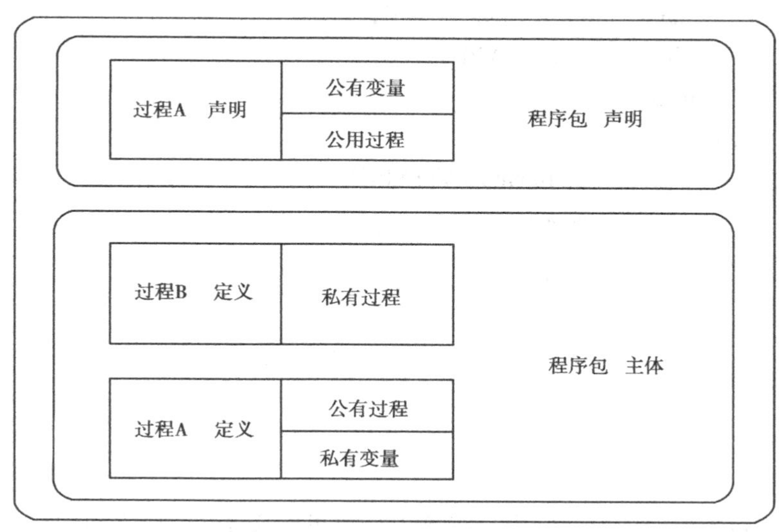

图 12.1　程序包的组成部分

(1)程序包的声明

程序包中的声明包含一些应用程序可见的公共对象和类型的声明，是与应用程序的接口。声明中包含应用程序所需的程序包资源。如果程序包声明中只声明类型、常量、变量和异常，则不需要有程序包主体,因为使用类型、常量、变量和异常所需的所有信息均已在程序包声明中指定。只有子程序和游标才具有底层实现或定义,因此它们必须有程序包主体。以下是创建程序包声明的语法。

```
create [or replace] package package_name IS|AS
      [public_type_and_item_declareation]
      [subprogram specifications]
end [package_name];
```

其中:

package_name:包名称,按 Oracle 命名规范、有意义的名称即可。

public_type_and_item_declareation:声明类型、常量、变量、异常、游标等。

subprogram specifications:声明 PL/SQL 子程序。

在程序包的声明中声明的项也可以在程序包之外的其他程序包中使用,人们把其称为公有对象或公有变量。一般情况下,用户最常见的就是在程序包的声明中声明子程序,很少在程序包中声明变量等。还是上面提到的那个例子,要用程序包来实现,就必须先进行程序包的声明。代码如下:

```
SQL > ed
已写入 file afiedt. buf

  1  create or replace package employee_pkg AS
  2       subtype type_name IS varchar2 (200);
  3       function fullname (
  4           v_ename    emp. ename% TYPE,
  5           v_job    emp. job% TYPE)
  6           return type_name;
  7       function fullname (
  8           v_empno IN emp. empno% TYPE)
  9           return type_name;
10* end employee_pkg;
SQL > /

程序包已创建。

SQL >
```

在这个程序包的声明中,首先,用户在第 2 行那里定义了一个字符类型:type_name,其最大长度为 200 个字符,但是用户可以很容易修改它。

接下来声明两个 fullname 函数。它们的名字是一样的,但是参数列表不一样,所以系统还是认为它们是不同的函数,这两个函数实际上是重载(与面向对象概念一样)。需要注意的是,通过程序包声明,用户是不能看到这两个函数的内部实现细节,函数的内部实现细节必须在程序包的主体里实现。

(2)**程序包的主体**

程序包主体包含在程序包声明中定义的第个游标和子程序的具体实现。私有变量的声明应该放在程序包主体中。

程序包主体的初始化部分是可选的,它可用于初始化程序包中的变量。程序包的初始化部分既不能调用程序包,也不能将参数传递给程序包,而且,程序包的初始化部分仅运行一次。下面是创建程序包的主体的语法:

```
create [or replace] package body package_name IS|AS
      [public_type_and_item_declarations]
      [subprogram bodies]
[begin
      initialization_statements]
end [package_name];
```

其中:

package_name:包名称,按 Oracle 命名规范、有意义的名称即可。

public_type_and_item_declareation:声明类型、常量、变量、异常、游标等。

subprogram bodies:定义公共和私有 PL/SQL 子程序。

包体是包的具体实现细节,其实现在包说明中声明的所有公有过程、函数、游标等。当然也可以在包体中声明仅属于自己的私有过程、函数、游标等。创建包体时,有以下几点需要注意:

①包体只能在包声明被创建或编译后才能进行创建或编译。

②在包体中实现的过程、函数、游标的名称必须与包声明中的过程、函数、游标一致,包括名称、参数的名称以及参数的模式(IN、OUT、IN OUT)。并建议按包声明中的次序定义包体中具体的实现。

③在包体中声明的数据类型、变量、常量都是私有的,只能在包体中使用而不能被印刷体外的应用程序访问与使用。

④在包体执行部分,可对包声明,包体中声明的公有或私有变量进行初始化或其他设置。

根据前面程序包声明中定义的函数,用户在程序包主体中定义它的具体实现,代码如下:

```
SQL > create or replace package body employee_pkg AS
  2     function fullname(
  3       v_ename    emp.ename%TYPE,
  4       v_job    emp.job%TYPE)
  5     return type_name IS
  6     begin
  7         return v_ename || '(' || v_job || ')';
  8     end;
```

```
 9        function fullname(
10           v_empno IN emp. empno%TYPE)
11        return type_name is
12           v_fullname type_name;
13        begin
14           select fullname(ename,job) INTO v_fullname
15           from emp
16           where empno  =  v_empno;
17           return v_fullname;
18        exception
19           when no_data_found then return null;
20           when too_many_rows then return null;
21        end;
22     end employee_pkg;
23     /

程序包体已创建。

SQL >
```

(3)**程序包的调用**

程序包主体创建以后,用户需要去调用程序包。在 PL/SQL 程序块中调用的是程序包声明中的类型、对象以及子程序,语法如下:

package_name. typename

package_name. object_name

package_name. subprogram_name

也可以从数据库触发器、匿名的 PL/SQL 程序块、存储过程、函数以及其他的程序包中调用程序包。一般情况下是如何应用这些包元素的呢?

```
declare
    --声明 full_name 为 employee_pkg 包下的 type_name 类型
full_name employee_pkg. type_name;
    --其他变量的声明……
begin
 --程序包的调用要先写包名再加点号再加包中的子程序或类型名
full_name  : =  employee_pkg. fullname(员工号);
    …
end;
```

现首先使用了新的数据类型来声明一个变量,然后很简单地调用相应的函数。组成全名的方式和 SQL 查询已经从用户的应用中分离出来,放到了一个独立的“容器”中去。所以看起来,这段应用代码显得简短和干净。如果用户想修改全名的组成方式或者是存放全名的数据类型的长度,用户只需要到程序包声明或包主体中去修改代码,然后重新编译就可以了。

要调用刚才创建的程序包,可以在 PL/SQL 程序块中调用,代码如下:

```
SQL > set serveroutput on
SQL > declare
  2     v_fullname employee_pkg. type_name;
  3   begin
  4     select employee_pkg. fullname(7788) into v_fullname from dual;
  5     dbms_output. put_line('7788 号员工的全名是:'||v_fullname);
  6     v_fullname := employee_pkg. fullname(7782);
  7     dbms_output. put_line('7782 号员工的全名是:'||v_fullname);
  8   end;
  9   /
7788 号员工的全名是:scott(ANALYST)
7782 号员工的全名是:CLARK(MANAGER)

PL/SQL 过程已成功完成。

SQL >
```

也可以在 SQL 语句中调用,代码如下:

```
SQL > select empno,ename,job,employee_pkg. fullname(empno) fullname from emp;

    EMPNO ENAME      JOB        FULLNAME
 ------ -------- --------- --------------------------
     7369 SMITH      CLERK      SMITH(CLERK)
     7499 ALLEN      SALESMAN   ALLEN(SALESMAN)
     7521 WARD       SALESMAN   WARD(SALESMAN)
     7566 JONES      MANAGER    JONES(MANAGER)
     7654 MARTIN     SALESMAN   MARTIN(SALESMAN)
     7698 BLAKE      MANAGER    BLAKE(MANAGER)
     7782 CLARK      MANAGER    CLARK(MANAGER)
     7788 scott      ANALYST    scott(ANALYST)
     7839 KING       PRESIDENT  KING(PRESIDENT)
     7844 TURNER     SALESMAN   TURNER(SALESMAN)
     7876 ADAMS      CLERK      ADAMS(CLERK)
```

```
        7900 JAMES          CLERK        JAMES(CLERK)
        7902 FORD           ANALYST      FORD(ANALYST)
        7934 MILLER         CLERK        MILLER(CLERK)
        1001 johnson                     johnson()
        1002 mike         engineer    mike(engineer)

已选择 16 行。

SQL >
```

用两种方式调用,一种是 PL/SQL 程序块中调用,另一种是 SQL 语句中调用,两种调用的结果都是一样的。

(4)**程序包的游标**

在程序包中也可以定义和使用游标,游标的定义分为游标声明与游标主体两部分。在更改游标主体时,无须改变游标规范。此外,在程序包的声明中声明游标时必须通过 return 子句指定游标的返回类型。

return 子句指示从游标获取并返回的数据元素。实际上,这些数据元素由该游标的 select 语句来确定,但是,select 语句仅出现在游标主体中,而不出现在游标声明中。游标声明必须包含程序使用游标所需的所有信息,因此,需要返回数据类型。

return 子句可以由以下两个数据类型结构中的任一组成。

①使用% ROWTYPE 属性根据数据库表定义的记录。

②根据程序员定义的记录类型记录。

下面来看一个例子,用户利用游标变量创建包 curror_varibal_pkg。由于游标变量是指一个指针,其状态是不确定的,因此它不能随同程序包存储在数据库中,即不能在 PL/SQL 包中声明游标变量。但在包中可以创建游标变量引用类型,并可向包中的子程序传递游标变量参数。首先定义程序包声明,声明中定义两个 REF 游标类型,一个存储过程。代码如下:

```
SQL > --定义包声明
SQL > ed
已写入 file afiedt. buf

  1  create or replace package curror_varibal_pkg as
  2      --强类型定义
  3     type deptcurtype is ref cursor return dept% rowtype;
  4      -- 弱类型定义
  5     type curtype is ref cursor;
  6     procedure opendeptvar(
  7        cv in out deptcurtype,
```

```
 8        choice integer default 0,
 9        dept_no number default 50,
10        dept_name varchar default '%');
11* end;
12  /

程序包已创建。

SQL>
```

然后定义程序包主体,对存储过程的实现,存储过程 OpenDeptvar 带一个游标类型的参数,当参数变量 choice 的传不同时,对游标的查询数据集也不一样,并将查询结果以游标变量参数传出给调用者(IN OUT 模式)。代码如下:

```
SQL> --定义包体
SQL> ed
已写入 file afiedt.buf

  1  create or replace package body curror_varibal_pkg
  2  as
  3    procedure opendeptvar(
  4      cv in out deptcurtype,
  5      choice integer default 0,
  6      dept_no number default 50,
  7      dept_name varchar default '%')
  8    is
  9    begin
 10      if choice =1 then
 11        open cv for select * from dept where deptno <= dept_no;
 12      elsif choice = 2 then
 13        open cv for select * from dept where dname like dept_name;
 14      else
 15        open cv for select * from dept;
 16      end if;
 17    end opendeptvar;
 18* end curror_varibal_pkg;
SQL> /

程序包体已创建。
```

现在再定义一个存储过程 UP_OpenCurType，也是带一个游标类型的参数，由另一个参数变量的传不同时，对游标的查询表也不一样，并将查询结果以游标变量参数传出给调用者（IN OUT 模式）。代码如下：

```
SQL > --定义一个过程
SQL > ed
已写入 file afiedt. buf

  1  create or replace procedure UP_OpenCurType(
  2     cv in out curror_VARIBAL_PKG. CurType,
  3     FirstCapInTableName CHAR)
  4  as
  5  begin
  6      --CURROR_VARIBAL_PKG. CurType 采用弱类型定义
  7      --所以可以使用它定义的游标变量打开不同类型的查询语句
  8     if firstcapintablename = 'D' then
  9        open cv for select * from dept;
 10     else
 11        open cv for select * from emp;
 12     end if;
 13* end UP_OpenCurType;
SQL > /

过程已创建。

SQL >
```

现在写一个 PL/SQL 程序块，来调用刚才定义的程序包与存储过程，并将程序包与存储过程中传出来的游标变量的值循环迭代查看。代码如下：

```
SQL > --定义一个应用
SQL > declare
  2     DeptRec Dept% ROWTYPE;
  3     EmpRec Emp% ROWTYPE;
  4     cv1 CURROR_VARIBAL_PKG. deptcurtype;
  5     cv2 CURROR_VARIBAL_PKG. curtype;
  6  begin
  7     DBMS_OUTPUT. PUT_LINE('游标变量强类型定义应用');
  8     curror_VARIBAL_PKG. OpenDeptVar(cv1, 1, 30);
  9     fetch cv1 INTO DeptRec;
```

```
10      while cv1% FOUND LOOP
11         DBMS_OUTPUT. PUT_LINE( DeptRec. deptno||':'||DeptRec. dname);
12         fetch cv1 INTO DeptRec;
13      end loop;
14      colse cv1;
15
16      DBMS_OUTPUT. PUT_LINE('游标变量弱类型定义应用');
17      CURROR_VARIBAL_PKG. OpenDeptvar( cv2, 2, dept_name  = >  'A%');
18      fetch cv2 into DeptRec;
19      while cv2% found LOOP
20         BMS_OUTPUT. PUT_LINE( DeptRec. deptno||':'||DeptRec. dname);
21         fetch cv2 into DeptRec;
22      end loop;
23
24      dbms_output. put_line('游标变量弱类型定义应用—dept 表');
25      up_opencurtype( cv2, 'D');
26      fetch cv2 into DeptRec;
27      while cv2% found LOOP
28         dbms_output. put_line( deptrec. deptno||':'||deptrec. dname);
29         fetch cv2 into deptrec;
30      end loop;
31
32      dbms_output. put_line('游标变量弱类型定义应用—emp 表');
33      up_openCurType( cv2, 'E');
34      fetch cv2 into EmpRec;
35      while cv2% found loop
36         DBMS_OUTPUT. PUT_LINE( emprec. empno||':'||emprec. ename);
37         fetch cv2 into emprec;
38      end loop;
39      close cv2;
40   end;
41   /
游标变量强类型定义应用
10:ACCOUNTING
20:RESEARCH
30:SALES
游标变量弱类型定义应用
10:ACCOUNTING
```

```
游标变量弱类型定义应用—dept 表
10:ACCOUNTING
20:RESEARCH
30:SALES
40:OPERATIONS
游标变量弱类型定义应用—emp 表
7369:SMITH
7499:ALLEN
7521:WARD
7566:JONES
7654:MARTIN
7698:BLAKE
7782:CLARK
7788:scott
7839:KING
7844:TURNER
7876:ADAMS
7900:JAMES
7902:FORD
7934:MILLER
1001:johnson
1002:mike

PL/SQL 过程已成功完成。

SQL >
```

(5)程序包的优点

程序包将相关的功能在逻辑上组织在一起,包比单独的过程具有更大的优势,包的优点如下所述。

1)模块化

使用程序包,可以封装相关的类型、对象和子程序。因此,每个程序包均将帮助用户以更好的方式理解应用程序中涉及的概念。

2)信息隐藏

程序包隐藏私有子程序的定义,所以在其定义改变时,只有该程序包(而不是应用程序)受到影响。这样,实现的细节对其他用户是不可见的,故保护了程序包的完整性。

3)性能更好

首次调用打包的子程序时,整个程序包将加载到内存中,因此,后续不需要磁盘 I/O。此外,如果更改已打包函数的定义,则 Oracle 不需要重新编译调用子程序,因为它们不信赖于程序包的主体。

4)可维护性高

程序包的业务需要修改时,只需要将程序包中主体的对应定义进行相应的业务变更,而不需要进行硬编码或大量业务代码的变量。

5)简化应用程序设计

程序包的说明部分和包体部分可以分别创建各编译。主要体现在下述3个方面:

①可以在设计一个应用程序时,只创建和编译程序包的说明部分,然后再编写引用该程序包的PL/SQL块。

②当完成整个应用程序的整体框架后,再回头来定义包体部分。只要不改变包的说明部分,就可以单独调试、增加或替换包体的内容,这不会影响其他的应用程序。

③更新包的说明后必须重新编译引用包的应用程序,但更新包体则不需重新编译引用包的应用程序,以快速进行应用程序的原形开发。

(6)查看程序包

程序包与子程序一样,都是数据库中存储的对象,Oracle会在数据字典中存储所有对象的信息。查询USER_OBJECTS数据字典视图,可以获得有关在会话中创建的子程序和程序包的信息。要查看当前用户的有关过程、函数与程序包的信息,代码如下:

```
SQL > column object_name format a18
SQL > select object_name,object_type
  2  from user_objects
  3  where object_type in('procedure','function','package','package body');

OBJECT_NAME          OBJECT_TYPE
-----------------  ------------------
ADD1                 FUNCTION
OUT_TIME             PROCEDURE
P2                   PROCEDURE
PROCESS_EMPLOYEE     PROCEDURE
EMPLOYEE_PKG         PACKAGE
EMPLOYEE_PKG         PACKAGE BODY
CURROR_VARIBAL_PKG   PACKAGE
CURROR_VARIBAL_PKG   PACKAGE BODY
UP_OPENCURTYPE       PROCEDURE

已选择9行。

SQL >
```

通过查询 USER_SOURCE 数据字典视图,可以获得“子程序”的源代码,前一节中已有案例。要获得程序包中子程序声明的信息,可以用 DESC 命令加程序包名。例如:

```
SQL > desc EMPLOYEE_PKG
FUNCTION FULLNAME RETURNS VARCHAR2(200)
参数名称                          类型                    输入/输出默认值?
---------------------------------------------------------------------
V_ENAME                          VARCHAR2(10)            IN
V_JOB                            VARCHAR2(9)             IN
FUNCTION FULLNAME RETURNS VARCHAR2(200)
参数名称                          类型                    输入/输出默认值?
---------------------------------------------------------------------
V_EMPNO                          NUMBER(4)               IN

SQL > desc CURROR_VARIBAL_PKG
PROCEDURE OPENDEPTVAR
参数名称                          类型                    输入/输出默认值?
---------------------------------------------------------------------
CV                               REF CURSOR              IN/OUT
                                 RECORD                  IN/OUT
     DEPTNO                      NUMBER(2)               IN/OUT
     DNAME                       VARCHAR2(14)            IN/OUT
     LOC                         VARCHAR2(13)            IN/OUT
CHOICE                           NUMBER(38)              IN      DEFAULT
DEPT_NO                          NUMBER                  IN      DEFAULT
DEPT_NAME                        VARCHAR2                IN      DEFAULT

SQL >
```

任务 12.3 Oracle 内置程序包

Oracle 提供了许多内置程序包,这些程序包使用户可以访问 SQL 功能,在 PL/SQL 中,这些功能有时是受到限制的。它还可以用于扩展数据库的功能。在开发应用程序时,可以利用这些内置的程序包完成特定的业务。数据库用户 SYS 拥有提供的所有程序包。它们是公共同义词,任何用户都可以访问它们,除 SYS 用户以外,其他用户调用程序包内的过程和函数均需要具有程序包的 EXECUTE 权限。表 12.1 列举了 Oracle 常用的内置程序包。

表 12.1 Oracle 常用内置程序包

包名称	包头文件	说 明
dbms_alert	dbmsalrt. sql	异步处理数据库事件
dbms_application_info	dbmsutil. sql	注册当前运行的应用名称(用于性能监控)
dbms_aqadm	dbmsaqad. sql	与高级队列选项一起使用
dbms_ddl	dbmsutil. sql	重新编译存储子程序和包,分析数据库对象
dbms_debug	dbmspb. sql	PL/SQL 调试器接口
dbms_deffr	dbmsdefr. sql	远程过程调用应用的用户接口
dbms_describe	dbmsdesc. sql	说明存储子程序的参数
dbms_job	dbmsjob. sql	按指定时间或间隔执行用户定义的作业
dbms_lock	dbmslock. sql	管理数据库块
dbms_output	dbmsotpt. sql	将文本行写入内存、供以后提取和显示
dbms_pipe	dbmspipe. sql	通过内存“管道”在会话之间发送并接收数据
dbms_profiler	dbmspbp. sql	用于配置 PL/SQL 脚本以鉴别瓶颈问题
dbms_refresh	dbmssnap. sql	管理能够被同步刷新的快照组
dbms_session	dbmsutil. sql	程序执行 alter session(改变会话)语句
dbms_shared_pool	dbmspool. sql	查看并管理共享池内容
dbms_snapshot	dbmssnap. sql	刷新,管理快照,并清除快照日志
dbms_space	dbmsutil. sql	获取段空间信息
dbms_sql	dbmssql. sql	执行动态 SQL 和 PL/SQL
dbms_standard	dbmsstdx. sql	提供语言工具
dbms_system	dbmsutil. sql	开/关给定会话的 SQL 追踪
dbms_transaction	dbmsutil. sql	管理 SQL 事务
dbms_utility	dbmsutil. sql	多种实用工具:对于一个给定的模式,重新编译存储子程序和包、分析数据库对象、格式化错误信息并调用堆栈用于显示、显示实例是否以并行服务器模式运行、以 10 ms 间隔获取当前时间、决定数据库对象的全名、将一个 PL/SQL 表转换为一个使用逗号分隔的字符串,获取数据版本/操作系统字符串
utl_raw	utlraw. sql	RAW 数据转化为字符串
utl_file	utlfile. sql	读/写基于 ASCII 字符的操作系统文件
utl_http	utlhttp. sql	从给定的 URL 得到 HTML 格式的主页
dbms_lob	dbmslob. sql	管理巨型(大)对象

针对上述程序包中的某些程序包在下面进行详细讲解。

(1) DBMS_STANDARD

DBMS_STANDARD 程序包提供帮助应用程序与 Oracle 进行交互的语言工具。例如,一个名为 raise_application_error 的过程允许发出用户定义的错误消息。这就确保将错误报告给应用程序,并避免返回未处理的异常。

(2) DBMS_OUTPUT

DBMS_OUTPUT 程序包允许显示 PL/SQL 块和子程序的输出结果,这样更便于测试和调度它们。使用过程 PUT 和 PUT_LINES 可以将信息发送到缓冲区,使用过程 GET_LINE 和 GET_LINES可以显示缓冲区信息,或通过设置 SERVEROUTPUT ON 也可以显示信息,其常用方法列举如下。

1) enable

该过程用于激活对过程 PUT,PUT_LINE,GET_LINE,GET_LINES 的调用。其只有一个参数,即缓冲区大小(buffer_size),用于设置默认缓存的信息量。调用 enable 将清除任何已经废弃会话中缓存的数据。允许多次调用 enable。

语法定义如下:

dbms_output. enable(buffer_size in integer default 20000);

2) disable

该过程用于禁止对过程 PUT,PUT_LINE,GET_LINE,GET_LINES 的调用。调用 disable 过程还可清除缓冲区中的任何剩余信息。此过程仅用于禁用 PL/SQL 脚本内的内部输入与输出。

语法定义如下:

dbms_output. disable;

3) put 和 put_line

过程 put_line 用于将一个完整行的信息写入到缓冲区中,过程 put 则用于在缓冲区中存储一条信息,且不换行。当使用过程 put_line 时,会自动在行的尾部追加行结束符;当使用过程 put 时,需要使用过程 new_line 追加行结束符。

4) new_line

该过程用于在行的尾部追加行结束符。当使用过程 PUT 时,必须调用 NEW_LINE 过程来结束行。

例如下面代码:

```
SQL > ed
已写入 file afiedt. buf

  1  begin
  2          dbms_output. put_line('伟大的中华民族');
  3          dbms_output. put('中国');
```

```
  4          dbms_output. put(',伟大的祖国');
  5          dbms_output. new_line;
  6 *  end;
SQL > /
伟大的中华民族
中国,伟大的祖国

PL/SQL 过程已成功完成。

SQL >
```

5) get_line 和 get_lines

过程 get_line 用于取得缓冲区的单行信息,过程 get_lines 用于取得缓冲区的多行信息。get_line 有两个参数,行将按调用 put_line 或 new_line 产生的行结束标记或换行符进行分隔。通过将所有项置于新行、将所有项均转换为 varchar2 并将它们连接单个行来构造该行。如果客户机在下一个 put、put_line 或 new_line 之前未能检索所有行,则将丢弃未返回的行。

输出参数具有下述定义:

①Line——它将容纳长达 255 个字节的行。

②status——在成功完成调用时,它将返回 0,1 表示没有行可以返回。

```
SQL > ed
已写入 file afiedt. buf

  1  declare
  2     v_line varchar2(255);
  3     v_status varchar2(10);
  4  begin
  5     dbms_output. put('this put first one,');
  6     dbms_output. put('this put second one,');
  7     dbms_output. get_line(v_line,v_status);
  8     dbms_output. put_line('line1:'||v_line);
  9     dbms_output. put_line('status1:'||v_status);
 10 *  end;
SQL > /
line1:
status1:1

PL/SQL 过程已成功完成。
```

```
SQL > ed
已写入 file afiedt. buf

  1  declare
  2     v_line varchar2(255);
  3     v_status varchar2(10);
  4  begin
  5     dbms_output. put('this put first one,');
  6     dbms_output. put('this put second one,');
  7     dbms_output. new_line(); --或者是用 put_line 都可以换行
  8     dbms_output. get_line(v_line,v_status);
  9     dbms_output. put_line('line2:'||v_line);
 10     dbms_output. put_line('status2:'||v_status);
 11 * end;
SQL > /
line2:this put first one,this put second one,
status2:0

PL/SQL 过程已成功完成。

SQL >
```

(3) DBMS_LOB

在现代信息系统的开发中,需要存储的已不仅仅是简单的文字信息,同时还包括一些图片和音像资料或者是超长的文本。比如开发一套旅游信息系统,每一个景点都有丰富的图片、音像资料和大量的文字介绍。这就要求后台数据库要有存储这些数据的能力。Oracle 公司在其 Oracle 9i 起提供 LOB 类型的字段实现了该功能。

LOB(Large Objects —— 大对象)是用来存储大量的二进制和文本数据的一种数据类型(一个 LOB 字段可存储可多达 4 GB 的数据)。目前,其又分为两种类型:内部 LOB 和外部 LOB。内部 LOB 将数据以字节流的形式存储在数据库的内部。因而,内部 LOB 的许多操作都可以参与事务,也可以像处理普通数据一样对其进行备份和恢复操作。Oracle 支持 3 种类型的内部 LOB:BLOB(二进制数据)、CLOB(单字节字符数据)、NCLOB(多字节国家字符数据),其中 CLOB 和 NCLOB 类型适用于存储超长的文本数据,BLOB 字段适用于存储大量的二进制数据,如图像、视频、音频等。而外部 LOB 类型只有一种即 BFILE 类型。在数据库内,该类型仅存储数据在操作系统中的位置信息,而数据的实体以外部文件的形式存在于操作系统的文件系统中。因而,该类型所表示的数据是只读的,不参与事务。该类型可帮助用户管理大量的由外部程序访问的文件。

为了方便描述,用户假定使用如下语句在数据库中创建了一张表。

```
SQL > ed
已写入 file afiedt. buf

  1  create table view_sites_info(
  2     site_id number(3),
  3     audio blob default empty_blob(),
  4     document clob default empty_clob(),
  5     video_file bfile default null,
  6     constraint PK_TAB_view_sites_info primary key (site_id)
  7* )
SQL > /
表已创建。

SQL > ed
已写入 file afiedt. buf

  1* insert into view_sites_info values(100,null,'这是一个 CLOB 的测试记录',null)
SQL > /

已创建 1 行。

SQL > commit;

提交完成。

SQL >
```

Oracle 提供了多种使用和维护 LOB 的方式,如使用 PL/SQL DBMS_LOB 包、调用 OCI(Oracle Call Interface)、使用 Proc * C/C + + 、使用 JDBC 等。其中最为方便有效的是使用 PL/SQL 调用 DBMS_LOB 包,下面将介绍该方法。

在 Oracle 中,存储在 LOB 中的数据称为 LOB 的值,如使用 Select 对某一 LOB 字段进行选择,则返回的不是 LOB 的值,而是该 LOB 字段的定位器(可以理解为指向 LOB 值的指针)。如执行如下的 PL/SQL 语句:

```
SQL > ed
已写入 file afiedt. buf

  1  declare
  2     audio_info view_sites_info. audio% type;
```

```
  3  begin
  4     select audio into audio_info
  5     from view_sites_info
  6     where site_id = 100;
  7  exception
  8     when no_data_found then
  9        dbms_output.put_line('未找到数据…');
 10 * end;
SQL > /

PL/SQL 过程已成功完成。

SQL >
```

存储在 AUDIO_INFO 变量中的就是 LOB 定位器,而不是 LOB 的值。而要对某一 LOB 的值进行访问和维护操作,必须通过其定位器来进行。DBMS_LOB 包中提供的所有函数和过程都以 LOB 定位器作为参数以及用户对内部 LOB 字段进行维护。

下面以最为常用的读和写为例详细介绍这些过程的用法。首先介绍一下写的过程,该过程的定义语法为:

```
procedure write(lob_loc in out blob,
   amount in binary_integer,
   offset in integer,
   buffer in raw);

procedure write (lob_loc in out clob character set any_cs,
   amount in binary_integer,
   offset in integer,
   buffer in varchar2 character set lob_loc%CHARSET);
```

其中:

lob_loc:要写入的 LOB 定位器。

amount:写入 LOB 中的字节数。

offset:指定开始操作的偏移量。

buffer:指定写操作的缓冲区。

下面是使用该过程向 LOB 字段写入数据的示例,代码如下:

```
SQL > declare
  2     lobloc clob;
  3     buffer varchar2(2000);
  4     amount number := 20;
```

```
 5    offset number := 1;
 6  begin
 7    --初始化要写入的数据
 8    buffer := 'This is a writing example';
 9    amount := length(buffer);
10    select document INTO lobloc  --获取定位器并锁定行
11    from view_sites_info
12    where site_id = 100 for update;
13    dbms_lob.write(lobloc,amount,1,buffer);
14    commit;
15  end;
16  /

PL/SQL 过程已成功完成。

SQL >
```

需要特别指出的是：

①在调用写过程前一定要使用 select 语句检索到定位器且用 for update 子句锁定行，否则不能更新 LOB。

②写过程从 offset 指定的位置开始，向 LOB 中写入长度为 amount 的数据，原 LOB 中在这个范围内的任何数据都将被覆盖。

③缓冲区的最大容量为 32 767 字节，因此在写入大量数据时需多次调用该过程。

再来介绍一下读的过程，该过程的语法为：

```
procedure read(lob_locin blob,
  amount in out binary_integer,
  offset in integer,
  buffer out raw);


procedure read (lob_loc in clob character set any_cs,
  amount in out binary_integer,
  offset in integer,
  buffer out varchar2 character set lob_loc% charset);
```

其中：

lob_loc：要读取的 LOB 定位器。

amount：要读取的字节数。

in：要读取的字符数。

out：实际读取的字符数。

offset：开始读取操作的偏移量。

buffer:存储读操作结果的缓冲区。

下面是使用该过程读取 LOB 字段中的数据,代码如下:

```
SQL > ed
已写入 file afiedt. buf

  1  declare
  2    lobloc CLOB;
  3    buffer varchar2(2000);
  4    amount number := 2;
  5    offset number := 6;
  6  begin
  7    select document into lobloc --获取定位器
  8    from view_sites_info
  9    where site_id = 100;
 10    dbms_lob. read(lobloc,amount,offset,buffer); --读取数据到缓冲区
 11    dbms_output. put_line(buffer); --显示缓冲区中的数据
 12    commit;
 13 * end;
SQL > /
is

PL/SQL 过程已成功完成。

SQL >
```

再来看看几个 DBMS_LOB 包中常用子程序的定义语法:

①dbms_lob. append(dest_lob IN OUT NOCOPY BLOB, src_lob IN BLOB);

dbms_lob. append(dest_lob IN OUT NOCOPY CLOB CHARACTER SET ANY_CS,
  src_lob IN CLOB CHRACTER SET dest_lob% CHARSET);

本函数的功能是将源 LOB 变量的内容添加到目标 LOB 变量的尾部。例如:

```
SQL > ed
已写入 file afiedt. buf

  1  declare
  2    dest_lob clob := 'dest_lob ';
  3    src_lob clob := 'src_lob ';
  4  begin
  5    dbms_lob. append(dest_lob,src_lob);
  6    dbms_output. put_line('dest_lob:'||dest_lob);
```

```
  7 * end;
SQL > /
dest_lob:dest_lob src_lob

PL/SQL 过程已成功完成。

SQL >
```

②dbms_lob. close(lob_loc IN OUT NOCOPY BLOB/CLOB/BFILE);

本存储过程的功能是关闭已经打开的 LOB。

③dbms _lob. compare(lob_1 IN BLOB/CLOB/BFILE, lob_2 IN BLOB/CLOB/BFILE,
　　amount IN INTEGER: =4294967295, --要比较的字符数(CLOB),字节数(BLOB)
　　offset_1 IN INTEGER: =1, --lob_1 的起始位置
　　offset_2 IN INTEGER: =1 --lob_2 的起始位置)

本存储过程的功能是比较两个 LOB 的内容。

④dbms _lob. copy(
　　dest_lob IN OUT NOCOPY BLOB/CLOB/NCLOB,
　　src_lob IN BLOB/CLOB/NCOB,
　　amount IN INTEGER,
　　dest_offset IN INTEGER: =1,
　　src_offset IN INTEGER: =1)

本存储过程的功能是从 src_lob 中,以 src_offset 为起始位置,截取 amount 个字符/字节,放到 dest_lob 的 dest_offset 位置。

⑤dbms_lob. fileclose(file_loc IN OUT NOCOPY BFILE)

本存储过程的功能是关闭打开的 BFILE 定位符所指向的 OS 文件。

⑥dbms_lob. filecloseall

本存储过程的功能是关闭当前会话已经打开的所有 BFILE 文件。

⑦dbms_lob. fileexists(file_loc IN BFILE)RETURN INTEGER

本函数的功能是确定 file_loc 对应的 OS 文件是否存在,1:存在。0:不存在。

⑧dbms _ lob. filegetname (file _ loc IN BFILE, dir _ alias OUT varchar2, filename OUT varchar2)

本存储过程的功能是获取 BFILE 定位符所对应的目录别名和文件名。

⑨dbms_lob. fileisopen(file_loc IN BFILE)RETURN INTEGER

本函数的功能是确定 BFILE 对应的 OS 文件是否打开。

⑩dbms_lob. fileopen(file_loc IN OUT NOCOPY BFILE,
Open_mode IN BINARY_INTEGER:file_readonly)

本存储过程的功能是打开文件。

⑪dbms_lob. getlength(lob_loc IN BLOB/CLOB/BFILE/NCLOB)RETURN INTEGER

本函数的功能是获取长度。

⑫dbms _lob. instr(Lob_loc IN BLOB/CLOB/NCLOB/BFILE, -- 为内部大对象的定位器
Pattern IN RAW/VARCHAR2, -- 要匹配的字符
Offset IN INTERGER: =1, -- 要搜索匹配文件的开始位置
Nth IN INTEGER: =1) RETURN INTEGER; --要进行的第 N 次匹配

本函数的功能是返回特定样式数据从 LOB 某偏移位置开始出现 N 次的具体位置。

⑬dbms _lob. open(lob_loc IN OUT NOCOPY BLOB/CLOB/BFILE,
open_mode IN BINARY_INTEGER)

本存储过程的功能是打开 LOB,open_mode(只读:dbms_lob. lob_readonly,读写:dbms_lob. lob_readwrite)

⑭dbms_lob. substr(Lob_loc IN BLOB/CLOB/BFILE, -- 函数要操作的大型对象定位器
Amount IN INTEGER: =32767, -- 要从大型对象中抽取的字节数
Offset IN INTEGER: =1) --从大型对象的什么位置开始抽取数据。
RETURN RAW/VARCHAR2

本函数的功能与字符处理函数 SUBSTR( )基本使用方法一样。函数 instr 用于从指定的位置开始,从大型对象中查找第 N 个与模式匹配的字符串。函数 substr 用于从大对象中抽取指定数码的字节。当用户只需要大对象的一部分时,通常使用这个函数。在使用 substr 函数时,如果从大型对象中抽取数据成功,则这个函数返回一个 raw 值。如果有以下情况之一:任何输入参数尾 null;amount 小于 1 或大于 32 767;offset 小于 1 或大于 LOB 类型的最大长度值,则返回 null。

下面的例子使用 instr 函数获得"is"字符串的位置以及使用 substr 函数获得子串,代码如下:

```
SQL > ed
已写入 file afiedt. buf

  1  declare
  2    source_lob clob;
  3    pattern varchar2(6) : = 'is';
  4    start_loc integer : = 2;
  5    nth_occu integer : = 1;
  6    position integer;
  7    buffer varchar2(100);
  8  begin
  9    select document into source_lob from view_sites_info where site_id = 100;
 10    dbms_output. put_line('source_lob ='||source_lob);
 11    position : = dbms_lob. instr( source_lob, pattern, start_loc, nth_occu);
 12    dbms_output. put_line('第一次查找到的位置:' || position);
 13    nth_occu : = 2;
 14    select document into source_lob from view_sites_info where site_id = 100;
```

```
 15     position := dbms_lob.instr(source_lob, pattern, start_loc, nth_occu);
 16     dbms_output.put_line('第二次查找到的位置:'|| position);
 17     select document into source_lob from view_sites_info where site_id = 100;
 18     buffer := dbms_lob.substr(source_lob, 9, start_loc);
 19     dbms_output.put_line('字符串的子串是:'|| buffer);
 20 * end;
SQL> /
source_lob=This is a writing example
第一次查找到的位置:3
第二次查找到的位置:6
字符串的子串是:his is a

PL/SQL 过程已成功完成。

SQL>
```

(4)DBMS_XMLQUERY

Dbms_xmlquery 包用于将查询结果转换为 xml 格式。

下面的示例是将 dept 表中的数据查询结果变为 XML 格式,然后对每一行进行输出。代码如下:

```
SQL> ed
已写入 file afiedt.buf

  1  declare
  2    result1 clob;
  3    xmlstr varchar(32767);
  4    strline varchar(2000);
  5    line_no number := 1;
  6  begin
  7    result1 := dbms_xmlquery.getXML('select * from dept');
  8    xmlstr := substr(result1,1,32767);
  9    loop
 10      exit when xmlstr is null;
 11      strline := substr(xmlstr,1,instr(xmlstr,chr(10))-1);
 12      dbms_output.put_line(line_no||':'||strline);
 13      xmlstr := substr(xmlstr,instr(xmlstr,chr(10))+1);
 14      line_no := line_no + 1;
```

```
 15       end loop;
 16 *  end;
 17   /
1 : <? xml version = '1.0'? >
2 : <ROWSET>
3 :       <ROW num = "1" >
4 :           <DEPTNO>10</DEPTNO>
5 :           <DNAME>ACCOUNTING</DNAME>
6 :           <LOC>NEW YORK</LOC>
7 :       </ROW>
8 :       <ROW num = "2" >
9 :           <DEPTNO>20</DEPTNO>
10 :          <DNAME>RESEARCH</DNAME>
11 :          <LOC>DALLAS</LOC>
12 :      </ROW>
13 :      <ROW num = "3" >
14 :          <DEPTNO>30</DEPTNO>
15 :          <DNAME>SALES</DNAME>
16 :          <LOC>CHICAGO</LOC>
17 :      </ROW>
18 :      <ROW num = "4" >
19 :          <DEPTNO>40</DEPTNO>
20 :          <DNAME>OPERATIONS</DNAME>
21 :          <LOC>BOSTON</LOC>
22 :      </ROW>
23 : </ROWSET>

PL/SQL 过程已成功完成。

SQL>
```

(5) UTL_FILE

Utl_file 程序包用于读写操作系统文件,使用该包访问操作系统文件时,必须要为操作系统目录建立相应的 DIRECTORY 对象。当用户要访问特定目录下的文件时,必须要具有读写 DIRECTORY 对象的权限。在使用 UTL_FILE 包之前,应首先建立 DIRECTORY 对象。由于历史版本原因,Oracle 提供了一个默认的名称为 UTL_FILE_DIR 的参数专供 UTL_FILE 程序包使用,UTL_FILE_DIR 参数的值可以配置,在系统参数中配置其指向操作系统的实际目录名。现在先来看看如何使用默认的 UTL_FILE_DIR 参数来读写操作系统文件。在进行编写 PL/SQL 程序之前,必须先对 UTL_FILE_DIR 参数配置,配置过程如下:

在 sqlplus 上以 sys/change_on_install as sysdba 登录,然后输入以下命令:

```
SQL > conn / as sysdba
已连接。
SQL > show parameter utl_file_dir

NAME                                 TYPE        VALUE
------------------------------------ ----------- ------------
utl_file_dir                         string
SQL >
```

可以看出 utl_file_dir 的值为空,如果 utl_file_dir 有值,并且这个值是用户期望的值,则可以直接编写 PL/SQL 程序了。如果没有值,则继续进行配置,本例中没有值。用户期望 utl_file_dir 目录对象的值指向操作系统的 D:\myxml 目录(后面的 D:\myxml 是用户放文本文件的文件夹,操作系统的这个目录要事先存在),则执行下面的命令:

```
SQL > alter system set UTL_FILE_DIR = 'D:\myxml' scope = spfile;

系统已更改。

SQL > show parameter utl_file_dir

NAME                                 TYPE        VALUE
------------------------------------ ----------- ------------
utl_file_dir                         string
SQL >
```

用户发现 utl_file_dir 仍然为空值,其实这个时候只要重启数据库即可(关闭与重启的过程可能会比较久)。代码如下:

```
SQL > shutdown immediate
数据库已经关闭。
已经卸载数据库。
Oracle 例程已经关闭。
SQL > startup
Oracle 例程已经启动。

Total System Global Area 1603411968 bytes
Fixed Size                  2176168 bytes
Variable Size            1157630808 bytes
Database Buffers          436207616 bytes
```

```
Redo Buffers                    7397376 bytes
数据库装载完毕。
数据库已经打开。
SQL > show parameter utl_file_dir

NAME                                  TYPE        VALUE
------------------------------------ ----------- -------------
utl_file_dir                          string      D:\myxml
SQL >
```

现在可以使用这个默认的 UTL_FILE_DIR 对象所指向的操作系统目录进行读写文件了。首先看一个写操作的例子,将 src(大对象)先放入缓冲当中再放到文件中,代码如下:

```
SQL > conn scott/tiger as sysdba
已连接。
SQL > ed
已写入 file afiedt. buf

  1  declare
  2     src clob;
  3     xmlfile utl_file. file_type;
  4     length number;
  5     buffer varchar2(16384);
  6  begin
  7     src := dbms_xmlquery. getXML('select * from dept');
  8     length := dbms_lob. getlength(src);
  9     dbms_lob. read(src,length,1,buffer);
 10     xmlfile := utl_file. fopen('D:\myxml','dept. xml','w');
 11     utl_file. put(xmlfile,buffer);
 12     utl_file. fclose(xmlfile);
 13 * end;
SQL > /

PL/SQL 过程已成功完成。

SQL >
```

上面程序运行后,会发现在操作系统的 D:\myxml 目录下多了一个 dept. xml 文件,用文件编辑器打开看这个文件的内容,就是 XML 格式的 SQL 的查询结果。注意,上面代码中第 10 行的“D:\myxml”就是参数 UTL_FILE_DIR 中指定的值。如果这个值与参数 UTL_FILE_DIR 中指定的值不同，则会报错误：

```
ORA - 29280：目录路径无效
ORA - 06512：在 "SYS. UTL_FILE" , line 41
ORA - 06512：在 "SYS. UTL_FILE" , line 478
ORA - 06512：在 line 10
```

将查询结果以 XML 格式写操作系统的文件(dept. xml)之后，用户还可以将这个文件通过程序包的方法把它读出来。代码如下：

```
SQL > ed
已写入 file afiedt. buf

  1  declare
  2     input_file utl_file. file_type;
  3     input_buffer varchar2(2000);
  4  begin
  5     input_file: = utl_file. fopen('D:\myxml','dept. xml','r');
  6     loop
  7        utl_file. get_line(input_file,input_buffer);
  8        dbms_output. put_line(input_buffer);
  9     end loop;
 10     utl_file. fclose(input_file);
 11  exception
 12     when no_data_found then
 13        dbms_output. put_line('----------结束------------');
 14 *  end;
SQL > /

 <? xml version = '1.0'? >
 <ROWSET >
 <ROW num = "1" >
 <DEPTNO >10 </DEPTNO >
 <DNAME > ACCOUNTING </DNAME >
 <LOC > NEW YORK </LOC >
 </ROW >
 <ROW num = "2" >
 <DEPTNO >20 </DEPTNO >
 <DNAME > RESEARCH </DNAME >
 <LOC > DALLAS </LOC >
```

```
</ROW>
<ROW num="3">
<DEPTNO>30</DEPTNO>
<DNAME>SALES</DNAME>
<LOC>CHICAGO</LOC>
</ROW>
<ROW num="4">
<DEPTNO>40</DEPTNO>
<DNAME>OPERATIONS</DNAME>
<LOC>BOSTON</LOC>
</ROW>
</ROWSET>
----------结束------------

PL/SQL 过程已成功完成。

SQL>
```

在上面的程序中，关键在第 5 行，同样“D:\myxml”的值就是参数 UTL_FILE_DIR 中指定的值。“dept. xml”则是这个目录下要读入的 XML 文件。“r”表示读模式，“w”表示写模式。

如果不想使用系统参数 UTL_FILE_DIR 所提供的默认值，也可以使用另一种办法，就是自己创建的 DIRECTORY 对象所指向的操作系统目录。先创建 DIRECTORY 对象，代码如下：

```
SQL> create directory utl_xmlfile_dir as 'd:\myxml';
create directory myxmll as 'd:\myxml'
 *
第 1 行出现错误:
ORA-01031: 权限不足


SQL> conn / as sysdba
已连接。
SQL> grant create any directory to scott;

授权成功。

SQL> grant drop any directory to scott;

授权成功。
```

```
SQL > create directory utl_xmlfile_dir as 'd:\myxml';

目录已创建。

SQL > grant read,write on directory utl_xmlfile_dir to scott;

授权成功。

SQL > conn scott/tiger
已连接。
SQL >
```

从上面的代码用户可以发现 scott 用户无权限创建目录对象,通过 sys 用户给 scott 用户授权后,可以创建目录的权限。在 sys 用户下创建 utl_xmlfile_dir 目录对象,并把它的读、写的权限授予 scott 用户,现在 scott 用户就可以通过 utl_xmlfile_dir 目录来读写 XML 文件了。代码如下:

```
SQL > conn scott/tiger as sysdba
已连接。
SQL > ed
已写入 file afiedt. buf

  1  declare
  2    src clob;
  3    xmlfile utl_file. file_type;
  4    length number;
  5    buffer varchar2(16384);
  6  begin
  7    src := dbms_xmlquery. getXML('select * from dept');
  8    length := dbms_lob. getlength(src);
  9    dbms_lob. read(src,length,1,buffer);
 10     --此处与前面不同,采用目录对象,文件名自命名
 11    xmlfile := utl_file. fopen(utl_xmlfile_dir,'dept1. xml','w');
 12    utl_file. put(xmlfile,buffer);
 13    utl_file. fclose(xmlfile);
 14 * end;
SQL > /

PL/SQL 过程已成功完成。
```

```
SQL > ed
已写入 file afiedt. buf

  1  declare
  2     input_file utl_file. file_type;
  3     input_buffer varchar2(2000);
  4  begin
  5      --此处与前面不同,采用目录对象,文件名自命名
  6      input_file: =utl_file. fopen(UTL_FILE_DIR,'dept1. xml','r');
  7      loop
  8         utl_file. get_line(input_file,input_buffer);
  9         dbms_output. put_line(input_buffer);
  10      end loop;
  11      utl_file. fclose(input_file);
  12      exception
  13      when no_data_found then
  14         dbms_output. put_line('----------结束------------');
  15 * end;
SQL > /

<? xml version = '1.0'? >
<ROWSET>
<ROW num="1">
<DEPTNO>10</DEPTNO>
<DNAME>ACCOUNTING</DNAME>
<LOC>NEW YORK</LOC>
</ROW>
<ROW num="2">
<DEPTNO>20</DEPTNO>
<DNAME>RESEARCH</DNAME>
<LOC>DALLAS</LOC>
</ROW>
<ROW num="3">
<DEPTNO>30</DEPTNO>
<DNAME>SALES</DNAME>
<LOC>CHICAGO</LOC>
</ROW>
<ROW num="4">
```

```
<DEPTNO>40</DEPTNO>
<DNAME>OPERATIONS</DNAME>
<LOC>BOSTON</LOC>
</ROW>
</ROWSET>
----------结束------------

PL/SQL 过程已成功完成。

SQL>
```

(6) DBMS_RANDOM

DBMS_RANDOM 是一个随机程序包，可调用它的子程序生成随机数。

①dbms_random. random 是一个生成 8 位的随机整数的函数。下面的示例是生成 10 个 0 到 100 的随机整数，代码如下：

```
SQL> declare
  2    num number;
  3  begin
  4    for i in 1..10 loop
  5      num := abs(dbms_random.random mod 100);
  6      dbms_output.put_line(num);
  7    end loop;
  8  end;
  9  /
57
28
46
86
95
18
73
10
81
48

PL/SQL 过程已成功完成。

SQL>
```

②dbms_random. value 是生成指定范围的随机数,看下面的示例:

```
SQL > ed
已写入 file afiedt. buf

  1  begin
  2     -- 生成大于 1 小于 100 的随机数
  3     dbms_output. put_line(dbms_random. value(1,100));
  4     -- 大于 1 小于 100 的随机整数
  5     dbms_output. put_line(round(dbms_random. value(1,100),0));
  6 * end;
SQL > /
65. 915222998672623953398308284269246048 48
31

PL/SQL 过程已成功完成。

SQL >
```

③dbms_randon. string(patten,length)生成指定格式的随机数。

其中:length 是指生成随机数的长度。patten 有以下几种形式:

a. 'u' 生成的是大写字母;

b. 'l' 生成的是小写字母;

c. 'a' 生成的是大小写混合;

d. 'x' 生成的是数字和大写字母混合;

e. 'p' 任何形式(连特殊符号都行)。

```
SQL > ed

已写入 file afiedt. buf

  1  begin
  2     dbms_output. put_line(dbms_random. string('x',8));
  3 * end;
SQL > /
CR1ODMO9

PL/SQL 过程已成功完成。

SQL >
```

思考练习

一、选择题

1. 以下不是命名的 PL/SQL 块的是(　　)。

A. 程序包　　B. 过程　　C. 函数　　D. 游标

2. 以达到完成特定业务功能的子程序是(　　)。

A. 函数　　B. 过程　　C. 程序包　　D. 游标

3. 子程序的(　　)模式参数可以在调用子程序时指定一个常量。

A. IN　　B. OUT

C. IN OUT　　D. INOUT

4. 公用的子程序和常量在(　　)中声明。

A. 过程　　B. 游标

C. 程序包的声明　　D. 程序包的主体

5. 数据字典视图(　　)包含存储过程的代码文本。

A. USER_OBJECTS　　B. USER_TEXT

C. USER_SOURCE　　D. USER_DESC

6. 要查看程序包的声明中声明了哪些子程序,可以使用(　　)语句或命令查看。

A. DESC 程序包名

B. select * from user_packages

C. select * from user_source where type = 'PACKAGE '

D. select * from user_objects where object_type = 'PACKAGE '

7. Oracle 的内置程序包由(　　)用户所有。

A. scott　　B. system　　C. sys　　D. public

8. (　　)程序包用于读写操作系统文本文件。

A. DBMS_OUTPUT　　B. DBMS_LOB

C. DBMS_RANDOM　　D. UTL_FILE

9. (　　)模式的参数可以为其指定缺省值。

A. in　　B. out　　C. in out　　D. 所有的

10. 创建函数时必须声明其返回的数据类型,以下说话正确的是(　　)。(选择两项)

A. 返回数据类型必须是 SQL 类型　　B. 返回数据类型必须是 PL/SQL 类型

C. BOOLEAN 不能作为返回类型　　D. VARCHAR 可以作为返回类型

二、简答题

1. 简述函数与存储过程区别。

2. 简述程序包的优点。

三、代码题

编写一函数,输入一个部门编号的参数,返回该部门的员工数。(注意异常的处理)

项目 13 触发器

【学习目标】

1. 了解触发器的定义。
2. 了解触发器的类型。
3. 了解触发器的禁用与启用。

【必备知识】

在项目 12 中学了存储过程，存储过程是在用户需要时调用它，有些存储过程是在特定的 SQL 语句执行时才执行，其他时候都不希望它执行，这种存储过程人们将其称为触发器，本章就来深入地了解数据库触发器。

任务 13.1 触发器的定义

触发器是指当特定事件出现时自动执行的存储过程，特定事件可以是执行更新的 DML 语句和 DDL 语句。在很多资料上，都会看到对触发器的定义是这样的，数据库触发器是一个对关联表发出 insert、update 或 delete 语句时触发的存储过程。很显然，这样的定义是针对数据库表的触发器的。而事实上，在 Oracle 数据库中，触发器不仅是针对表，在数据库级和用户级上都可以创建触发器，只不过是表级上的触发器最常用而已。因此，很多地方对触发器的定义直接针对数据库表而定义。

数据库触发器的功能如下所述。

①自动生成数据。

②自定义复杂的安全权限。

③提供审计和日志记录。

④启用复杂的业务逻辑与完整性约束条件。

⑤维护复制的表。

触发器虽然也是存储过程，但其与存储过程又完全不一样，首先，触发器不能被显式调用，存储过程可以显示调用；其次，触发器是在特定的 SQL 语句执行时自动调用的，而存储过程是在 PL/SQL 程序中需要的地方通过过程名称来调用的；再次，触发器没有名称，而存储过程有名称。

创建触发器的语法为：

```
create [or replace] trigger trigger_name
{after | before | instead of}
{insert | delete | update [of column[, column] ...]}
[OR {insert | delete | update [OF column[, column] ...] }]
ON [schema. ]table_or_view_name
[referencing [new as new_row_name] [old AS old_row_name]]
[for each row]
[WHEN (condition)]
[declare
variable_declation]
begin
statements;
[exception
exception_handlers]
end [trigger_name];
```

其中：

after | before：指在事件发生之前或之后激活触发器。触发器可以是前激发的(before)，也可以是后激发的(after)。如果是前激发的，则触发器在 DML 语句执行之前激发。如果是后激发的，则触发器在 DML 语句执行之后激发。用 before 关键字创建的触发器是前激发的，用 after 关键字创建的触发器是后激发的，这两个关键字只能使用其一。一般情况下，能用 before 触发的尽可能使用 before，因为 before 的性能比 after 的性能要高。

instead of：表示可以执行触发器代码来代替导致触发器调用的事件，instead of 子句仅用于视图上的触发器。

insert | delete | update：指定构成触发器事件的数据操纵类型，update 可指定列列表。

referencing：指定新行(即将更新)和旧行(更新前)的其他名称。在行触发器的 PL/SQL 块和 when 子句中可以使用相关名称参照当前的新、旧列值，默认的相关名称分别为 OLD 和 NEW。触发器的 PL/SQL 块中应用相关名称时，必须在它们之前加冒号(:)，但在 when 子句中则不能加冒号。

table_or_view_name：指要创建触发器的表或视图的名称。

for each row：指定是否对受影响的每行都执行触发器，即行级触发器，如不使用此句，则为语句级触发器。

when：限制执行触发器的条件，该条件可包括新旧数据值的检查。condition 为一个逻辑表达时，其中必须包含相关名称，而不能包含查询语句，也不能调用 PL/SQL 函数。when 子句指定的触发约束条件只能用在 before 和 after 行触发器中，不能用在 INSTEAD OF 行触发器和其他类型的触发器中。

declare…end,一个标准的 PL/SQL 块。

下面做一个最简单的触发器的例子,假设有一个序列 seq_emp,系统通过序列自动为员工表(EMP)生成员工工号。代码如下:

```
SQL > create sequence seq_emp start with 1000 maxvalue 7000;

序列已创建。

SQL > create or replace trigger tri_emp_empno
  2  before insert on emp for each row
  3  when (new.empno <7000 or new.empno is null)
  4  begin
  5     select seq_emp.nextval into :new.empno from dual;
  6  end;
  7  /

触发器已创建。

SQL >
```

后面会有针对每一种类型的触发器更详细的描述。

任务 13.2　触发器的组成

数据库触发器包括 3 个部分,即触发器语句、触发器主体与触发器限制。

(1)触发器语句

触发器语句是指定如 update、delete 和 insert 之类的 DML 语句以及在模式对象上执行的 DDL 语句或数据库事件上由何事来触发,其触发的是触发器主体。此外,还需要指定触发器的关联表或某个数据库事件等。在上例中,第 2 行就构成了触发器语句。触发器语句主要包括下述内容。

①触发事件。引起触发器被触发的事件。例如:DML 语句(insert、update、delete 语句对表或视图执行数据处理操作)、DDL 语句(如 create、alter、drop 语句在数据库中创建、修改、删除模式对象)、数据库系统事件(如系统启动或退出、异常错误)、用户事件(如登录或退出数据库)。

②触发时间:该 trigger 是在触发事件发生之前(before)还是之后(after)触发,也就是触发事件和该 trigger 的操作顺序。

③触发操作:该 trigger 被触发之后的目的和意图,正是触发器本身要做的事情。例如:PL/SQL 块。

④触发对象:包括表、视图、模式、数据库。只有在这些对象上发生了符合触发条件的触发

事件,才会执行触发操作。

⑤触发频率:说明触发器内定义的动作被执行的次数。即语句级(STATEMENT)触发器和行级(ROW)触发器。语句级触发器是指当某触发事件发生时,该触发器只执行一次;行级(row)触发器是指当某触发事件发生时,对受到该操作影响的每一行数据,触发器都单独执行一次。

但触发器是否真正执行,还要先检查触发器限制条件,只有当满足限制条件后,才会根据触发器语句去触发触发器的主体。

(2)触发器限制

触发器限制是在触发器中采用的 when 子句实现对触发器的限制,如创建触发器的语法所示。它们可以包括在行触发器的定义中,在其中,对于受触发器影响的每个行,都计算 when 子句中的条件。

触发器的限制条件包含一个布尔表达式,该值必须为"真"才能触发触发器。如果该值为"假"或"未知",将不触发触发器操作。在上例中,第 3 行就构成了触发器限制,只有当插入 EMP 表中的员工编号的值小于 7 000 或为空时才会触发触发器,否则就跟没有这个触发器一样。

(3)触发器主体

触发器主体是在发出触发语句时执行的 PL/SQL 块。上例中的第 4 到第 6 行就是触发器的主体,该主体是功能就是从序列中获得一个新值,然后赋给员工编号。下面看对 EMP 表插入数据的操作:

```
SQL > insert into emp (ename,sal,job,deptno) values('黄蓉', 2530,'engineer',20);

已创建 1 行。

SQL > insert into emp (ename,sal,job,deptno) values('张建强', 2540,'engineer',20);
insert into emp (ename,sal,job,deptno) values('张建强',2540,'engineer',20)
*
第 1 行出现错误:
ORA -00001: 违反唯一约束条件 (SCOTT. PK_EMP)


SQL > insert into emp (ename,sal,job,deptno) values('张建军', 2540,'engineer',20);
insert into emp (ename,sal,job,deptno) values('张建军',2540,'engineer',20)
*
第 1 行出现错误:
ORA -00001: 违反唯一约束条件 (SCOTT. PK_EMP)


SQL > insert into emp (ename,sal,job,deptno) values('张建中', 2540,'engineer',20);
```

```
已创建 1 行。

SQL > insert into emp (ename,sal,job,deptno) values('张建南', 2540,'engineer',20);

已创建 1 行。

SQL > insert into emp (empno,ename,sal,job,deptno) values(1100,'张建广', 2540,'engineer',20);

已创建 1 行。

SQL > insert into emp (empno,ename,sal,job,deptno) values(7100,'张建汾', 2540,'engineer',20);

已创建 1 行。

SQL > select empno,ename,job,deptno from emp;

     EMPNO ENAME      JOB           DEPTNO
---------- ---------- --------- ----------
      1000 黄蓉       engineer          20
      1003 张建中     engineer          20
      1004 张建南     engineer          20
      1005 张建广     engineer          20
      7100 张建汾     engineer          20
      7369 SMITH      CLERK             20
      7499 ALLEN      SALESMAN          30
      7521 WARD       SALESMAN          30
      7566 JONES      MANAGER           20
      7654 MARTIN     SALESMAN          30
      7698 BLAKE      MANAGER           30
      7782 CLARK      MANAGER           10
      7788 scott      ANALYST           10
      7839 KING       PRESIDENT         10
      7844 TURNER     SALESMAN          30
      7876 ADAMS      CLERK             20
      7900 JAMES      CLERK             30
      7902 FORD       ANALYST           20
```

```
      7934 MILLER          CLERK          10
      1001 johnson                        10
      1002 mike            engineer       40

已选择21行。

SQL >
```

从上面插入语句的出错情况以下对EMP查询出来的数据对照，不难发现，“张建强”与“张建军”这两个人的记录插入未成功是因为序列seq_emp这时候产生的序号值正好为1001与1002，而这两个值作为员工编号（主键值）在EMP表中已经存在，所以报错“ORA-00001：违反唯一约束条件（SCOTT. PK_EMP）”；“张建广”这条记录插入时指定的员工号为1100，而实际在表中查询出来后发现为1005，原因是触发器改变了新插入的EMPNO的值（由序列产生的）；“张建汾”这条记录根本就没有“张建广” 这条记录插入时指定的员工号为7100，而实际在表中查询出来也是7100，这也不难理解，因为这条记录在增加时根本就没有触发触发器，所以指定员工号是什么值就什么值。

任务13.3　触发器的类型

Oracle具有不同类型的触发器，可以实现不同的任务，这些触发器类型包括：行级触发器、语句级触发器、视图触发器（INSTEAD OF）、模式触发器、数据库级触发器，下面将详细讲解这些触发器。

（1）行级触发器

行级触发器对DML语句影响的每个行执行一次。例如，在执行delete语句时会删除多行，就会在每删除一行时都触发一次行触发器。行级触发器是触发器中较为常用的一种，通常用于数据库审计与实现复杂的业务逻辑。可在create trigger命令中指定for each row子句来创建行级触发器。

由于触发器是事件驱动的，因此可以设置触发器在这些事件之前或之后执行，即是在执行DML语句之前或之后来执行触发器中的主体部分。在触发器中，可以引用DML语句中涉及的旧值或新值。“旧值”是指在DML语句之前存在的数据。update与delete通常引用旧值。“新值”是指由DML语句创建的数据值（如插入记录中的列）。

如果需要通过触发器在插入行中设置一个列值，就应该使用BEFORE INSERT触发器访问“新值”。使用AFTER INSERT触发器不允许设置插入值，因为该行已经插入表中。同理删除after delete也不能使用“旧值”，因为该行已经被删除了，要使用“旧值”，只能使用before delete。

在审计应用程序中经常使用after行级触发器，直到行被修改才会触发它们。行的成功修改表明此行已经通过该表定义的完整性约束。

下面例子是先删除 EMPLOYEE 表,然后再从 EMP 表中重建,并增加一个总工资(salary)字段[总工资等于基本工资(sal)加奖金(comm)],将原来数据的总工资修改为正确值,再创建。

```
SQL > drop table employee;

表已删除。

SQL > create table employee as select * from emp;

表已创建。

SQL > alter table employee add(salary int);

表已更改。

SQL > update employee set salary = nvl(sal,0) + nvl(comm,0);

已更新 21 行。

SQL > ed
已写入 file afiedt. buf

  1  create or replace trigger tri_employee before insert or update of sal,comm
  2  on employee for each row
  3  declare
  4    v_sal float := 0;
  5  begin
  6    if inserting then
  7        :new. salary := nvl(:new. sal,0) + nvl(:new. comm,0);
  8    else
  9        v_sal := (nvl(:new. sal,0) + nvl(:new. comm,0)) -
 10                 (nvl(:old. sal,0) + nvl(:old. comm,0));
 11        :new. salary := nvl(:old. salary,0) + v_sal;
 12    end if;
 13 * end;
SQL > /

触发器已创建

SQL >
```

根据上面触发器的意思，可以向 EMPLOYEE 表中插入数据或修改 sal 或 comm 字段时，salary 的字段会自动修改。先修改一条记录来测试一下，代码如下：

```
SQL > select empno,ename,job,sal,comm,salary from employee where empno = 1000;

    EMPNO ENAME      JOB               SAL        COMM      SALARY
--------- ------ --------- ---------- ---------- ------------
     1000 黄蓉       engineer          2530                  2530

SQL > update employee set comm = 200 where empno = 1000;

已更新 1 行。

SQL > select empno,ename,job,sal,comm,salary from employee where empno = 1000;

    EMPNO ENAME      JOB               SAL        COMM      SALARY
--------- -------- --------- ---------- ---------- ----------
     1000 黄蓉       engineer          2530        200       2730

SQL >
```

从上面的结果来看，comm 的值增加 200 后，salary 的值确实已经自动增加了。同样插入记录也是这样，而不需要用户去指定 salary 字段的值。

这里特别需要提一下的是，如果一个触发器由多种语句触发（本例有 insert 与 update 触发），可以使用 inserting、updating、deleting 条件谓词来检查 SQL 语句执行的是什么操作，如果对应的谓词值为"真"，那么就是相应的语句类型激活了该触发器。条件谓词只能在触发器主体中引用。

（2）语句级触发器

语句级触发器是对每个 DML 语句执行一次。例如，如果一条 update 语句在表中修改时会影响 10 条记录，那么这个表上的 update 语句级触发器只执行一次，但在这个表上的 update 行级触发器就会执行 10 次。语句级触发器不常用于与数据相关的活动，通常用于强制实施在表上执行操作的额外安全性措施，语句级触发器也用 create trigger 命令创建，只是在创建时不需要使用 for each row 子句。下面的例子在对 EMPLOYEE 表进行增、删、改操作时都输出一句话，代码如下：

```
SQL > ed
已写入 file afiedt. buf

  1   create or replace trigger tri_employee_statement
```

```
  2  after insert or update or delete
  3  on employee
  4  begin
  5     if inserting then
  6        dbms_output.put_line('您对 EMPLOYEE 表执行了 insert 语句的操作');
  7     elsif updating then
  8        dbms_output.put_line('您对 EMPLOYEE 表执行了 update 语句的操作');
  9     elsif deleting then
 10        dbms_output.put_line('您对 EMPLOYEE 表执行了 delete 语句的操作');
 11     else
 12        dbms_output.put_line('未知操作……,元芳,你怎么看? ');
 13     end if;
 14 * end;
SQL > /

触发器已创建

SQL >
```

这个语句级触发器创建后,用一条 SQL 语句将 10 个部门的员工的工资涨 10%,代码如下:

```
SQL > update employee set sal = sal + sal * 0.1 where deptno = 10;
您对 EMPLOYEE 表执行了 update 语句的操作

已更新 5 行。

SQL >
```

从上面 SQL 语句的执行结果来看,这个 SQL 语句更新了 5 行,但语句级触发器却只调用了一次。实际上,对于之前的行级触发器来说,却触发了 5 次(行级触发器每影响一行会触发一次)。有兴趣的读者可以在行级触发器中也输出一条信息出来即可明白,现在来查询一下结果:

```
SQL > select empno,ename,job,sal,comm,salary from employee where deptno = 10;

     EMPNO ENAME      JOB              SAL       COMM     SALARY
---------- ---------- --------- ---------- ---------- ----------
      7782 CLARK      MANAGER         2695                  2695
      7788 scott      ANALYST         3300                  3300
```

```
    7839 KING          PRESIDENT              5500          5500
    7934 MILLER        CLERK                  1430          1430
    1001 johnson                              4950          4950

SQL >
```

(3)**视图触发器**

视图触发器又称为 INSTEAD OF 触发器,它是在视图上而不是在表上定义的触发器。其是用来替换所使用实际语句的触发器。这样的触发器可以用于克服 Oracle 在任何视图上设置的限制,允许用户修改不能直接使用 DML 语句修改的视图。以下是对 INSTEAD OF 触发器的一些限制。

①它们只能在行级上使用,而不能在语句级使用。for each row 子句是可选的,即 for each row 子句省略也是行级触发器。

②它们只能应用视图,并且该视图没有指定 with check option 选项;不能应用于表、模式、数据库。

③没有必要在针对一个表的视图上创建 INSTEAD OF 触发器,只要创建 DML 触发器就可以了。

如果有需要同时向两个表中插入值的情况,可以通过使用 INSTEAD OF 触发器来实现。下面的视图触发器是向视图插入数据时,分别向视图两个对应的基表中插入相应的数据。代码如下:

```
SQL > ed
已写入 file afiedt. buf

  1  create view v_employee as
  2  select d. deptno, d. dname, e. empno, e. ename, e. sal, e. job
  3  from dept d, emp e
  4 * where d. deptno = e. deptno
SQL > /

视图已创建。

SQL > ed
已写入 file afiedt. buf

  1  create or replace trigger tri_view_employee
  2  instead of insert on v_employee for each row
  3  declare
  4     cursor c_dept is select * from dept where deptno = :new. deptno;
```

```
  5     cursor c_emp is select * from emp where empno = :new.empno;
  6     v_emp c_emp%rowtype;
  7     v_dept c_dept%rowtype;
  8   begin
  9     null;
 10     open c_dept;
 11     fetch c_dept into v_dept;
 12     if c_dept%notfound then
 13       --如果不存在这个部门编号,则插入这个部门到部门表中
 14       insert into dept(deptno,dname) values( :new.deptno,:new.dname);
 15     else
 16       --如果存在这个部门编号,则…(此处省略业务)
 17       dbms_output.put_line('部门号存在…处理业务…略');
 18     end if;
 19     close c_dept;
 20     open c_emp;
 21     fetch c_emp into v_emp;
 22     if c_emp%notfound then
 23       --如果不存在这个员工编号,则插入这个员工信息到员工表中
 24       insert into emp (empno,ename,sal,job,deptno) values(
 25         :new.empno,:new.ename,:new.sal,:new.job,:new.deptno);
 26     else
 27       --如果存在这个员工编号,则…(此处省略业务)
 28       dbms_output.put_line('员工号存在…处理业务...略');
 29     end if;
 30     close c_emp;
 31* end;
SQL> /

触发器已创建

SQL>
```

在视图中插入几条语句验证是否已经正确地触发了视图触发器。注意,必须按照视图的字段来增加数据,如果在修改视图时也需要更改,则在 instead of 后面加上触发事件即可。

(4)**系统事件触发器**

从 Oracle 10G 版本起提供的系统事件触发器,它可以在数据库模式下执行 DDL 语句时或数据库系统级上操纵被触发。DDL 指的是数据定义语言,如 create、alter 及 drop 等。因此,很多书上又将系统事件触发器分为两类:模式触发器与数据库级触发器。

如果 Oracle 在模式(可以理解为用户)级别上建立触发器,如 create、alter、drop、grant、revoke和 DDL 等语句。用户可以创建触发器来防止删除自己创建的表。模式触发器提供的主要功能是阻止 DDL 操作以及在发生 DDL 操作时提供额外的案例监控。当在表、视图、过程、函数、索引、程序包、序列与同义词等模式对象上执行 create、drop 和 alter 命令时,会激活 DDL 触发器。也可以创建在数据库系统级别上的触发器,包括启动、关闭、服务器错误、登录和注销等。这些事件都可以是实例范围的,不与特定的表或视图关联。可以使用这种类型的触发器自动进行数据库维护或审计活动。

创建系统事件触发器的语法如下:

```
create or replace trigger [schema.]trigger_name
{before|after} {ddl_event_list | database_event_list}
on {database|[schema.]schema}
when (trigger_condition)
trigger_body;
```

其中:

schema 就是指模式,也可以简单理解为用户。

ddl_event_list:一个或多个 DDL 事件,事件间用 or 分开。

database_event_list:一个或多个数据库事件,事件间用 or 分开。

系统事件触发器既可以建立在一个模式上,又可以建立在整个数据库上。当建立在模式(SCHEMA)之上时,只有模式所指定用户的 DDL 操作和它们所导致的错误才激活触发器,默认时为当前用户模式。当建立在数据库(DATABASE)之上时,该数据库所有用户的 DDL 操作和它们所导致的错误,以及数据库的启动和关闭均可激活触发器。要在数据库之上建立触发器时,要求用户具有 administer database trigger 权限。表 13.1 列出了系统事件触发器的种类和事件出现的时机(前或后),表 13.2 列出了系统事件触发器的属性。

表 13.1　系统事件触发器类型与事件

事　件	允许的时机	说　明
startup	after	启动数据库实例之后触发
shutdown	before	关闭数据库实例之前触发(非正常关闭不触发)
servererror	after	数据库服务器发生错误之后触发
logon	after	成功登录连接到数据库后触发
logoff	before	开始断开数据库连接之前触发
create	before、after	在执行 create 语句创建数据库对象之前、之后触发
drop	before、after	在执行 drop 语句删除数据库对象之前、之后触发
alter	before、after	在执行 alter 语句更新数据库对象之前、之后触发
ddl	before、after	在执行大多数 DDL 语句之前、之后触发
grant	before、after	执行 grant 语句授予权限之前、之后触发

续表

事　件	允许的时机	说　明
revoke	before、after	执行 revoke 语句收权限之前、之后触发
rename	before、after	执行 rename 语句更改数据库对象名称之前、之后触发
audit/noaudit	before、after	执行 audit 或 noaudit 进行审计或停止审计之前、之后触发

表 13.2　系统事件触发器属性

事件属性\事件	startup/shutdown	servererror	logon/logoff	DDL	DML
事件名称	*	*	*	*	*
数据库名称	*				
数据库实例号	*				
错误号		*			
用户名			*	*	
模式对象类型				*	*
模式对象名称				*	*
列					*

除 DML 语句的列属性外，其余事件属性值可通过调用 Oracle 定义的事件属性函数来读取，表 13.3 列出了系统事件触发器中属性函数的列表。

表 13.3　系统事件触发器属性函数

函数名称	数据类型	说　明
Ora_sysevent	varchar2(20)	激活触发器的事件名称
Instance_num	number	数据库实例名
Ora_database_name	varchar2(50)	数据库名称
Server_error(posi)	number	错误信息栈中 posi 指定位置中的错误号
Is_servererror(err_number)	boolean	检查 err_number 指定的错误号是否在错误信息栈中，如果在则返回 true，否则返回 false。在触发器内调用此函数可以判断是否发生指定的错误
Login_user	varchar2(30)	登录或注销的用户名称
Dictionary_obj_type	varchar2(20)	DDL 语句所操作的数据库对象类型
Dictionary_obj_name	varchar2(30)	DDL 语句所操作的数据库对象名称
Dictionary_obj_owner	varchar2(30)	DDL 语句所操作的数据库对象所有者名称
Des_encrypted_password	varchar2(2)	正在创建或修改的经过 DES 算法加密的用户口令

下面的例子是对用户删除的任何对象都进行日志记录，将删除的对象都记录在一个表中，用模式触发器来实现，代码如下：

```
SQL > create table release_object(
  2     obj_name varchar2(32),
  3     obj_type varchar2(32),
  4     release_date date default sysdate
  5   );

表已创建。

SQL > create or replace trigger tri_release_object_log
  2  after drop on schema
  3  begin
  4     insert into release_object values(
  5        ora_dict_obj_name,ora_dict_obj_type,sysdate);
  6  end;
  7  /

触发器已创建

SQL > select * from release_object;

未选定行

SQL > drop table t1;

表已删除。

SQL > drop procedure p2;

过程已删除。

SQL > select * from release_object;

OBJ_NAME                     OBJ_TYPE                        RELEASE_DATE
---------------------------  ------------------------------  -------------
T1                           TABLE                           23-06月-13
```

```
P2                          PROCEDURE                  23-06月-13

SQL>
```

再看一个例子，这个例子是用来创建登录、退出的数据库触发器，代码如下：

```
SQL> conn sys/change_on_install
已连接。
SQL> create table log_event(
  2      user_name varchar2(10),
  3      address varchar2(20),
  4      logon_date timestamp,
  5      logoff_date timestamp
  6   );

表已创建。

SQL> --创建登录触发器
SQL>create or replace trigger tr_logon
  2      after logon on database
  3   begin
  4     insert into log_event (user_name, address, logon_date)
  5        values (ora_login_user, ora_client_ip_address, systimestamp);
  6   end tr_logon;
  7   /

触发器已创建

SQL> --创建退出触发器
SQL>create or replace trigger tr_logoff
  2     before logoff on database
  3   begin
  4     insert into log_event (user_name, address, logoff_date)
  5        values (ora_login_user, ora_client_ip_address, systimestamp);
  6   end tr_logoff;
  7   /

触发器已创建

SQL>
```

任务13.4　触发器的特点

在编写触发器时,必须要注意下述内容。

①触发器不接受参数。

②一个表上最多可有12个触发器,但同一时间、同一事件、同一类型的触发器只能有一个,并且各触发器之间不能有矛盾。这12种类型的触发器,它们分别是:

BEFORE INSERT

BEFORE INSERT FOR EACH ROW

AFTER INSERT

AFTER INSERT FOR EACH ROW

BEFORE UPDATE

BEFORE UPDATE FOR EACH ROW

AFTER UPDATE

AFTER UPDATE FOR EACH ROW

BEFORE DELETE

BEFORE DELETE FOR EACH ROW

AFTER DELETE

AFTER DELETE FOR EACH ROW

③在一个表上的触发器越多,对在该表上的DML操作的性能影响就越大。

④触发器最大为32 KB。若确实需要,可以先建立过程,然后在触发器中用call语句进行调用。

⑤在触发器执行部分只能用DML语句(select、insert、update、delete),不能使用DDL语句(create、alter、drop)。

⑥触发器中不能包含事务控制语句(commit,rollback,savepoint)。因为触发器是触发语句的一部分,触发语句被提交、回退时,触发器也被提交、回退了。

⑦在触发器主体中调用的任何过程、函数,都不能使用事务控制语句。

⑧在触发器主体中不能申明任何long和blob变量。新值new和旧值old也不能用表中的任何long和blob列。

⑨不同类型的触发器(如DML触发器、INSTEAD OF触发器、系统触发器)的语法格式和作用有较大区别。

⑩当一个基表被修改(insert、update、delete)时要执行的存储过程,执行时根据其所依附的基表改动而自动触发,因此与应用程序无关,用数据库触发器可以保证数据的一致性和完整性。

当对同一个表中建立多个触发器时,其触发次序如下所述。

①执行before语句级触发器。

②对与受语句影响的每一行:

a.执行BEFORE行级触发器。

b. 执行 DML 语句。

c. 执行 AFTER 行级触发器。

③执行 AFTER 语句级触发器。

任务 13.5　触发器的操作

(1)重新编译触发器

如果在触发器内调用其他函数或过程,当这些函数或过程被删除或修改后,触发器的状态将被标识为无效。当 DML 语句激活一个无效触发器时,Oracle 将重新编译触发器代码,如果编译时发现错误,这将导致 DML 语句执行失败。

在 PL/SQL 程序中可以调用 alter trigger 语句重新编译已经创建的触发器,格式为:

alter trigger [schema.] trigger_name compile [debug]

其中:debug 选项要编译器生成 PL/SQL 程序条使其所使用的调试代码。

(2)删除触发器

如果确定触发器不需要使用了,可以进行删除,删除触发器的语法如下:

drop trigger trigger_name;

当删除其他用户模式中的触发器名称,需要具有 drop any trigger 系统权限,当删除建立在数据库上的触发器时,用户需要具有 administer database trigger 系统权限。

此外,当删除表或视图时,建立在这些对象上的触发器也随之删除。

(3)禁用或启用触发器

有时候触发器只是暂时不需要它,以后可能还会需要使用它,即可以让触发器先禁用,待需要使用时再启用它。因此,触发器在数据库中有两种状态:

①有效状态(enable):当触发事件发生时,处于有效状态的数据库触发器 TRIGGER 将被触发。

②无效状态(disable):当触发事件发生时,处于无效状态的数据库触发器 TRIGGER 将不会被触发,此时就和没有这个数据库触发器(TRIGGER)一样。

数据库 TRIGGER 的这两种状态可以互相转换。格式为:

alter tigger trigger_name [DISABLE | ENABLE];

```
SQL > alter trigger tri_view_employee disable;

触发器已更改

SQL >
```

alter trigger 语句一次只能改变一个触发器的状态,而 alter table 语句则一次能够改变与指定表相关的所有触发器的使用状态。格式为:

alter table [schema.]table_name {enable|disable} all triggers;

使表 EMP 上的所有 trigger 失效，代码如下：

```
SQL > alter table emp disable all triggers;

表已更改。

SQL >
```

（4）**触发器对应的数据字典**

触发器是一种特殊的存储程序，从被创建之时起，触发器就被存储在数据库中，直到被删除。触发器与一般存储过程或者存储函数的区别在于触发器可以自动执行，而一般的存储过程或者存储函数需要调用才能执行。与触发器有关的数据字典有：

user_triggers：存储当前用户所拥有的触发器。

dba_triggers：存储管理员所拥有的触发器。

all_triggers：存储所有的触发器。

user_objects：存储当前用户所拥有的对象，包括触发器。

dba_objects：存储管理员所拥有的对象，包括触发器。

all_objects：存储数据库中所有的对象，包括触发器。

例如，要想了解触发器 tri_view_employee 的类型、触发事件、所基于的对象类型和名称、状态等信息，可以查询视图 user_triggers。

```
SQL > ed
已写入 file afiedt. buf

  1  select trigger_type, triggering_event, base_object_type,
  2  table_name, status
  3  from user_triggers
  4 * where trigger_name = 'tri_view_employee'
SQL > /

TRIGGER_TYPE    TRIGGERING_EVENT    BASE_OBJECT_TYPE TABLE_NAME
STATUS
------------ ----------------- ---------------- --------
INSTEAD OF      INSERT              VIEW             V_EMPLOYEE        ENABLED

SQL >
```

触发器中的代码可以从数据字典视图 user_triggers 的 trigger_body 列中获得，如果想查看触发器的代码，可以对这个列进行检索。例如：

```
SQL > ed
已写入 file afiedt. buf

  1  select trigger_body
  2  from user_triggers
  3 * where trigger_name = 'TRI_VIEW_EMPLOYEE'
SQL > /

TRIGGER_BODY
------------------------------------------------------------------------
declare
  cursor c_dept is select * from dept where deptno = :new. deptno;
……
(显示的就是源代码,这里省略)

SQL >
```

思考练习

一、选择题

1. 使用(　　)命令可查看在创建触发器时发生的编译错误。

A. view errors　　B. show errors　　C. display errors　　D. check errors

2. (　　)触发器允许触发操作中的语句访问行的列值。

A. 行级　　B. 语句级　　C. instead of　　D. 模式

3. 要审计用户执行的 create、drop 与 alter 等 DDL 语句,应该创建(　　)触发器。

A. 行级　　B. 语句级　　C. instead of　　D. 模式

4. 创建触发器时,在触发器主体中的变量声明是以(　　)关键字开始到 begin 部分的。

A. is　　B. as　　C. declare　　D. for

5. 下面(　　)不属于触发器的类型。

A. 行级触发器　　B. 语句级触发器

C. 视图触发器　　D. 对象触发器

6. 数据库触发器包括 3 个部分,下面(　　)不属于触发器的组成部分。

A. 触发器语句　　B. 触发器限制

C. 触发器异常　　D. 触发器主体

7. 触发器的限制条件是通过 when 子句来实现的,在 when 子句中,用(　　)来指定修改前的行记录对象。

A. :old　　B. :new　　C. old　　D. new

8. 对 EMP 表上的触发器 tri_emp 要进行重新编译，可使用(　　)命令。

A. alter trigger tri_emp compile　　B. alter trigger tri_emp rebuild

C. alter table emp compile tri_emp　　D. alter table emp rebuild tri_emp

9. 存储当前用户所拥有的触发器可以从视图(　　)中查询。

A. user_triggers　　B. user_objects　　C. user_sources　　D. user_text

二、简答题

1. 简述创建触发器时应注意些什么？

2. 创建视图触发器时有什么限制？

三、代码题

创建一个触发器，禁止周六与周日对员工表(EMP)进行增加、删除、修改员工信息。

项目 14
备份与恢复

【学习目标】

1. 了解备份的概念。
2. 了解备份的重要性。
3. 理解数据库的两种运行方式。
4. 理解不同的备份方式及其区别。
5. 了解正确的备份策略及其好处。

【必备知识】

当用户使用一个数据库时,总希望数据库的内容是可靠且正确的,但由于计算机系统的故障(硬件故障、软件故障、网络故障、进程故障和系统故障)影响数据库系统的操作,影响数据库中数据的正确性,甚至破坏数据库,使数据库中全部或部分数据丢失。因此,当发生上述故障后,希望能重构这个完整的数据库,该处理称为数据库恢复。恢复从何而来,当然要有备份才能恢复。

任务 14.1 备份的重要性

数据的备份与恢复对于任何数据库管理员都非常重要。没有任何系统能免遭硬盘物理损坏、粗心用户或可能威胁所存储数据的任何潜在灾难的侵袭。为了最大限度地进行数据库的恢复,保证数据库的安全运行,应选择最合理的备份方法来防止介质导致的用户数据丢失。

可以说,从计算机系统诞生的那天起,就有了备份这个概念,计算机以其强大的数据处理能力,取代了很多人为的工作,但是很多时候,它又是那么“弱不禁风”,主板上的芯片、主板电路、内存、电源等任何一项不能正常工作,都会导致计算机系统不能正常工作。当然,这些损坏可以修复,不会导致应用和数据的损坏。但是,如果计算机的硬盘损坏,将会导致数据丢失,此时必须用备份恢复数据。

其实在现实世界中,已经存在了很多备份策略,如 RAID 技术、双机热备,集群技术发展的不就是计算机系统的备份和高可用性吗？在很多时候，系统的备份的确就能解决数据库备份的问题，如磁盘介质的损坏，往往从镜像上面作简单的恢复，或简单的切换机器就可以了。

但是，上面所说的系统备份策略是从硬件的角度来考虑备份与恢复的问题，这是需要代价的。人们所能选择备份策略的依据是：丢失数据的代价与确保数据不丢失的代价之比。但在有时，硬件的备份根本满足不了现实需要，假如数据库管理员误删了一个表，但是又想恢复时，数据库的备份就变得重要了。Oracle 本身就提供了强大的备份与恢复策略。

所谓备份，就是将数据库复制到转储设备的过程。其中，转储设备是指用于放置数据库复制磁盘或光盘等介质存储设备。

能够进行什么样的恢复依赖于有什么样的备份。作为 DBA，有责任从下述 3 个方面维护数据库的可恢复性。

①使数据库的失效次数减到最少，从而使数据库保持最大的可用性。

②当数据库不可避免地失效后，要使恢复时间减到最少，从而使恢复的效率达到最高。

③当数据库失效后，要确保尽量少的数据丢失或根本不丢失，从而使数据具有最大的可恢复性。

灾难恢复最重要的工作是设计充足频率的硬盘备份过程。备份过程应该满足系统要求的可恢复性。例如，如果数据库可有较长的关机时间，则可以每周进行一次冷备份，并归档重做日志，对于 24×7 的系统，或许数据库管理员考虑的只能是热备份。如果每天都能备份当然很理想，但要考虑其现实性。企业都在想办法降低维护成本，现实的方案才可能被采用。只要仔细计划，并想办法达到数据库可用性的底线，花少量的资金进行成功的备份与恢复也是可能的。

任务 14.2　故障的类型

数据库的恢复方法取决于故障类型以及备份方法。数据库管理员需要明确发生故障的原因，Oracle 的故障类型如下所述。

①介质故障。

②用户或应用程序故障。

③数据库实例故障。

④语句故障。

⑤进程故障。

⑥网络故障。

(1)介质故障

在读或写要求操作数据库的文件时可能会出现错误，这种故障就称为介质故障，因为在读或写存储介质上的文件时会出现物理问题。一个常见的介质故障的例子是磁头的碰撞会引起磁盘驱动器上所有文件的丢失。介质故障是数据库数据的最大威胁。介质问题主要有：磁盘磁头故障使磁盘驱动器上所有文件丢失。数据文件、控制文件、联机或归档重做日志文件被意外删除、覆盖或损坏。从介质故障中恢复的合适策略取决于受到影响的文件。介质故障是备份与恢复策略所需要重点考虑的问题,当数据库中的数据遭到损坏时,数据库管理员必须要尽快从数据备份中恢复数据,从而将损失减少到最小,保证用户的正常使用。

介质故障有两种,如下所述。

①读取错误:当Oracle无法找到、读取或打开一个特定文件时发生。该错误并不终止应用程序,但读取不成功时,Oracle始终返回一个错误给应用程序。

②写入错误:当Oracle无法写入数据库文件时发生。如果Oracle无法写入数据的相关文件,数据写入相应的后台进程就会失败。

(2)用户或应用程序故障

作为一个系统管理员,很难阻止用户错误的发生,比如偶然drop(删除)了一张表,当然可以通过加强数据库培训以及制订一些应用规则来减少这类事情的发生,另外还可以制订管理特权来避免用户错误。类似于这类的用户错误可以要求数据库被恢复到发生错误前的某时间点。Oracle提供了精确的及时点恢复,如数据库及时点恢复、表空间及时点恢复(tablespace-point-in-timerecovery,TSPITR)。例如,用户意外删除某表,数据库可以恢复到删除表前的瞬间。

(3)数据库实例故障

当某些问题的发生导致Oracle实例不能继续运行时就出现了数据库的实例故障。发生实例故障的原因可能是硬件问题,比如电源损耗;软件问题也可能导致实例故障,比如操作系统崩溃。当发出shutdownabort或startupforce语句时也可能会引起实例故障。

由于意外断电或系统崩溃等导致服务器停止运行,或者其中一个后台进行失败都可能会导致实例故障。当重新启动数据库时,如果发现实例故障,Oracle会自动完成实例恢复。实例恢复将使数据库恢复到与故障之前的事务一致的状态,Oracle会自动回滚未提交的数据。

(4)语句故障

在Oracle程序中语句处理有逻辑错误时发生语句故障,例如某个表的范围已经全部被分配出去,而且装满了数据,这时一个有效的insert语句不能插入一行数据,因为已经没有空间了,因此这个语句失效。如果发生语句故障,则Oracle软件或操作系统返回错误代码。语句故障通常不需要动作或恢复步骤:Oracle通过回滚语句的结果自动纠正语句故障,并返回控制到应用程序。当问题被更正后,用户可以简单地重新执行该语句。例如,没有足够的范围被分配,那么系统管理员需要分配更多的范围,以便用户的语句能执行。

(5)进程故障

进程故障是数据库实例的用户、服务器或后台进程中的故障,如异常断开或进程异常终止。当进程故障发生时,该进程及其子进程不可以继续工作,但是数据库实例的其他进程可以继续。Oracle的后台进程PMON自动侦测失败的Oracle进程,如果失败的进程是用户进程或服务进程,PMON通过回滚失败进程的当前事务和释放进程正在使用的资源来解决该故障。失败的用户和服务进程的恢复是自动的。如果失败的进程是后台进程,实例通常不能正常地进行工作。因此必须关闭和重新启动该实例。

(6)网络故障

在系统使用网络,例如局域网和电话线连接客户端工作站和数据库服务器,或连接几个数据库服务器组成一个分布式数据库系统时,网络故障(如电话连接失败或网络通信软件故障)可能中断数据库系统的正常操作。如网络故障可能中断客户应用程序的正常执行,引起进程故障,这时后台进程 PMON 按前面介绍的方法为断开的用户进程侦测和解决失败的服务进程。

网络故障可能中断分布式事务的两阶段提交。在网络故障解决后,每个有关数据库的后台进程 RECO 自动解决在分布式数据库系统中的所有节点上的仍未解决的任何分布式事务。

任务 14.3 Oracle 的运行方式

在 Oracle 数据库中主要有两种日志操作模式:归档模式(archivelog mode)及非归档模式(noarchivelog mode)。在默认情况下 Oracle 数据库采用的是非归档模式。作为一个合格的 DBA 应当深入了解这两种日志操作模式的特点,并且保证数据库运行在合适的日志操作模式下。在讲解重做日志归档模式及非归档模式之前先简单了解一下 Oracle 的日志切换步骤。

Oracle 数据库的重做日志是重复写的,一般来说 Oracle 数据库拥有多个重做日志组(redo log group),每个重做日志组又可能会包含多个日志成员。大部分的数据更改操作都会写入在线日志中,也就是当前正在使用的重做日志。当一个重做日志写满或 DBA 发出 switch log 命令时就会发生日志切换。如果 Oracle 运行在非归档模式下,其直接覆盖写下一个重做日志组。如果 Oracle 运行在归档模式下则 Oracle 会查询即将写入的重做日志是否归档,没有归档则等待其归档。等归档完成后再覆盖写入重做日志记录。当然如果发生了归档等待的话可以通过添加重做日志组或开启更多的归档进程来避免这个等待事件。总的来说重做日志归档模式及非归档模式最重要的区别就是当前的重做日志切换以后会不会被归档进程(archive process)复制到归档目的地(log_archive_dest)。

(1)归档方式

什么是 Oracle 归档方式呢?归档方式又称为归档模式,是 Oracle 数据库重做日志文件组在进行日志切换时,比如,当前在使用联机重做日志 1,当 1 写满时,发生日志切换,开始写联机重做日志 2,这时联机重做日志 1 的内容会被复制到另外一个指定的目录下。这个指定的目录称为归档目录,被复制的文件称为归档重做日志。Oracle 数据库的这种运行方式称为归档方式或归档模式。数据库使用归档方式运行时才可以进行灾难性恢复。

当 Oracle 数据库运行在归档模式下,控制文件确定了发生日志切换后的重做日志文件在归档前是不能被日志写进程 LGWR 重用的。归档模式下 Oracle 数据库能从实例介质的失败中得到恢复。当然最近一次的数据库全备及备份以来的所有归档日志的备份是必需的。同时用户还能利用归档日志的重放来完成 Oracle standby 的搭建(Oracle standby 本教材不作讲解)。归档模式又可以分为手动归档和自动归档(顾名思义手动归档需要 DBA 的干预,而自动归档 Oracle 会自己完成归档任务)。

归档方式的目的是当数据库发生故障时最大限度地恢复数据库,可以保证不丢失任何已提交的数据。

(2)非归档方式

那什么又是 Oracle 非归档方式呢?非归档方式又称为非归档模式,是 Oracle 数据库重做日志文件组在进行日志切换时,比如,当前在使用联机重做日志 1,当 1 写满时,发生日志切换,开始写联机重做日志 2,这时联机重做日志 1 的内容不会被复制到某个指定的目录下。Oracle数据库的这种运行方式称为非归档方式或非归档模式。数据库使用非归档方式运行时,因重做日志写满后没有写到某个特定的目录下面,因此,下次再循环回来时就会覆盖这个重做日志里的信息,这样就会出现日志的"断点",对于用户的数据需要恢复前某个特定的时间点时,这种情况可能实现不了。因此,这种模式下对于进行灾难性恢复是不可能的。

非归档方式,只能恢复数据库到最近的回收点(冷备份或是逻辑备份)。用户根据数据库的高可用性和用户可承受丢失工作量的多少,对于生产数据库,强烈要求采用为归档方式;那些正在开发和调试的数据库可采用不归档方式。

当 Oracle 数据库运行在非归档模式下,控制文件确定了发生日志切换以后重做日志文件不需要归档,同时对于(日志写进程)LGWR 来说此重做日志组是可以直接使用的。非归档模式只能提供实例级别的故障恢复,需要介质恢复时 Oracle 就爱莫能助了。如果很不幸地发生了,那么数据库管理员只能将数据库恢复到过去的某个时间点上,前提是数据库管理员完全冷备份了数据库。从备份时间点到故障发生期间的所有数据都只能丢失了。而且当 Oracle 运行在非归档模式下的时候数据库不提供在线的表空间备份。

(3)归档方式的设置

如何改变数据库的运行方式,在创建数据库时,作为创建数据库的一部分,就决定了数据库初始的存档方式。在一般情况下,数据库在创建后的运行方式的默认值为非归档(noarchivelog)方式。当数据库创建好以后,根据用户的需要把需要运行在非归档方式的数据库改成 archivelog 方式。

需要改变 Oracle 归档的方式,必须确定数据库自身的运行方式,然后再进行设置,并且这些操作都必须由 SYS 用户来执行,步骤如下所述。

1)检查当前的日志操作模式

查看当前数据库运行方式的办法有两种:一种是通过 v $database 视图来查看;一种是通过 archive log list 命令来查看,两种方式都要以 SYS 用户登录。

①通过查询动态性能视图 V $database 以确定当前的日志操作模式。

```
SQL > conn / as sysdba
已连接。
SQL > select name,log_mode,open_mode from v $database;

NAME       LOG_MODE       OPEN_MODE
---------  ------------   --------------------
```

```
ORCL        NOARCHIVELOG READ WRITE

SQL >
```

从上面的查询结果看来,数据库 ORCL 的 log_mode 的值为 noarchivelog 模式,即为非归档方式。

②使用 archive log list 命令。

```
SQL > archive log list
数据库日志模式                非存档模式
自动存档                禁用
存档终点                use_db_recovery_file_dest
最早的联机日志序列        136
当前日志序列            138
SQL >
```

从上面命令的执行结果看来,数据库的日志模式为非存档模式。

2)关闭数据库,然后再以 mount 方式加载数据库

```
SQL > shutdown immediate
数据库已经关闭。
已经卸载数据库。
Oracle 例程已经关闭。
SQL > startup mount
Oracle 例程已经启动。

total system global area 1603411968 bytes
fixed size                   2176168 bytes
variable size             1124076376 bytes
database buffers           469762048 bytes
redo buffers                 7397376 bytes
数据库装载完毕。
SQL >
```

(4)启动和关闭数据库

要启动和关闭数据库,必须要以具有 Oracle 管理员权限的用户登录,通常也就是以具有 sysdaba 权限的用户登录。Oracle 启动以及关闭的几种方式与过程如下所述。

1)数据库的启动(startup)

启动一个数据库需要 3 个步骤:

a. 创建一个 Oracle 实例(非加载阶段)。

b. 由实例加载数据库(加载阶段)。

c. 打开数据库(打开阶段)。

在 startup 命令中,可以通过不同的选项来控制数据库的不同启动步骤。

①startup nomount。

nomount 选项仅仅创建一个 Oracle 实例,读取初始化参数文件、启动后台进程、初始化系统全局区(SGA)。参数文件定义了实例的配置,包括内存结构的大小和启动后台进程的数量和类型等。实例名是根据 Oracle_SID 来设置的,不一定要与打开的数据库名称相同,当实例打开后,系统将显示一个 SGA 内存结构和大小的列表,如下所示:

```
SQL > startup nomount
Oracle 例程已经启动。

total system global area 1603411968 bytes
fixed size                  2176168 bytes
variable size            1124076376 bytes
database buffers          469762048 bytes
redo buffers                7397376 bytes
SQL >
```

②startup mount。该命令创建实例并且加载数据库,但没有打开数据库。Oracle 系统读取控制文件中关于数据文件和重做日志文件的内容,但并不打开该文件。这种打开方式常在数据库维护操作中使用,如对数据文件的更名、改变重做日志以及打开归档方式等。在这种打开方式下,除了可以看到 SGA 系统列表以外,系统还会给出“数据库装载完毕”的提示,mount 的操作如下所示:

```
SQL > startup mount
Oracle 例程已经启动。

total system global area 1603411968 bytes
fixed size                  2176168 bytes
variable size            1124076376 bytes
database buffers          469762048 bytes
redo buffers                7397376 bytes
数据库装载完毕。
SQL >
```

③startup open。该命令在使用时往往会省略 open 而直接用 start 命令。startup open 可以完成创建实例、加载实例和打开数据库的 3 个步骤。此时数据库使数据文件和重做日志文件在线,通常还会请求一个或者是多个回滚段。这时系统除了可以看到前面在 startup mount 方式下的所有提示外,还会给出一个“数据库已经打开”的提示。此时,数据库系统处于正常工作状态,可以接受用户请求。操作如下所示:

```
SQL > startup open
Oracle 例程已经启动。
```

```
total system global area 1603411968 bytes
fixed size                  2176168 bytes
variable size            1124076376 bytes
database buffers          469762048 bytes
redo buffers                7397376 bytes
数据库装载完毕。
数据库已经打开。
SQL >
```

如果采用 startup nomount 或者是 startup mount 的数据库打开命令方式,必须采用 alter database 命令来执行打开数据库的操作。例如,如果用户以 startup nomount 方式打开数据库,也就是说实例已经创建,但是数据库没有安装和打开。这是必须运行下面的两条命令,数据库才能正确启动。

alter database mount;

alter database open;

而如果以 startup mount 方式启动数据库,只需要运行下面一条命令即可以打开数据库:

alter database open;

当然,另一种办法就是直接用 shutdown immediate 命令关闭数据库后再用 startup 再相应地启动参数也可以。

④其他打开方式。除了前面介绍的 3 种数据库打开方式选项外,还有另外其他的一些选项,如下所述。

a. startup restrict。在这种方式下,数据库将被成功打开,但仅仅允许一些特权用户(具有 DBA 角色的用户)才可以使用数据库。这种方式常用来对数据库进行维护,如数据的导入/导出操作时不希望有其他用户连接到数据库操作数据。

b. startup force。该命令其实是强行关闭数据库(shutdown abort)和启动数据库(startup)两条命令的一个综合。该命令仅在关闭数据库遇到问题不能关闭数据库时采用。

c. alter database open read only。该命令在创建实例以及安装数据库后,以只读方式打开数据库,对于那些仅仅提供查询功能的产品数据库可以采用这种方式打开。

2)数据库的关闭(shutdown)

对于数据库的关闭,有 4 种不同的关闭选项,下面对其进行一一介绍。

①shutdown normal。这是数据库关闭 shutdown 命令的缺省选项。也就是说如果用户发出 shutdown 这样的命令,也即是 shutdown nornal 的意思。

发出该命令后,任何新的连接都将再不允许连接到数据库。在数据库关闭之前,Oracle 将等待目前连接的所有用户都从数据库中退出后才开始关闭数据库。采用这种方式关闭数据库,在下一次启动时不需要进行任何的实例恢复。但需要注意的一点是,采用这种方式,也许关闭一个数据库需要几天时间,也许更长。

②shutdown immediate。这是用户常用的一种关闭数据库的方式,想很快地关闭数据库,但又想让数据库干净地关闭,通常采用这种方式。

当前正在被 Oracle 处理的 SQL 语句立即中断,系统中任何没有提交的事务全部回滚。如果系统中存在一个很长的未提交的事务,采用这种方式关闭数据库也需要一段时间(该事务回滚时间)。系统不等待连接到数据库的所有用户退出系统,强行回滚当前所有的活动事务,然后断开所有的连接用户。

③shutdown transactional。该选项仅在 Oracle 8i 以上版本才可以使用。该命令常用来计划关闭数据库,其使当前连接到系统且正在活动的事务执行完毕,运行该命令后,任何新的连接和事务都是不允许的。在所有活动的事务完成后,数据库将和 shutdown immediate 同样的方式关闭数据库。

④shutdown abort。这是关闭数据库的最后一种方式,也是在没有任何办法关闭数据库的情况下才不得不采用的方式,建议一般不要采用。如果有下列情况出现时可以考虑采用这种方式关闭数据库:

a. 数据库处于一种非正常工作状态,不能用 shutdown normal 或者 shutdown immediate 这样的命令关闭数据库。

b. 需要立即关闭数据库。

c. 在启动数据库实例时遇到问题。

所有正在运行的 SQL 语句都将立即中止,所有未提交的事务将不回滚,Oracle 也不等待目前连接到数据库的用户退出系统,下一次启动数据库时需要实例恢复。因此,下一次启动可能比平时需要更多的时间。在表 14.1 中可以清楚地看到上述 4 种不同关闭数据库的区别和联系。

表 14.1　shutdown 数据库不同关闭方式对比表

关闭方式	Abort	Immediate	Transaction	Nornal
允许新的连接	×	×	×	×
等待直到当前会话中止	×	×	×	√
等待直到当前事务中止	×	×	√	√
强制 CheckPoint,关闭所有文件	×	√	√	√

3)改变日志操作模式,然后打开数据库

```
SQL > alter database archivelog;

数据库已更改。

SQL > archive log list
数据库日志模式              存档模式
自动存档                启用
存档终点                use_db_recovery_file_dest
最早的联机日志序列          138
下一个存档日志序列      140
当前日志序列              140
```

```
SQL > alter database open;

数据库已更改。

SQL >
```

alter database archivelog 是将数据库的运行方式改为归档方式,如果要改为非归档方式,则其他步骤不变,只是要执行“alter database noarchivelog”,把数据库的运行方式改为非归档方式。

4)其他设置

当数据库设置为归档方式后,归档是自动进行还是手动进行的呢?在 Oracle 10G 以上版本中,只要将数据库的运行方式设定为归档模式,就为自动归档。

a. 手动归档的操作。如果需要手工控制归档进程,则可以使用下列命令来完成,看下面的代码:

```
SQL > alter system archive log start; --手工启动归档进程进行归档

系统已更改。

SQL > alter system archive log stop; --手工关闭归档进程

系统已更改。

SQL > alter system archive log all; --对所有已经写满的重做日志文件(组)归档

系统已更改。

SQL > alter system archive log current; --对当前的重做日志文件(组)进行归档

系统已更改。

SQL >
```

b. 归档目的地的设置。归档文件的位置由初始化参数 log_archvie_dest 来设定,也可以用 log_archive_dest_n 来设定。

使用 log_archive_dest 参数最多可设置两个归档路径,通过 log_archive_dest 设置一个主归档路径,通过 log_archive_duplex_dest 参数设置一个从归档路径。所有的路径必须是本地的,该参数的设置格式如下:

log_archive_dest = '/disk1/archive'

log_archive_duplex_dest = '/disk2/archive'

log_archive_dest_n 参数可以设置最多 10 个不同的归档路径,通过设置关键词 location 或 service,该参数指向的路径可以是本地或远程的。

log_archive_dest_1 = 'LOCATION = /disk1/archive'

log_archive_dest_2 = 'LOCATION = /disk2/archive'

log_archive_dest_3 = 'LOCATION = /disk3/archive'

如果要归档到远程的 standby 数据库,可以设置 service:

log_archive_dest_4 = 'SERVICE = standby1'

由此可见,这两个参数都可以设置归档路径,不同的是后者可以设置远程归档到 standby 端或归档到本地服务器,最多可归档到 10 个不同路径下;而前者只能归档到本地,且最多同时归档到两个路径下。log_archive_dest 参数与 log_archive_dest_n 参数不能同时使用。

设定归档目的地的语句如下:

```
SQL > alter system set log_archive_dest = 'D:\Oracle11g\archive';
SQL > alter system set log_archive_dest_1 = 'LOCATION = d:\oracle11g\archive' ;
```

c. 归档文件的格式设置。归档文件的命名可以通过初始化参数 log_archive_format 来设定,另如:log_archive_format = arch_%t_%s_%r.arc。

%s:日志序列号,%S:日志序列号(带有前导),%t:重做线程编号,%T:重做线程编号(带有前导),%a:活动 ID 号,%d:数据库 ID 号,%r:resetlogs 的 ID 值。

```
SQL > alter system set log_archive_format = 'arch_%t_%s_%r.arc' scope = spfile;

系统已更改。

SQL >
```

任务 14.4 Oracle 数据库的备份类型

简单按照备份进行的方式,可以分为冷备份(脱机备份)和热备份(联机备份),热备份又分为物理备份与逻辑备份。

(1)**冷备份**

冷备份又称为脱机备份,其是发生在数据库已经正常关闭的情况下的,当正常关闭时会提供给用户一个完整的数据库。冷备份是将关键性文件复制到另外位置的一种方法。对于备份 Oracle 信息而言,冷备份是最快和最安全的方法。

冷备份的优点如下所述:

①非常快速的备份方法(只需复制文件)。

②易归档(简单复制即可)。

③易恢复到某个时间点上(只需将文件再复制回去)。

④能与归档方法相结合,作数据库"最新状态"的恢复。

⑤低度维护,高度安全。

冷备份的不足之处。

①在单独使用时,只能提供到“某一时间点上”的恢复。

②在实施备份的全过程中,数据库必须要作备份而不能作其他工作。也就是说,在冷备份过程中,数据库必须是关闭状态。

③若磁盘空间有限,只能复制到磁盘等其他外部存储设备上,速度会很慢。

④不能按表或按用户恢复。

如果可能的话(主要看效率),应将信息备份到磁盘上,然后启动数据库(使用户可以工作)并将所备份的信息复制到磁盘上(复制的同时,数据库也可以工作)。冷备份中必须复制的文件包括:

①所有数据文件。

②所有控制文件。

③所有联机 redo log 文件。

④参数化参数 Init. ora 文件(可选)。

下面列举的是作冷备份的完整例子:

①先以 SYS 的身份登录到数据库中,并查出控制文件、数据文件、重做日志文件的位置。

```
SQL > select name from v $datafile;

NAME
----------------------------------------------

D:\ORACLE11G\ORADATA\ORCL\SYSTEM01. DBF
D:\ORACLE11G\ORADATA\ORCL\SYSAUX01. DBF
D:\ORACLE11G\ORADATA\ORCL\UNDOTBS01. DBF
D:\ORACLE11G\ORADATA\ORCL\USERS01. DBF

SQL > select name from v $controlfile;

NAME
------------------------------------------------------
D:\ORACLE11G\ORADATA\ORCL\CONTROL01. CTL
D:\ORACLE11G\RECOVERY_AREA\ORCL\CONTROL02. CTL

SQL > select group#,member from v $logfile;

    GROUP# MEMBER
---------- --------------------------------------------
         3 D:\ORACLE11G\ORADATA\ORCL\REDO03. LOG
         2 D:\ORACLE11G\ORADATA\ORCL\REDO02. LOG
```

```
          1 D:\ORACLE11G\ORADATA\ORCL\REDO01.LOG

SQL >
```

②备份参数文件(可选)。

```
SQL > create pfile ='d:\init_orcl.ora' from spfile;

文件已创建。

SQL >
```

这一步骤将数据库实例中的服务器参数文件信息备份到 d 盘根目录下的 init_orcl.ora 文件中。

③关闭数据库。

```
SQL > shutdown immediate;
数据库已经关闭。
已经卸载数据库。
Oracle 例程已经关闭。
SQL >
```

④在操作系统下复制刚才查询出来的文件到指定的地方(如磁带机或其他备用的磁盘上),并将步骤②中的参数文件一起复制到指定位置。

⑤启动数据库即可。

对于冷备份的恢复,需要在数据库关闭的状态下将冷备份出来的所有文件一起复制到原来的目录下,覆盖已经存在的全部文件即可。

(2)**热备份**

热备份又可以分为逻辑备份与物理备份。逻辑备份有两种,一种是导入/导出(EXP/IMP),一种是数据泵(EXPDP/IMPDP)。而热备份包括 OS 复制、rman、standandby、rac 等。热备份适合于生产数据中的备份,其涉及的知识面广、操作复杂、情况多变,有些还与操作系统以及硬件设备有关,因此,这里不再讲解热备份的相关知识。本章重点讲解逻辑备份中的导入导出(EXP/IMP)。

任务 14.5 导入/导出实用程序

Oracle 的导入与导出实用程序用于实施数据库逻辑备份与恢复。它们可以在 Oracle 数据库之间传输大量数据,这些数据库可以位于不同的软硬件平台上。导出实用程序用于将数据导出到文件中,导入实用程序用于向数据库中导入数据。

导出程序是将数据库中的对象定义和数据备份到一个操作系统二进制文件中，该文件称为转储文件(Export Dump Files)，其默认扩展名为“.dmp”。通常在磁盘上创建导出转储文件。导出实用程序可导出数据对象(如表等)及其所有从属实体(索引、视图、触发器等)。可以导出全部数据库、特定的用户或特定的表。Oracle还支持表空间级的导出，即导出所有包含在一个表空间中的对象。

导入实用程序只读取二进制导出的转储文件并将数据和对象载入数据库，它遵循特定的顺序。首先，创建表并向其中载入或插入所需的数据，然后建立表的索引，接着导入触发器，启用所需的约束。

逻辑数据库备份工具导出和导入实用程序的特点如下所述。

①可以按时间保存表结构和数据。在使用导出工具导出表时，按照表创建的时间顺序将表结构和数据导出。在使用导入工具导入表时按导出顺序导入，这样保证表之间关系的正确性。比如，主从表之间的外键约束关系的建立。

②允许导出一个指定的表，并重新导入新的数据库。可以将一个或多个表导出，也可以将某个用户的所有表导出，创建为一个文件。

③可以将一台服务器上的数据库移到另一台服务器上。逻辑导出时没有操作系统信息，只是压缩的二进制数据包，所以使用这种方法可以在不同的操作系统之间传输数据。

④在两个不同的Oracle版本之间传输数据。可以从低版本的数据库中导出数据，再导入高版本的数据库中，这也是一种数据库升级的方法。

⑤可以用于联机数据库备份。使用导出和导入工具，在不关闭数据库的情况下将表和数据实施和恢复。

⑥可以重新组织表结构、减少表中的链接及磁盘碎片。如果空间中存在磁盘碎片，可以将数据导出后重新导入，以消除磁盘碎片。

可以通过OEM或命令行交互式运行导出和导入实用程序，OEM要求必须配置Oracle管理服务器，但其提供非常容易使用的图形界面，这里将介绍命令行运行方式。

(1)**导出程序**(EXP)

使用导出实用程序导出数据时，可以根据需要按4种方式导出，分别是完全数据库方式、用户方式、表方式和表空间方式。在表方式下还可以按表分区导出数据库。

①完全数据库方式导出是指导出数据库中的所有对象，包括表空间、用户及其模式中的所有对象(如表、视图、序列、同义词、约束、索引、存储地、触发器等)、数据和权限的信息。

②用户方式导出属于一个用户模式的所有对象以及对象中的数据。由用户建立的该对象的权限和索引也被导出。

③表方式导出一个或多个指定的表，包括表的定义、表数据、表的所有者授权、表索引、表约束，以及创建在该表上的触发器。也可以选择只导出结构，不导出数据。表方式还可以导出用户所拥有的全部表，还可以指定要导出的表的分区。

④表空间方式包含在指定表空间中的所有对象，以及对象上的索引定义。

在命令行方式运行导出实用程序时，可以使用不同的参数。表14.2描述了在导出程序中使用的不同参数对应的含义。

表 14.2 导出实用程序的参数

关键字	说明(默认)	关键字	说明(默认)
userid	用户名/口令	full	导出整个文件
buffer	数据缓冲区大小	owner	所有者用户名列表
file	输出文件	(expdat. dmp)	tables
compress	导入到一个区	(Y)	recordlength
grants	导出权限	(Y)	inctype
indexes	导出索引	(Y)	record
direct	直接路径	(N)	triggers
log	屏幕输出的日志文件	statistics	分析对象
rows	导出数据行	(Y)	parfile
consistent	交叉表一致性	constraints	导出约束条件
feedback	每 x 行显示进度	resumable_name	用来标识可恢复语句的文本字符串
filesize	每个转储文件的最大大小	resumable_timeout	resumable 的等待时间
flashback_scn	用于回调会话快照的 SCN	tts_full_check	对 TTS 执行完全或部分相关性检查
flashback_time	用来获得最接近于指定时间的 SCN 的时间	tablespaces	要导出的表空间列表
query	用来导出表的子集的选择子句	transport_tablespace	导出可传输的表空间元数据(N)
resumable	遇到与空格有关的错误时挂起(N)	template	调用 iAS 模式导出的模板名称

有许多参数是互相矛盾的,会导致导出实用程序错误。如:设置 full = Y 和 owner = SCOTT 将会导致失败。导出实用程序的输入参数可以是一个或多个,其命令行语法如下:

exp username/password@ networkname [parameter = value]

如果用户在命令行没有给出必需的参数,导出程序会提示用户静候输入。也可以使用 help 参数来提示各参数的使用说明。

```
C:\Users\Administrator > exp help = y

Export: Release 11.2.0.1.0 - Production on 星期二 12 月 4 08:40:35 2012

Copyright (c) 1982, 2009, Oracle and/or its affiliates.   All rights reserved.
```

```
通过输入 EXP 命令和您的用户名/口令，导出
操作将提示您输入参数：

     例如：EXP SCOTT/TIGER

或者，您也可以通过输入与有各种参数的 EXP 命令来控制导出的运行方式。要指定参数，您可以使用关键字：

     格式：  EXP KEYWORD = value 或 KEYWORD = (value1,value2,…,valueN)
     例如：EXP SCOTT/TIGER GRANTS = Y TABLES = (EMP,DEPT,MGR)
                或 TABLES = (T1:P1,T1:P2)，如果 T1 是分区表

USERID 必须是命令行中的第一个参数。

关键字        说明（默认值）              关键字          说明（默认值）
---------------------------------------------------------------------------
USERID        用户名/口令                 FULL            导出整个文件（N）
BUFFER        数据缓冲区大小              OWNER           所有者用户名列表
FILE          输出文件（EXPDAT.DMP）      TABLES          表名列表
COMPRESS      导入到一个区（Y）           RECORDLENGTH    IO 记录的长度
GRANTS        导出权限（Y）               INCTYPE         增量导出类型
INDEXES       导出索引（Y）               RECORD          跟踪增量导出（Y）
DIRECT        直接路径（N）               TRIGGERS        导出触发器（Y）
LOG           屏幕输出的日志文件          STATISTICS      分析对象（ESTIMATE）
ROWS          导出数据行（Y）             PARFILE         参数文件名
CONSISTENT    交叉表的一致性（N）         CONSTRAINTS     导出的约束条件（Y）

OBJECT_CONSISTENT      只在对象导出期间设置为只读的事务处理（N）
FEEDBACK               每 x 行显示进度（0）
FILESIZE               每个转储文件的最大大小
FLASHBACK_SCN          用于将会话快照设置回以前状态的 SCN
FLASHBACK_TIME         用于获取最接近指定时间的 SCN 的时间
QUERY                  用于导出表的子集的 select 子句
RESUMABLE              遇到与空格相关的错误时挂起（N）
RESUMABLE_NAME         用于标识可恢复语句的文本字符串
RESUMABLE_TIMEOUT      RESUMABLE 的等待时间
TTS_FULL_CHECK         对 TTS 执行完整或部分相关性检查
```

```
TABLESPACES              要导出的表空间列表
TRANSPORT_TABLESPACE 导出可传输的表空间元数据 (N)
TEMPLATE                 调用 iAS 模式导出的模板名

成功终止导出, 没有出现警告。

C:\Users\Administrator>
```

下面是几个数据导出的示例:

①将数据库 SampleDB 完全导出,用户名 system,密码 manager,导出到 E:\SampleDB.dmp 中。

exp system/manager@TestDB file=E:\sampleDB.dmp log=e:\sample.log full=y

②将数据库中 system 用户与 sys 用户的表导出。

exp system/manager@TestDB file=E:\sampleDB.dmp log=e:\sample.log owner=(system,sys)

③将数据库中的表 table A,table B 导出。

exp system/manager@TestDB file=E:\sampleDB.dmp log=e:\sample.log tables=(TableA,TableB)

④将数据库中的表 table A 中的字段 filed1 值为"王五"的数据导出。

exp system/manager@TestDB file=E:\sampleDB.dmp log=e:\sample.log tables=(tableA) query=where filed1='王五'

⑤将数据库中的表 table A 中 P1 分区的数据导出。

exp system/manager@TestDB file=E:\sampleDB.dmp   log=e:\sample.log tables=(tableA:P1)

不管以何种方式导出,如果想对 dmp 文件进行压缩,可以在上面命令后面加上 compress=y 来实现。

对于导出实用程序,还可以进行增量,但对于增量方式的导出,必须使用 sys 或 system 用户,且进行完全数据库方式才可执行增量导出。增量导出包括 3 种类型,如下所述。

①"完全"增量导出(complete),备份整个数据库。

```
C>exp system/manager file=d:\full_complete.dmp log=d:\full_complete.log inctype=complete
```

②"增量型"增量导出上一次备份后改变的数据。

```
C>exp system/manager file=d:\full_incremental.dmp
log=d:\full_incremental.log inctype=incremental
```

③"累计型"增量导出(cumulative)只导出自上次"完全"导出之后数据库中变化了的信息。

```
C>exp system/manager file=d:\full_cumulative.dmp log=d:\full_cumulative.log inctype=cumulative
```

现在用实例来看一下，首先用全备份方式备份出整个数据库。

```
C:\>exp system/johnson file=d:\full_complete.dmp log=d:\full_complete.log inctype=complete

Export: Release 11.2.0.1.0 - Production on 星期二 12月 4 14:46:36 2012

Copyright (c) 1982, 2009, Oracle and/or its affiliates.  All rights reserved.


EXP-00056: 遇到 Oracle 错误 28002
ORA-28002: the password will expire within 2 days
连接到: Oracle Database 11g Enterprise Edition Release 11.2.0.1.0 - 64bit Production
With the Partitioning, OLAP, Data Mining and Real Application Testing options
EXP-00041: INCTYPE 参数已废弃
已导出 ZHS16GBK 字符集和 AL16UTF16 NCHAR 字符集

即将导出整个数据库……
. 正在导出表空间定义
. 正在导出概要文件
. 正在导出用户定义
. 正在导出角色
. 正在导出资源成本
. 正在导出回退段定义
. 正在导出数据库链接
. 正在导出序号
. 正在导出目录别名
. 正在导出上下文名称空间
. 正在导出外部函数库名
. 正在导出对象类型定义
. 正在导出系统过程对象和操作
. 正在导出 pre-schema 过程对象和操作
. 正在导出簇定义
. 即将导出 SYSTEM 的表通过常规路径……
. . 正在导出表                  def$_aqcall 导出了          0 行
. . 正在导出表                 def$_aqerror 导出了          0 行
. . 正在导出表                def$_calldest 导出了          0 行
. . 正在导出表             def$_defaultdest 导出了          0 行
. . 正在导出表             def$_destination 导出了          0 行
```

```
. . 正在导出表                       def $_error 导出了          0 行
. . 正在导出表                         edf $_lob 导出了          0 行
. . 正在导出表                      def $_origin 导出了          0 行
. . 正在导出表                  def $_propagator 导出了          0 行
. . 正在导出表         def $_pushed_transactions 导出了          0 行
. . 正在导出表                mview $_adv_index 导出了          0 行
. . 正在导出表                  mview $_adv_owb
……
. 即将导出 SCOTT 的表通过常规路径……
. . 正在导出表                            dept 导出了          4 行
. . 正在导出表                             emp 导出了         14 行
. . 正在导出表                        salgrade 导出了          5 行
……
```

其中注意粗体部分的内容,它把整个数据都导出来后,再在 SCOTT 用户下增加一条部门记录,然后再进行增量备份。

```
C:\Users\Administrator>exp system/johnson file=d:\full_complete.dmp log=d:\full_incremental.log inctype=incremental

Export: Release 11.2.0.1.0 - Production on 星期二 12 月 4 14:59:13 2012

Copyright (c) 1982, 2009, Oracle and/or its affiliates.  All rights reserved.


EXP-00056: 遇到 ORACLE 错误 28002
ORA-28002: the password will expire within 2 days
连接到: Oracle Database 11g Enterprise Edition Release 11.2.0.1.0 - 64bit Production
With the Partitioning, OLAP, Data Mining and Real Application Testing options
EXP-00041: INCTYPE 参数已废弃
已导出 ZHS16GBK 字符集和 AL16UTF16 NCHAR 字符集

即将导出整个数据库……
. 正在导出表空间定义
. 正在导出概要文件
. 正在导出用户定义
. 正在导出角色
. 正在导出资源成本
. 正在导出回退段定义
```

```
. 正在导出数据库链接
. 正在导出序号
. 正在导出目录别名
. 正在导出上下文名称空间
. 正在导出外部函数库名
. 正在导出对象类型定义
. 正在导出系统过程对象和操作
. 正在导出 pre-schema 过程对象和操作
. 正在导出簇定义
. 即将导出 system 的表通过常规路径...
. 即将导出 outln 的表通过常规路径...
. 即将导出 orddata 的表通过常规路径...
. 即将导出 olapsys 的表通过常规路径...
. 即将导出 mddata 的表通过常规路径...
. 即将导出 spatial_wfs_admin_usr 的表通过常规路径...
. 即将导出 spatial_csw_admin_usr 的表通过常规路径...
. 即将导出 sysman 的表通过常规路径...
......
. 即将导出 SCOTT 的表通过常规路径...
. . 正在导出表                              DEPT 导出了          5 行
. 即将导出 SAM 的表通过常规路径...
......
```

这时再注意粗体字部分，发现在增量导出的过程中只导出了数据库中改变过的表，其他表都未导出。

(2) **导入程序(IMP)**

使用导出程序导出的数据，可以使用导入程序将其导入数据库。导入程序可以有选择地从导出转储文件中导入对象各用户。同样，使用导入程序导入数据时，也要指定一系列的参数。表 14.3 描述了在导入程序中使用的不同参数对应的含义。

表 14.3　导入实用程序的参数

关键字	说明(默认)	关键字	说明(默认)
userid	用户名/口令	full	导入整个文件
buffer	数据缓冲区大小	fromuser	所有人用户名列表
file	输入文件	(expdat. dmp)	touser
show	只列出文件内容	(N)	tables
ignore	忽略创建错误	(N)	recordlength

续表

关键字	说明(默认)	关键字	说明(默认)
grants	导入权限	(Y)	inctype
indexes	导入索引	(Y)	commit
rows	导入数据行	(Y)	parfile
log	屏幕输出的日志文件	constraints	导入限制
userid	用户名/口令	full	导入整个文件
destroy	覆盖表空间数据文件(N)	statistics	始终导入预计算的统计信息
indexfile	将表/索引信息写入指定的文件	resumable	遇到与空格有关的错误时挂起(N)
skip_unusable_indexes	跳过不可用索引的维护(N)	resumable_name	用来标识可恢复语句的文本字符串
feedback	每 *x* 行显示进度 (0)	resumable_timeout	resumable 的等待时间
toid_novalidate	跳过指定类型 ID 的验证	compile	编译过程,程序包和函数(Y)
filesize	每个转储文件的最大大小		

导入实用程序的输入参数可以是一个或多个,其命令行语法如下:

IMP username/password@ networkname [parameter = value]

如果用户在命令行没有给出必需的参数,导入程序会提示用户静候输入,也可以使用 help 参数来提示各参数的使用说明。

①将备份数据库文件中的数据导入指定的数据库 SampleDB 中,如果 SampleDB 已存在该表,则不再导入。

imp system/manager@ TEST file = E:\sampleDB. dmp full = y ignore = y

②将 E:\sampleDB. dmp 中的表 table1 导入。

imp system/manager@ TEST file = E:\sampleDB. dmp tables = (table1)

③导入一个或一组指定用户所属的全部表、索引和其他对象。

imp system/manager file = E:\sampleDB. dmp log = e:\sampleDB. log fromuser = seapark

imp system/manager file = E:\sampleDB. dmp log = e:\sampleDB. log fromuser = (seapark, amy, amyc, harold)

④将一个用户所属的数据导入另一个用户。

imp system/manager file = E:\sampleDB. dmp log = e:\sampleDB. log fromuser = seapark touser = seapark_copy

imp system/manager file = E:\sampleDB. dmp log = e:\sampleDB. log fromuser = (seapark, amy) touser = (seapark1, amy1)

⑤增量导入。

imp system/manager inctype = RESTORE full = Y FILE = E:\sampleDB.dmp

```
C:\>imp system/johnson file=d:\full_complete.dmp inctype=RESTORE

Import: Release 11.2.0.1.0 - Production on 星期二 12 月 4 16:34:37 2012

Copyright (c) 1982, 2009, Oracle and/or its affiliates.  All rights reserved.


IMP-00058: 遇到 Oracle 错误 28002
ORA-28002: the password will expire within 2 days
连接到: Oracle Database 11g Enterprise Edition Release 11.2.0.1.0-64bit Production
With the Partitioning, OLAP, Data Mining and Real Application Testing options

经由常规路径由 EXPORT:V11.02.00 创建的导出文件
已经完成 ZHS16GBK 字符集和 AL16UTF16 NCHAR 字符集中的导入
IMP-00021: INCTYPE 参数已废弃
. 正在将 sys 的对象导入 sys
. 正在将 system 的对象导入 system
. 正在将 outln 的对象导入 outln
. 正在将 orddata 的对象导入 orddata
. 正在将 olapsys 的对象导入 olapsys
. 正在将 mddata 的对象导入 mddata
. 正在将 spatial_wfs_admin_usr 的对象导入 spatial_wfs_admin_usr
. 正在将 spatial_csw_admin_usr 的对象导入 spatial_csw_admin_usr
. 正在将 sysman 的对象导入 sysman
. 正在将 mgmt_view 的对象导入 mgmt_view
. 正在将 flows_files 的对象导入 flows_files
. 正在将 apex_public_user 的对象导入 apex_public_user
. 正在将 apex_030200 的对象导入 apex_030200
. 正在将 owbsys 的对象导入 owbsys
. 正在将 owbsys_audit 的对象导入 owbsys_audit
. 正在将 scott 的对象导入 scott
. 正在将 sam 的对象导入 sam
. 正在将 sysman 的对象导入 sysman
. . 正在导入表                "esm_collection"导入了          586 行
. . 正在导入表             "mgmt_availability"导入了          542 行
```

```
. . 正在导入表        "mgmt_availability_marker" 导入了          5 行
. . 正在导入表    "mgmt_blackout_proxy_targets" 导入了          5 行
……
```

(3)**表空间传输**

导出实用程序还可以进行表空间传输,表空间传输的最大优点就是速度快。表空间传输是 Oracle 8i 新增加的一种快速在数据库间移动数据的一种办法,它是将一个数据库上的格式数据文件附加到另外一个数据库中,而不是把数据导出成 dmp 文件,这在有些时候是非常管用的,因为传输表空间移动数据就像复制文件一样快。对于大数据量的备份来说可能是一个理想的选择,尤其是大数据库之间的数据转移。

关于传输表空间有一些规则:

①源数据库和目标数据库必须运行在相同的硬件平台上。

②源数据库与目标数据库必须使用相同的字符集。

③源数据库与目标数据库一定要有相同大小的数据块。

④目标数据库不能有与迁移表空间同名的表空间。

⑤sys 的对象不能迁移,必须传输自包含的对象集,有一些对象,如物化视图,基于函数的索引等不能被传输,Oracle 10G 支持跨平台的表空间传输,只要操作系统字节顺序相同,就可以进行表空间传输。需要使用 RMAN 转换文件格式。

对于一个表空间是否符合传输标准,可以下面的方法进行检测:

```
SQL > exec sys. dbms_tts. transport_set_check('USERS',true);

PL/SQL 过程已成功完成。

SQL > select * from sys. transport_set_violations;

未选定行

SQL > exec sys. dbms_tts. transport_set_check('SYSTEM',true);
BEGIN sys. dbms_tts. transport_set_check('SYSTEM',true); END;

 *
第 1 行出现错误:
ORA-29351: 无法传输系统表空间, sysaux 表空间或临时表空间 'SYSTEM'
ORA-06512: 在 "SYS. DBMS_SYS_ERROR", line 86
ORA-06512: 在 "SYS. DBMS_TTS", line 58
ORA-06512: 在 "SYS. DBMS_TTS", line 245
ORA-06512: 在 "SYS. DBMS_TTS", line 785
```

```
ORA-06512：在 line 1

SQL > select * from sys. transport_set_violations;

未选定行

SQL >
```

如果没有行选择，表示该表空间只包含表数据，并且是自包含的。对于有些非自包含的表空间，如数据表空间和索引表空间，可以一起传输。下面来看表空间传输的使用步骤（如果想参考详细使用方法，也可以参考 Oracle 联机帮助）：

1）设置表空间为只读（假定表空间名字为 APP_Data 和 APP_Index）

```
SQL >alter tablespace app_data read only;
SQL >alter tablespace app_index read only;
SQL >
```

2）发出 EXP 命令

```
SQL > host exp userid = """sys/johnson as sysdba""" transport_tablespace = y tablespaces =
(APP_Data,APP_Index) file = d:\ts_app. dmp

Export: Release 11.2.0.1.0 - Production on 星期二 12 月 4 15:04:25 2012

Copyright (c) 1982, 2009, Oracle and/or its affiliates.   All rights reserved.

连接到: Oracle Database 11g Enterprise Edition Release 11.2.0.1.0 - 64bit Production
With the Partitioning, OLAP, Data Mining and Real Application Testing options
已导出 ZHS16GBK 字符集和 AL16UTF16 NCHAR 字符集
注: 将不导出表数据 (行)
即将导出可传输的表空间元数据...
对于表空间 USERS...
. 正在导出簇定义
. 正在导出表定义
. . 正在导出表                          DEPT
. . 正在导出表                           EMP
. . 正在导出表                      SALGRADE
. . 正在导出表                             E
```

```
. . 正在导出表                                EXAMS
. . 正在导出表                         EXAMSHISTORY
. . 正在导出表                            EXAMS_BAK
. . 正在导出表                                 ROOM
. . 正在导出表                             ROOMSEAT
. . 正在导出表                              STUDENT
. . 正在导出表                         STUDENTSCORE
. . 正在导出表                     STUDENTSCORE_BAK
. . 正在导出表                         STUDENT_TERM
. . 正在导出表                                USERS
. . 正在导出表                                   T1
. 正在导出引用完整性约束条件
. 正在导出触发器
. 结束导出可传输的表空间元数据
成功终止导出，没有出现警告。

SQL >
```

以上需要注意的是：为了在 SQL 中执行 EXP、USERID 必须用 3 个引号，必须使用 sysdba 才能操作。

3）复制. dbf 数据文件（以及. dmp 文件）到另一个地点，即目标数据库

可以是 cp（unix）或 copy（windows）或通过 ftp 传输文件（一定要在 bin 方式）。

4）将本地的表空间设置为读写

```
SQL > alter tablespace app_data read write;
SQL > alter tablespace app_index read write;
SQL >
```

5）在目标数据库附加该数据文件（直接指定数据文件名）

（注意：在目标数据库中，表空间不能存在，必须建立相应用户名或者用 fromuser/touser）

```
C:\ > imp userid = """sys/password as sysdba""" file = d:\ts_app.dmp
transport_tablespace = y datafiles = ("c:\app_data.dbf,c:\app_index.dbf")
tablespaces = (app_data,app_index) tts_owners = (hr,oe)
```

6）设置目标数据库表空间为读写

```
SQL > alter tablespace app_data read write;
SQL > alter tablespace app_index read write;
SQL >
```

在 Oracle 10G 及之后的版本中，还提供了服务器端的导入导出的应用程序，称为数据泵(IMPDP/EXPDP)，它与导入导出实用程序相比，在功能、性能、可操作性等方面都做了增强，而且是完全不一样的操作原理，数据泵在不久的将来可能会替代导入导出实用程序。有兴趣的读者可以自行学习数据泵相关的用法。

思考练习

一、选择题

1. 在非归档日志方式下操作的数据库禁用了(　　)。

A. 归档日志　　B. 联机日志

C. 日志写入程序　　D. 日志文件

2. 由于软硬件问题导致的读写数据库文件失败，属于(　　)故障。

A. 实例　　B. 语句

C. 用户进程　　D. 介质

3. (　　)参数用于确定是否要导入整个导出文件。

A. constraints　　B. tables

C. full　　D. file

4. 在 Oracle 程序中处理语句时发生的逻辑错误导致(　　)故障。

A. 实例　　B. 介质

C. 语句　　D. 用户进程

5. 在进行(　　)时需要在完全关闭数据库后进行。

A. 无归档日志模式下的数据库备份　　B. 归档日志模式下的数据库备份

C. 使用导入导出实用程序进行逻辑备份　　D. 以上都不对

6. (　　)方式的导出会从指定的表中导出所有数据。

A. 分区　　B. 表

C. 全部数据库　　D. 表空间

7. 在导入实用程序中，需要从一个用户下的数据导入另一个用户下，应该指定(　　)参数。(选择两项)

A. owner　　B. fromuser

C. touser　　D. tables

8. 在归档方式下，需要指定归档文件的位置，应该配置(　　)参数。

A. log_archive_dest　　B. log_archive_config

C. log_archive_format　　D. log_archive_start

二、简答题

1. 简述归档与非归档的区别并说明如何配置。

2. 简述导入导出实用程序的特点。

3. 简述导入导出实用程序进行表空间传输的过程。

项目 15
用户与权限

【学习目标】

1. 掌握用户及权限的创建。
2. 了解 profile 管理。
3. 了解系统权限。
4. 了解对象权限。

【必备知识】

前述章节介绍了 Oracle 数据库的基本组成以及安装，并告诉大家如何登录到 Oracle 服务器进行相关的查询。很显然会出现另一个问题：Oracle 是如何管理这些登录的用户、这些用户又是如何分配权限以保护人与控制用户在 Oracle 系统中的安全性呢？

任务 15.1　系统的用户

前面在介绍 Oracle 查询工具时提到了可以使用用户登录进去。在 Oracle 中，一般情况下用户的概念比较大，相当于 SQLServer 中一个数据库的概念。下面将详细介绍用户到底是什么，在将用户了解清楚后，才可进一步了解用户登录后在数据库中进行数据库的开发方面的内容。

(1)用户的概念

用户，即 user，通俗地讲就是访问 Oracle 数据库的“人”。在 Oracle 中，可以对用户的各种安全参数进行控制，以维护数据库的安全性，这些概念包括模式(schema)、权限、角色、存储设置、空间限额、存取资源限制、数据库审计等。每个用户都有一个口令，使用正确的用户/口令才能登录到数据库进行数据存取。

在 Oracle 中一般是创建一个用户，然后使用这个用户来登录，再来创建表、视图之类的对象。

（2）**默认用户**

Oracle 安装成功后，会生成 30 个用户，可以通过 all_users 视图来查询。常用的 3 个用户必须清楚。

①sys：系统管理员，权限最高，角色 SYSDBA。密码：安装时给定。

②system：系统管理员，权限也很高，角色 DBA oper。密码：安装时给定。

③scott：普通用户，密码：tiger。通常状况下如果没有特殊说明，本书中的案例都是用 scott 用户下的表数据进行测试的。

scott 用户由来：

1977 年 6 月，埃里森（Larry Ellison），Bob Miner 和 Ed Oates 在硅谷共同创办了一家名为软件开发实验室（Software Development Laboratories，SDL）的计算机公司，这个只有 3 个人的公司就是后来独领数据库风骚的 Oracle 公司的前身。当时埃里森 32 岁，这个读了 3 所大学都没能毕业的辍学生，当时还只是一个普通的软件工程师，或者说仅是一个程序员而已。他因种种原因无法在实验室编写代码，于是公司的第一个程序员出现了，他的名字就是 Scott，他养了只宠物猫，名字就叫 tiger，可能是为了这个第一位的程序员的缘故吧，所以也就有了 scott 这个用户，而且一直没有忘怀，沿用至今。1983 年 3 月，RSI 发布了 Oracle 的第 3 版，Miner 和 Scott 使用 C 语言，在埃里森的高压下进行第 3 版的开发，要知道，C 语言当时推出不久，用它来写 Oracle 软件也是具有一定的风险的，但除此之外，别无他法。很快就证明了这样做是多么正确：C 编译器便宜而又有效，还有很好的移植性。不过，当这个第 3 版还没有结束的时候。Scott 离开了 Oracle 公司，也许是 C 语言开发和初始阶段的无休止变更，让 Scott 无法承受，他选择了离开公司并出售了自己 4% 的股份，不过 scott 离开 Oracle 以后，还是混迹于数据库开发市场，他自己创立了 PointBase 公司，一个不错的嵌入式数据库，不过是使用 java 编写的。Scott 没有想到，日后这个由他开笔的 Oracle 是未来时代的数据库巨人，那 4% 的股份相当于几亿美元。

时代造就英雄，每个时代的伟大产品后面都有英雄人物所不同于常人的故事，不过其实也是那么平常，不过是做了不平常的事情而已。

这里最难区别的是 sys 与 system 这两个用户，sys 类似于董事长，system 类似于总经理，正常情况下事情都由总经理去执行，董事长只负责企业重大事项的决策与处理。具体的区别如下所述。

①sys：所有的 Oracle 数据字典的基表和视图都存放在 sys 用户中，这些基表和视图对于 Oracle 的运行是至关重要的，由数据库自己维护，任何用户都不能手动更改。sys 用户拥有 DBA、sysdba、sysoper 角色或权限，是 Oracle 权限最高的用户。sys 用户必须以 as sysdba 或 as sysoper 形式登录，不能以 normal 方式登录数据库。

②system：用于存放次一级的内部数据，如 Oracle 的一些特性或工具的管理信息，system 用户拥有 dba、sysdab 角色的系统权限。system 只能以 normal 方式登录数据库，其登录数据库后就是一个普通的 dba 用户。

想要查看当前数据库有哪些用户，用 system 登录执行下面的 SQL 语句：

```
C:\Users\Administrator>sqlplus system

SQL*Plus: Release 11.2.0.1.0 Production on 星期六 8月 18 16:58:54 2012

Copyright (c) 1982, 2010, Oracle.  All rights reserved.

输入口令:

连接到:
Oracle Database 11g Enterprise Edition Release 11.2.0.1.0 - 64bit Production
With the Partitioning, OLAP, Data Mining and Real Application Testing options

SQL> set pagesize 100
SQL> select * from all_users;

USERNAME                          USER_ID CREATED
------------------------------ ---------- --------------
SCOTT                                  84 30-3月 -10
OWBSYS_AUDIT                           83 30-3月 -10
OWBSYS                                 79 30-3月 -10
APEX_030200                            78 30-3月 -10
APEX_PUBLIC_USER                       76 30-3月 -10
FLOWS_FILES                            75 30-3月 -10
MGMT_VIEW                              74 30-3月 -10
SYSMAN                                 72 30-3月 -10
SPATIAL_CSW_ADMIN_USR                  70 30-3月 -10
SPATIAL_WFS_ADMIN_USR                  67 30-3月 -10
MDDATA                                 65 30-3月 -10
MDSYS                                  57 30-3月 -10
SI_INFORMTN_SCHEMA                     56 30-3月 -10
ORDPLUGINS                             55 30-3月 -10
ORDDATA                                54 30-3月 -10
ORDSYS                                 53 30-3月 -10
OLAPSYS                                61 30-3月 -10
ANONYMOUS                              46 30-3月 -10
XDB                                    45 30-3月 -10
CTXSYS                                 43 30-3月 -10
EXFSYS                                 42 30-3月 -10
```

```
XS $ NULL                          2147483638 30 -3 月  -10
WMSYS                                      32 30 -3 月  -10
APPQOSSYS                                  31 30 -3 月  -10
DBSNMP                                     30 30 -3 月  -10
ORACLE_OCM                                 21 30 -3 月  -10
DIP                                        14 30 -3 月  -10
OUTLN                                       9 30 -3 月  -10
SYSTEM                                      5 30 -3 月  -10
SYS                                         0 30 -3 月  -10

已选择 30 行。

SQL >
```

(3)**用户的表空间与 profile**

1)用户的默认表空间

表空间是信息存储的最大逻辑单位、当用户连接到数据库进行资料存储时,若未指出数据的目标存储表空间时,则数据存储在用户的默认表空间中。例如:

```
SQL > create table mytable( id varchar2(20),
name varchar2(100));
```

这条语句创建了一个表 mytable,并将其存储在当前用户的默认表空间中,若要指定表空间,则:

```
SQL > create table mytable( id varchar2(20),
name varchar2(100)) tablespace tbs1;
```

用户的默认表空间可以在创建用户时指定,也可以使用 aler user 命令进行指定,具体语法详见后叙。

2)用户临时表空间

临时表空间主要用于 order by 语句的排序以及其他一些中间操作,如读取数据等。在 Oracle 9i之前,可以指定用户使用不同的临时表空间,从 9i 开始,临时表空间是通用的,所有用户都使用 TEMP 作为临时表空间。

3)用户资源文件

用户资源文件用来对用户的资源存取进行限制,包括 CPU 使用时间限制、内存逻辑读个数限制、每个用户同时可以连接的会话数据限制、一个会话的空间和时间限制、一个会话的持续时间限制、每次会话的专用 SGA 空间限制。用户资源文件又称 profile,下面看看创建用户资源文件的语法:

```
create profile filename limit
session_per_user integer
```

cpu_per_session integer
user_per_call integer
connect_time integer
……

其中：

session_per_user：用户可以同时连接的会话数量限额。

cpu_per_session：用户在一次数据库会话期间可占用的 CPU 时间总量限额，单位为百分之一秒。

user_per_call：用户一次 SQL 调用可用的 CPU 时间总量限额，单位为百分之一秒。

logical_reads_per_session：在一次数据库会话期间能够读取的数据库块的个数限额。

logical_reads_per_call：一次 SQL 调用可以读取的数据库块数限额。

idle_time：用户连接到数据库后的可空闲时间限额，单位为分钟，若空闲时间超过此值，则连接被断开。

connect_time：一次连接的时间总量限额，单位为 min，连接时间超过此值时，连接被断开。

private_sga：用户有的 SGA 区的大小，单位为数据库块，默认值为 unlimited。

composite_limit：这是一项由上述限制参数构成的组合资源项。举例来说，假设资源设置如下：

idle_time 20
connect_time 120
cpu_per_call 750
composite_limit 800

那么，当会话空间超过 20 min，或者连接时间超过 120 min，又或者执行一个 SQL 耗费超过 7.5 s，再或者这几个资源限制加起来的总数超过 800，则系统自动终止会话。

failed_login_attempts：用户登录时，允许用户名/密码校验失败致使用登录失败的次数限额，超过该次数，账户被锁定。

password_life_time：口令有效时间，单位为天数，超过这一时间，拒绝登录，须重新设置口令，默认值为 unlimited。

password_reuse_time：一个失效口令经过多少天后才可重新利用，默认为 unlimited。

password_reuse_max：一个口令可重复使用的次数。

password_lock_time：当登录失败达到 failed_login_attemps 时，账户被锁定，该参数用于设定被锁定的天数。

例如，下面创建一个用户资源文件：

```
SQL >create profile tax_users limit
session_per_user 3
cpu_per_session UNLIMITED
connect_time 30
logical_reads_per_session DEFAULT
```

```
logical_reads_per_call 1000
private_sga 15K
composite_limit 500000
password_life_time 90
```

如果想要查询 scott 用户的默认表空间、临时表空间、用户资源文件等信息，都可以通过视图 dba_users 来查看(以 dba_开头的视图一般情况下需要 system 或 sys 用户才可以查看)。

```
SQL > select * from dba_users where username = 'SCOTT';
```

执行上面的 SQL 语句后的结果如图 15.1 所示。

Row 1	Fields
USERNAME	SCOTT
USER_ID	84
PASSWORD	
ACCOUNT_STATUS	OPEN
LOCK_DATE	
EXPIRY_DATE	2013-02-12 14:51:20
DEFAULT_TABLESPACE	USERS
TEMPORARY_TABLESPACE	TEMP
CREATED	2010-03-30 11:06:22
PROFILE	DEFAULT
INITIAL_RSRC_CONSUMER_GROUP	DEFAULT_CONSUMER_GROUP
EXTERNAL_NAME	
PASSWORD_VERSIONS	10G 11G
EDITIONS_ENABLED	N
AUTHENTICATION_TYPE	PASSWORD

图 15.1　scott 用户的详细信息

根据上面的结果可以发现临时表空间是 TEMP，用户资源文件是 DEFAULT，默认表空间是 USERS。如果用户需要再进一步查询这个用户(scott)对应的用户资源文件 DEFAULT 的详细信息，则可以执行下面的 SQL 语句：

```
SQL > select * from dba_profile where profile = 'DEFAULT';
```

上面的 SQL 执行的结果如图 15.2 所示：

	PROFILE	RESOURCE_NAME	RESOURCE_TYPE	LIMIT
1	DEFAULT	COMPOSITE_LIMIT	KERNEL	UNLIMITED
2	DEFAULT	SESSIONS_PER_USER	KERNEL	UNLIMITED
3	DEFAULT	CPU_PER_SESSION	KERNEL	UNLIMITED
4	DEFAULT	CPU_PER_CALL	KERNEL	UNLIMITED
5	DEFAULT	LOGICAL_READS_PER_SESSION	KERNEL	UNLIMITED
6	DEFAULT	LOGICAL_READS_PER_CALL	KERNEL	UNLIMITED
7	DEFAULT	IDLE_TIME	KERNEL	UNLIMITED
8	DEFAULT	CONNECT_TIME	KERNEL	UNLIMITED
9	DEFAULT	PRIVATE_SGA	KERNEL	UNLIMITED
10	DEFAULT	FAILED_LOGIN_ATTEMPTS	PASSWORD	10
11	DEFAULT	PASSWORD_LIFE_TIME	PASSWORD	180
12	DEFAULT	PASSWORD_REUSE_TIME	PASSWORD	UNLIMITED
13	DEFAULT	PASSWORD_REUSE_MAX	PASSWORD	UNLIMITED
14	DEFAULT	PASSWORD_VERIFY_FUNCTION	PASSWORD	NULL
15	DEFAULT	PASSWORD_LOCK_TIME	PASSWORD	1
16	DEFAULT	PASSWORD_GRACE_TIME	PASSWORD	7

图 15.2　scott 用户的资源文件

任务 15.2　用户管理

虽然 Oracle 在安装时已经默认创建了 30 个用户，而这 30 个用户中，每个用户都有其自己的用途，因此，仍然满足不了系统开发的要求。Oracle 系统允许数据库管理员自己管理用户。

(1)创建用户

在一般情况下，当有一个新项目要开发时，数据库管理员会为这个新项目创建一个新的用户，并为这个新创建的用户指定表空间，在这个表空间中指定特定的数据文件。这样，在这个用户下创建的任何对象都存放在数据库管理员自己特定的数据文件中，将来要备份与恢复时就方便一些。

创建用户的详细语法请查询 Oracle 的官方参数文档，这里介绍典型的语法。语法如下：

```
create user username
identified by password
default tablespace tablespace
temporary tablespace tablespace
profile profile
quota integer|unlimited on tablespace
```

各选项含义如下：

identified by password：用户口令。

default tablespace tablespace：默认表空间。

temporary tablespace tablespace：临时表空间。

profile profile|default：用户资源文件。

quota integer[K|M]|unlimited on tablespace：用户在表空间上的空间使用限额，可以指定多个表空间的限额。

例 15.1　创建一个 user01 的用户。

```
SQL > create user user01 identitied by abc123  --密码  为 abc123
default tablespace ts_user01  --表空间为 ts_user01,其缺省为 users
temporary tablespace temp  --缺省为 temp
profile default  --缺省为 default
quota 1000M on user01;  --缺省为不限
```

例 15.2　创建用户 user02。

```
SQL > create user user02 identitied by abc123; --这是一个最简单的创建用户的语句
```

当建立了新用户之后，需要注意下述问题。

①初始创建的数据库用户没有任何权限，不能执行任何数据库操作。

②如果在建立用户时不指定 default tablespace 子句，那么 Oracle 会将数据库默认表空间作为用户的默认表空间。在 Oracle 10G 之前，如果不指定 default tablespace 子句，那么 Oracle 会将 system 表空间作为用户的默认表空间。

③如果在建立用户时不指定 temporary tablespace 子句，那么 Oracle 会将数据库默认临时表空间作为用户的临时表空间。

④如果在建立用户时没有为特定表空间指定 quota 子句，那么用户在特定表空间上的配额为 0，这样用户将不能在相应表空间上建立数据对象。

(2)**修改用户**

修改用户的语法是与创建用户的语法类似的，主要是将 create user 变为 alter user，具体请参考 Oracle 文档，在此列举几个例子(以下几个示例都是以 system 用户登录才有权限操作)。

例 15.3　修改用户的密码。

```
SQL > show user
user 为 "system"
SQL > alter user scott identified by abc123;

用户已更改。

SQL > conn scott/abc123
已连接。
SQL >
```

例 15.4　锁定用户的登录账号。

```
SQL > show user
user 为 "system"
SQL > alter user scott account lock;

用户已更改。

SQL > conn scott/abc123
error:
ORA-28000: the account is locked


警告: 您不再连接到 Oracle。
SQL >
```

例 15.5　解除被锁定用户的登录账号。

```
SQL > show user
user 为 "system"
```

```
SQL > select username,user_id,account_status,lock_date from dba_users
      where username = 'scott';

USERNAME          USER_ID   ACCOUNT_STATUS      LOCK_DATE
------------- ---------- ----------------- -------------
SCOTT                84     OPEN                 19 -8 月 -13

SQL > alter user scott account unlock;

用户已更改。

SQL > select username,user_id,account_status,lock_date from dba_users
      where username = 'SCOTT';

USERNAME          USER_ID   ACCOUNT_STATUS        LOCK_DATE
------------- ---------- ----------------- -------------
SCOTT                84     OPEN

SQL > conn scott/abc123
已连接。
```

例 15.6 修改用户的默认表空间。

```
SQL > show user
user 为 "system"
SQL > alter user user01 default tablespace system;

用户已更改。

SQL >
```

例 15.7 限制 user1 用户只允许 100 个并发连接(修改用户资源文件)。

```
SQL > show user
user 为 "system"
SQL > alter system set resource_limit = true;

系统已更改。

SQL > create profile profile_user1 limit sessions_per_user 100;
```

```
配置文件已创建

SQL > alter user user01 profile profile_user1;

用户已更改。

SQL >
```

(3)**删除用户**

删除用户,是将用户及用户所创建的 schema 对象从数据库删除,示例如下:

```
SQL > show user
USER 为 "system"
SQL > drop user user01;

用户已删除。

SQL >
```

若用户 user1 含有对象(如表、视图等),则上述语句将执行失败,须加入关键字 cascade 才能删除,意思是将其对象一起删除,示例如下:

```
SQL > show user
user 为 "system"
SQL > drop user user01 cascade;

用户已删除。

SQL >
```

任务15.3　权限管理

细心的读者会在创建用户后登录,在登录时却会发现登录不了。

```
SQL > show user
user 为 "system"
SQL > create user user01 identified by abc123;

用户已创建。
```

```
SQL > conn user01/abc123
error:
ORA -01045: user USER01 lacks create session privilege; logon denied


警告: 您不再连接到 Oracle。
SQL >
```

以上的出错信息告诉用户,user01 无 create session 的权限,因此无法登录。这到底是什么原因呢?

原来,Oracle 数据库出于安全方面的考虑,在创建用户后,这个用户是没有什么权限的,即不能用其登录到系统中进行任何操作。当给创建的新用户赋予相应的权限后才可以进行相应的操作。下面首先来看一看 Oracle 中的权限:

权限在很多书上或网上又称为特权,本书中的特权与权限也即是同一意思。在 Oracle 数据库中有两类权限,即对象权限和系统权限。

①对象权限:它是由用户赋予的访问或者是操作数据库对象的权利。例如,希望向 scott.emp 表中插入行的数据库用户必须拥有完成这项工作的指定权限。

②系统权限:系统权限不是控制对指定数据库对象的访问,而是用来许可对各种特性的访问,或者许可 Oracle 数据库中的特定任务。

(1)系统权限

Oracle 11G 拥有了超过 200 个独特的系统特权,所有这些特权都应该有节制地赋予要维护和管理用户 Oracle 数据库的人员。为了查看用户的 Oracle 数据库中可以使用的独特系统权限集合,用户可以在数据库视图 dba_sys_privs 上使用查询。

注意:Oracle 系统权限会随着数据库的每次发布而发展,所以,如果用户没有运行 11G 数据库,那么用户数据库中的列表就不一定与下面示例中的权限相匹配。

```
C:\Users\Administrator > sqlplus system

SQL * Plus: Release 11.2.0.1.0 Production on 星期日 8 月 19 16:32:59 2013

Copyright (c) 1982, 2010, Oracle.  All rights reserved.

输入口令:

连接到:
Oracle Database 11G Enterprise Edition Release 11.2.0.1.0 - 64bit Production
With the Partitioning, OLAP, Data Mining and Real Application Testing options
SQL > show user
USER 为 "SYSTEM"
```

```
SQL > desc dba_sys_privs;
名称                                   是否为空?      类型
-------------------------------------- ------------- -----------------------------

GRANTEE                                NOT NULL      VARCHAR2(30)
PRIVILEGE                              NOT NULL      VARCHAR2(40)
ADMIN_OPTION                                         VARCHAR2(3)

SQL > select distinct privilege from dba_sys_privs order by privilege;

PRIVILEGE
----------------------------------------
ADMINISTER ANY SQL TUNING SET
ADMINISTER DATABASE TRIGGER
ADMINISTER RESOURCE MANAGER
ADMINISTER SQL MANAGEMENT OBJECT
ADMINISTER SQL TUNING SET
ADVISOR
ALTER ANY ASSEMBLY
ALTER ANY CLUSTER
ALTER ANY CUBE
ALTER ANY CUBE DIMENSION
ALTER ANY DIMENSION
ALTER ANY EDITION
ALTER ANY EVALUATION CONTEXT
ALTER ANY INDEX
ALTER ANY INDEXTYPE
ALTER ANY LIBRARY
ALTER ANY MATERIALIZED VIEW
ALTER ANY MINING MODEL
ALTER ANY OPERATOR
ALTER ANY OUTLINE
ALTER ANY PROCEDURE
ALTER ANY ROLE
ALTER ANY RULE
ALTER ANY RULE SET
ALTER ANY SEQUENCE
ALTER ANY SQL PROFILE
```

```
ALTER ANY TABLE
ALTER ANY TRIGGER
ALTER ANY TYPE
ALTER DATABASE
ALTER PROFILE
ALTER RESOURCE COST
ALTER ROLLBACK SEGMENT
ALTER SESSION
ALTER SYSTEM
ALTER TABLESPACE
ALTER USER
ANALYZE ANY
ANALYZE ANY DICTIONARY
AUDIT ANY
AUDIT SYSTEM
BACKUP ANY TABLE
BECOME USER
CHANGE NOTIFICATION
COMMENT ANY MINING MODEL
COMMENT ANY TABLE
CREATE ANY ASSEMBLY
CREATE ANY CLUSTER
CREATE ANY CONTEXT
CREATE ANY CUBE
CREATE ANY CUBE BUILD PROCESS
CREATE ANY CUBE DIMENSION
CREATE ANY DIMENSION
……
已选择 202 行。

SQL >
```

在以上的示例中，可以看出已经为各种用户赋予了 200 多个不同的系统权限。由于查询只是定位了那些已经进行了授予的权限，而不是所有存在的权限，所以，用户的总数可能会有区别。而数据字典视图 system_privilege_map 中包括了 Oracle 数据库中的所有系统权限。查询该视图可以了解系统权限的信息，查询系统权限的个数：

```
SQL > select  count( * )  from system_privilege_map;

 count( * )
```

```
-----------
      208


SQL >
```

查询具体的系统权限用 SQL 语句：select　*　from system_privilege_map；

查询用户所有的系统权限有哪些可以使用下面的 SQL 语句：

```
SQL > select privilege
  2  from dba_sys_privs a,
  3    (select granted_role from dba_role_privs
  4      start with grantee = upper('scott') connect by prior granted_role = grantee) b
  5  where a. grantee = b. granted_role
  6  group by privilege
  7  union
  8  select privilege from dba_sys_privs where grantee = upper('scott');


SQL > --查询结果已经被省略
```

赋予系统权限的基本语法如下所示：

grant *system_privilege* to *username* [with admin option]；

注意：为了向数据库用户赋予指定的系统权限，并且使其有能力将相同的特权赋予其他的用户，就需要在用户的 grant 语句中包含 with admin option。

同样，从数据库用户删除系统特权的基本语法如下所示：

revoke *system_privilege* from *username*；

注意：取消系统权限的数据库用户不需要是最初授予系统权限的相同用户。任何具有 admin option系统用户权限的数据库用户都能够取消其他用户的系统特权。

因此，为用户赋予任何系统权限的时候，都要多加小心，具有 admin option 的特权就更是如此，尤其是在生产数据库中，一定要小心赋予权限，不该有的权限尽量不要授予。记住一个原则，授予尽量少的权限给数据库用户。

下面来看示例：

①尝试作为用户 user01 连接数据库。

```
SQL > show user
user 为 "system"
SQL > conn user01/abc123
ERROR:
ORA-01045: user USER01 lacks CREATE SESSION privilege; logon denied
```

```
警告：您不再连接到 Oracle。
SQL >
```

正如结果所见，用户 user01 没有被赋予 create session 的系统权限，因此其登录不了，这就是前面提到的为什么刚刚创建的用户无法登录到 Oracle 数据库系统中的原因了。现在只要利用 system 用户为 user01 授予 create session 的系统权限即可登录了。

```
SQL > conn system/ * * * * *
已连接。
SQL > show user
user 为 "system"
SQL > grant create session to user01;

授权成功。

SQL > conn user01/abc123
已连接。
SQL >
```

既然用户 user01 已经能够连接到这个特定的数据库了，那么它就应该继续，开始在这个用户下创建它的对象，如表、视图、存储过程等（这些对象语法概念以及创建的语法基本上与 SQL Server 一样，在后面的章节中还会详细介绍）。但是需要注意的是，尽管其能够连接到数据库，但除非 DBA 为其赋予了足够的许可权，否则其能够执行的操作仍然会受到很多的限制。

②试图以 user01 的身份登录并建立一张表。

```
C:\Users\Administrator > sqlplus user01/abc123

SQL * Plus: Release 11.2.0.1.0 Production on 星期三 8 月 22 14:50:57 2012

Copyright (c) 1982, 2010, Oracle.  All rights reserved.


连接到：
Oracle Database 11g Enterprise Edition Release 11.2.0.1.0 - 64bit Production
With the Partitioning, OLAP, Data Mining and Real Application Testing options

SQL > create table emp(empno int,ename varchar(20));
create table emp(empno int,ename varchar(20))
*
第 1 行出现错误：
```

```
ORA-01031：权限不足

SQL >
```

即会发现用户 user01 没有足够的权限来完成建表的工作。

③为了让用户 user01 能够完成建表的工作，必须为其赋予 create table 的权限，现需要以 system 进行连接，并输入如下命令：

```
SQL > conn system/manager
已连接。
SQL > grant create table to user01;

授权成功。

SQL >
```

④再次以 user01 的身份连接到数据库中，并且再次尝试建立一张员工表，并插入一条数据。

```
SQL > conn user01/abc123
已连接。
SQL > create table emp(empno int,ename varchar(20));

表已创建。

SQL > insert into emp values(1001,'johnon');
insert into emp values(1001,'johnon')
            *
第 1 行出现错误：
ORA-01950：对表空间 'users' 无权限

SQL >
```

从结果中可以看到，数据库管理员赋予了 create table 的权限后，表是创建成功了，但用户向它插入数据时，并不成功。而且插入数据库不成功并不是提示用户没有插入数据的权限，而是提示用户“ORA-01950：对表空间 'users' 无权限”。这是什么原因呢？其实，可以很明显地看到 user01 没有在 users 表空间中创建表的权限，而用户 user01 在创建表时没有指定在哪个表空间中创建表，因此，它会使用默认的表空间 users，由于用户没有权限在 users 表空间中创建表，因此就出现了“ORA-01950：对表空间 'users' 无权限”的错误。

细心的读者会发现：表明已经创建成功，只是在插入数据时出现了这个错误，说明表已经创建了！这个解释会不会有问题呢？答案是肯定的，在 Oracle 11G 之前的版本中，确实是在创建表时就提示“ORA-01950：对表空间 'users' 无权限”错误，但在 Oracle 11G 这个版本中，有一个系统参数 deferred_segment_creation，其值默认为 true，是这个参数导致的。当这个参数的值为 true 时，使再创建表时，虽然表已经创建成功了，但并不会使用任何的 segment（意思是说数据库不认为它在特定的表空间中占用了地方），当真正有数据插入时才会使用相关 segment，所以会导致可以在任何表空间建立表的假象，但插入数据时会报错无权限。解决此问题：alter system set deferred_segment_creation = false 即可。

```
SQL > conn system/manager
已连接。
SQL > show parameter deferred_segment_creation

NAME                                 TYPE        VALUE
------------------------------------ ----------- --------
deferred_segment_creation            boolean     TRUE
SQL > show parameter deferred_segment_creation

SQL > alter system set deferred_segment_creation = false;

系统已更改。

SQL > conn user01/abc123
已连接。
SQL > create table employee(empno int,ename varchar(20)) ;
create table employee(empno int,ename varchar(20))
*
第 1 行出现错误:
ORA-01950: 对表空间 'users' 无权限

SQL >
```

从上面的结果中可以发现，之前 deferred_segment_creation 的参数值确实为 true，当数据库管理员将 deferred_segment_creation 的参数改为 false 后，再次创建 emp1 这张表时，会发现它在创建表时就提示“ORA-01950：对表空间 'users' 无权限”错误。

现在，如何解决让它能创建表成功呢？唯一的办法就是让 user01 在对应的表空间中有权限创建对象，可以为 users 表空间对 user01 用户分配空间的限额。用下面的代码来实现：

```
SQL > conn system/manager
已连接。
SQL > alter user user01 quota unlimited on users;
```

```
用户已更改。

SQL > conn user01/abc123
已连接。
SQL > create table emp2(empno int,ename varchar(20));

表已创建。

SQL > insert into emp2 values(2001,'johnon');

已创建 1 行。

SQL >
```

让表空间对用户分配空间的限额还有一个办法可以实现,就是给用户赋予 resource 的角色,后面的章节会提及角色的概念,代码如下:

```
SQL > conn system/manager
已连接。
SQL > grant resource to user01 ;

授权成功。

SQL >
```

(2)**对象权限**

系统权限会控制对 Oracle 数据库中各种系统级功能的访问,而对象权限可以用来控制对指定数据库对象的访问。任何数据库用户都可以授予这些权限,以允许对其模式(如授予过程规定了 with grant option,还可以是另外的模式)中的对象进行访问。使用 with admin option 授予系统权限可以让用户有能力将这些权限授予其他用户,使用 with grant option 授予对象权限可以让用户有能力将这些权限授予其他的用户。数据库用户通常具有他们所拥有的对象(也就是说在他们的模式中包含的对象)的所有权限。通常,系统权限可以用来许可或者限制 DDL(数据库定义语言)语句的执行,而对象权限可以用来许可或者阻止 DML(数据库操作语言)语句的执行。

相对于数量众多的各种 Oracle 系统权限,对象权限的列表较为短小,并且容易理解。最常使用的对象特权如下所述。

①select 可以用于表、视图和序列。这个权限可以允许用户在表、视图上进行查询或从序列中选取值。

②insert、update 与 delete 都可以应用于表与视图。这些权限可以让用户在表或者视图中插入新行、删除已经存在的行或者更新已经存在的行。

③execute 可以应用于 PL/SQL 过程、函数、程序包以及其他执行元素（例如 java 类）。execute 权限可以让终端用户直接执行过程、函数或者 java 类。需要注意的是，这个权限不仅可以让终端用户有能力执行过程、函数或者程序包，而且还可以对它们进行编译。

④index 与 references 只能够应用于表。在用户模式以外的其他模式的表上建立 index 就需要 index 权限。与此相同，当用户希望在其他模式的表上建立外键约束时，就需要 references 权限。

⑤alter 只能够应用于表和序列。修改表或者序列的定义时就需要 alter 权限。

可以采用与系统权限相似的方式授予对象特权：

grant *object_privilege* ON *object_name* TO *username* [with grant option];

为了赋予数据库用户指定的对象权限，同时让其有能力将相同的权限赋予其他用户，就需要在用户的 grant 语句中指定 with grant option 选项。

与此相同，取消数据库用户对象权限的基本语法如下所示：

revoke *object_privilege* on *object_name* from *username*;

当用户试图在不具有任何权限的数据库对象上执行 DML 操作时，所遇到的错误就是："ORA-00942：表或视图不存在"或者"ORA-01031：无效的权限"。其实可以认为，如果数据库用户不具有数据库对象上的任何权限，对象就好像不存在一样。

根据前面赋予 user01 的系统权限后，在这个权限的基础上，再来看以下的例子：

①以 user01 连接到数据库，为用户 scott 赋予 emp 表上的 select 权限。

```
SQL > conn user01/abc123
已连接。
SQL > grant select on emp to scott;

授权成功。

SQL >
```

②现在，以 scott 用户进行连接，看看能不能查询到 emp 表中的数据。

```
SQL > conn scott/tiger
已连接。
SQL > select * from user01.emp;

     EMPNO ENAME
---------- --------------------
         1 johnon

SQL >
```

注意：查询其他用户的对象时，需要在对象的前面加上用户名再用点号分隔，查询当前用户的对象不需要加用户名（换句话说，如果对象名前面不加用户名表示的是当前用户的对象，否则就是指定用户的对象)。

从上面的查询结果中可以看到 user01 用户的 emp 表可以查询,可以再看 user01 用户的 emp2 表能不能查询,代码如下:

```
SQL > select * from user01. emp2;
select * from user01. emp2
                        *
第 1 行出现错误:
ORA-00942: 表或视图不存在


SQL >
```

此时,user01 用户下是存在 emp2 表的,对 scott 用户来说,没有任何的访问权限就意味着对它不存在对象一样。

再回头看 emp 表,刚才把 user01 用户的 emp 表的 select 权限赋予了 scott 用户,但并没有将增加、修改、删除表中数据的权限赋予 scott 用户,再来看一看 scott 用户可不可以为 emp 表插入一条记录,代码如下:

```
SQL > insert into user01. emp values(1002,'mike');
insert into user01. emp values(1002,'mike')
                        *
第 1 行出现错误:
ORA-01031: 权限不足


SQL >
```

从结果中可以发现,确实不能为其增加数据,因为没有赋予相应的权限。

③现在,scotte 用户尝试将这个表上的权限赋予用户 system。

```
SQL > show user
user 为 "scott"
SQL > grant select on user01. emp to system;
grant select on user01. emp to system
                                *
第 1 行出现错误:
ORA-01031: 权限不足

SQL >
```

从上面的代码中可以看出,scott 无法将 user01 的 emp 表的权限再次赋予给其他用户(如 system),因为 user01 将 emp 表的 select 权限赋予给 scott 时,并未授予 scott 用户可以再次将该表的 select 权限赋予给其他用户。如果 user01 将 emp 表的 select 权限赋予 scott 的同时,还告诉它还可以将此权限再次授予给其他用户,那这时只要在授权的同时加上 with grant option 选项就可以了。下面再次演示整个代码的操作过程:

```
SQL > conn user01/abc123
已连接。
SQL > grant select on emp to scott with grant option;

授权成功。

SQL > conn scott/tiger
已连接。
SQL > grant select on user01. emp to system;

授权成功。

SQL >
```

这时候我们发现 scott 再次将 user01 用户中 emp 表的 select 权限授予给 system 用户时,发现已经是成功的了。

为了检查已有 Oracle 数据库中的表权限,用户可以查询数据库视图 user_tab_privs、all_tab_privs、dba_tab_privs。

现在来查询 user_tab_privs 视图。

```
SQL > conn user01/abc123
已连接。
SQL > desc user_tab_privs;
名称                                       是否为空? 类型
----------------------------------------- -------- -----
GRANTEE                                    NOT NULL VARCHAR2(30)
OWNER                                      NOT NULL VARCHAR2(30)
TABLE_NAME                                 NOT NULL VARCHAR2(30)
GRANTOR                                    NOT NULL VARCHAR2(30)
PRIVILEGE                                  NOT NULL VARCHAR2(40)
GRANTABLE                                           VARCHAR2(3)
HIERARCHY                                           VARCHAR2(3)
```

```
SQL > select * from user_tab_privs;

SQL > select * from user_tab_privs;

GRANTEE  OWNER  TABLE_NAME  GRANTOR  PRIVILEGE  GRANTABLE  HIER-
ARCHY
---------  ------  ----------  -------  ----------  -----
SYSTEM   USER01  EMP   SCOTT   SELECT  NO   NO
SCOTT    USER01  EMP   USER01  SELECT  YES  NO

SQL >
```

在解释我们在视图 user_tab_privs 上的查询结果时,可以看到,scott 已经将表 user01. emp 上的 select 权限赋予了 system 用户,这不是一个可受让权限(也就是说,不允许 system 进一步对这个表上的 select 进行授权)。这个输出的最后一行展示了数据库管理员的第一次授权,在这个过程中,user01 将表 user01. EMP 上的 select 权限赋予了 scott,这是一个可受让权限。

①回收对象权限。注意:只有授权的建立者能够取消他们为另外的数据库用户授予的权限。

用户 user01 能够回收为用户 scott 授予的表 user01. EMP 上的 select 权限,如下所示:

```
SQL > revoke select on emp from scott;

撤销成功。

SQL >
```

然后,如果用户 user01 接下来要尝试回收授予用户 system 的表 user01. emp 上的 select 权限,其就会失败,并且提示如下的错误消息:

```
SQL > revoke select on emp from system;
revoke select on emp from system
 *
第 1 行出现错误:
ORA-01927: 无法对您未授权的权限进行 REVOKE


SQL >
```

所以,即使数据库用户 user01 拥有授予权限的表,由于 user01 没有授予这个权限,其也不能够回收它。

②all privileges 快捷方式。all 或者 all privileges 快捷方式的存在,为授予数据库对象的所有对象权限提供了一种简单的机制。all 自己并不是数据库权限,其只是授予对象权限组的快捷方式。如果用户 user01 执行如下 grant 语句:

```
SQL > conn user01/abc123
已连接。
SQL > grant all on emp to scott;

授权成功。

SQL > select * from user_tab_privs;

  GRANTEE OWNER TABLE_NAME GRANTOR PRIVILEGE GRANTABLE HIERARCHY
1  SCOTT  USER01   EMP     USER01  FLASHBACK    NO      NO
2  SCOTT  USER01   EMP     USER01  DEBUG        NO      NO
3  SCOTT  USER01   EMP     USER01  QUERY RE...  NO      NO
4  SCOTT  USER01   EMP     USER01  ON COMMI...  NO      NO
5  SCOTT  USER01   EMP     USER01  REFERENCES   NO      NO
6  SCOTT  USER01   EMP     USER01  UPDATE       NO      NO
7  SCOTT  USER01   EMP     USER01  SELECT       NO      NO
8  SCOTT  USER01   EMP     USER01  INSERT       NO      NO
9  SCOTT  USER01   EMP     USER01  INDEX        NO      NO
10  SCOTT  USER01  EMP     USER01  DELETE       NO      NO
11  SCOTT  USER01  EMP     USER01  ALTER        NO      NO
已选择 11 行。

SQL >
```

从上面的显示结果中可以发现,在 user01 上使用 all 对 scott 进行的授权,实际上是授予了 7 种不同的对象权限。需要注意的是,当授予了这些权限以后,仍然可以有选择地回收它们。例如:

```
SQL > revoke alter on emp from scott;

撤销成功。

SQL >
```

③insert、update 与 references 权限。不仅可以在表或者视图中所有的列上授予对象权限 insert、update 与 references,而且还可以在特定的列上授予这些权限,用户已经在前面看到过 insert、update 权限的用法,而对象权限 references 可以让用户有能力在表上建立约束,即使用户

没有表上的任何其他对象权限也是如此。就如在后续章节中要学到的那样,用户可以通过数据库视图实现一种形式的应用安全,通过特定列上的视图提供对表访问。而且,还有一些应用安全要求需要用户能够查看表或者视图中的所有列,但是只能够更新或者插入列的子集。

为了展示这种情况,首先要作为用户 USER01 连接到数据库,并且建立名为 dept 的表:

```
SQL > conn user01/abc123
已连接。
SQL > create table dept( deptno int,dname varchar(100),loc varchar(100));

表已创建。

SQL >
```

user01 现在可以为用户 scott 赋予 update 特权,但是只限于 deptno 和 dname 列:

```
SQL > grant update( deptno,dname) on dept to scott;

授权成功。

SQL >
```

现在,如果用户 user01 在表 dept 上执行 insert,它就会成功:

```
SQL > insert into dept( deptno,dname,loc) values(10,'IT','一楼办公室');

已创建 1 行。

SQL > commit;

提交完成。

SQL >
```

然而,如果作为用户 scott 连接数据库,新增一条记录并且 update 表 user01. dept 中的 deptno 列或 dname 列都成功,但 update 表 user01. dept 中的 loc 列,就会产生错误消息:

```
SQL > insert into user01. dept( deptno,dname,loc) values(20,'MARK','二楼办公室');
insert into user01. dept( deptno,dname,loc) values(20,'MARK','二楼办公室')
                    *
第 1 行出现错误:
ORA-01031:权限不足
```

```
SQL > update user01.dept set loc ='一楼办公室左侧' where deptno =10;
update user01.dept set loc ='一楼办公室左侧' where deptno =10
                    *
第 1 行出现错误:
ORA-01031:权限不足


SQL > update user01.dept set dname ='技术部' where deptno =10;

已更新 1 行。

SQL >
```

以上 3 条语句两条执行失败,一条执行成功,原因很简单,就是权限的问题。user01 表的 deptno 与 dname 字段的修改权限赋予了 scott,其他权限都没有授予。

(3)**角色**

数据库应用经常要由几十个、上百个,有时候甚至是上千个不同的数据库对象构成。如果数据库管理员要为应用的每个用户赋予或回收明确的对象权限,那么他很快就会不堪重负。如果公司拥有大量的雇员,并且时常流动,那么记录一个应用的数据库对象权限就可以成为一个全职工作。

另外,随着用户升迁到公司中的不同岗位,他们在特定数据库对象上的权限也需要改变。相对于主管而言,接待员只能访问较少的 HR 中的私人信息。而与此同时,主管只能查看他们部门中员工的特定信息,而总裁就可以访问更多更详细的信息。如果 Oracle 数据库可以涵盖这些内容,将很有帮助。

数据库角色(roles)就是权限的命名集合,它可以降低用户特权的维护负担。角色可以是对象权限或者系统权限的命名集合。数据库管理员只需要建立特定的数据库角色,使其反映组织或者应用的安全特权,就可以将这些角色赋予用户。

数据库的角色通常会根据工作功能进行命名,但并不是必须这样做。例如,学员信息管理系统的例子中,用户可以使用近十种不同的角色,其中比较熟悉的有:教学管理、训导、财务、宿舍等不同职能的角色,这几种角色所能访问数据库中不同的数据库对象与系统权限。但是,由于角色主要用于组织与管理的方便,所以也不能阻止管理员将角色命名为 role1…role10。然而,就如同命名数据库对象的道理一样,最好仔细地使用有意义的名称来命名对象与角色。

建立数据库的角色的基本语法是:

create role *role_name*;

当建立角色之后,它的功能就与实际的数据库用户相似。也就是说,为角色赋予权限与为用户使用 grant 语法大体相同,取消数据库角色的权限与 revoke 语句也大体相同,如:

```
SQL > conn system/manager
已连接。
```

```
SQL > create role role_teacher;

角色已创建。

SQL > conn user01/abc123
已连接。
SQL > grant all on dept to role_teacher;

授权成功。

SQL > conn system/manager
已连接。
SQL > grant create session,create table to role_teacher;

授权成功。

SQL >
```

创建角色后，并为这个角色授予相应的数据库对象权限与系统权限后，就可以将这个角色赋予指定的用户了。将角色赋予用户的语法如下：

grant *role_name* TO *user* [with admin option]

grant *role_name* TO *role_name* [with admin option]

例如：

```
SQL > conn system/manager
已连接。
SQL > grant role_teacher to user01;

授权成功。

SQL >
```

数据库中还预定义了几个常用的角色，如下所述。

connect Role：分配给临时用户的角色。通常，为只需要查询材料而无须创建表的用户分配这个角色。

resource Role：这个角色分配给常规用户。

dba Role：这个角色拥有一切系统权限，包括不加限制的表空间配额以及 with admin option 选项。默认的 DBA 用户为 sys 和 system，其可以将任何系统权限授予其他用户。需要注意的是，DBA 角色不具备 sysdba 和 sysoper 特权。

角色还可以启用与禁用、设置默认角色、采用密码保护等功能，这里不再详细描述，有兴趣的读者可自行查阅相关资料。

思考练习

一、选择题

1. system 用户连接到数据库创建一个用户，如果在创建用户时不指定默认表空间，这个缺省的默认表空间是(　　)。

A. system　　B. sysaux　　C. users　　D. temp

2. (　　)用户登录时必须以 sysdba 的身份登录。

A. sys　　B. system　　C. scott　　D. sa

3. (　　)用户模式存储数据库中数据字典的表与视图。

A. sys　　B. system　　C. scott　　D. sa

4. 修改用户密码时，使用 alter user 命令并加上用户名，后面应该跟上(　　)参数。

A. password　　B. identified by　　C. identity　　D. pwd

5. Oracle 数据安全可以通过权限来控制，权限可分为(　　)和(　　)两类权限。

A. 系统权限　　B. 用户权限

C. 角色权限　　D. 对象权限

6. 为了查看用户的 Oracle 数据库中可以使用的独特系统权限集合，用户可以在数据库视图(　　)上使用查询。

A. dba_tab_privs　　B. dba_sys_privs

C. dba_col_privs　　D. dba_role_privs

7. 使用 GRANT 命令可以对用户赋予系统权限，使用(　　)可让获得系统权限的用户有能力再次将这些系统权限授予其他的用户。

A. with grant option　　B. with admin option

C. with join in　　D. with join

8. 为了查看用户在 Oracle 数据库中可以使用的表对象的访问权限，可以在数据库视图(　　)上使用查询。

A. dba_tab_privs　　B. dba_sys_privs

C. dba_col_privs　　D. dba_role_privs

9. 使用 GRANT 命令可以对用户赋予对象权限，使用(　　)可让获得对象权限的用户有能力再次将这些对象的权限授予其他的用户。

A. with grant option　　B. with admin option

C. with join in　　D. with join

10. 如果想将表对象的所有权限(增加、删除、修改、查询)都授予给某用户，则可用(　　)快捷方法。

A. all　　B. dml

C. 以上两个关键字都可以使用　　D. 无快捷方法

二、简答题

1. 简述 Oracle 中权限的类型，它们是如何分配的。

2. 简述 Oracle 中用户的概念。

3. 简述 Oracle 中角色的作用。

三、代码题

写出创建用户、修改用户密码、给用户授予对象权限与系统权限的命令。

致　谢

首先，在本书的编写过程中，得到了湖南软件职业学院谭长富院长、符开耀副院长、王雷教授等领导和专家们的大力支持与热心帮助，在此表示衷心感谢。

其次，本书的出版还部分得到湖南软件职业学院教学质量工程项目（TD1501、ZY1402、KC1401、KC1302）、湖南省教育厅科学研究项目（14C0617、14C0618）、湖南省职业院校教育教学改革研究项目（ZJB2013045）、湖南省职业教育与成人教育学会科研规划课题（XHB2015063）、湖南省职业教育名师空间课堂建设项目（课程:《数据库原理与应用》湘教科研通〔2015〕38号文）、2014年度湖南省普通高校青年骨干教师培养对象（湘教办通〔2014〕186号文）等项目的资助。本书在编写过程中参考了国内有关专业研究机构的成果和相关书籍，在此一并表示感谢。

另外，由于本书的编写目的定位于Oracle数据库的基础知识与案例分析相结合，试图让读者在深入了解Oracle数据库编程的相关概念与关键技术的基础上，能尝试开展Oracle数据库编程的一些初步编程工作。因此，在本书的内容编写与结构组织上具有一定的难度，加之编者水平有限，虽几经修改，仍有疏漏与不足之处，敬请读者、专家以及同仁批评指正，在此表示感谢。

编　者

2016年4月

参考文献

[1] 朱亚兴. Oracle 数据库应用教程[M]. 西安:西安电子科技大学出版社,2018.
[2] 李卓玲,费雅洁. Oracle 大型数据库及应用[M]. 北京:高等教育出版社,2004.
[3] 孟德欣. Oracle 11g 数据库技术[M]. 北京:清华大学出版社,2014.
[4] 郑阿奇. Oracle 实用教程[M]. 4 版. 北京:电子工业出版社,2015.